芯片那些事儿

半导体如何改变世界

孙洪文 编著

化学工业出版社
·北京·

内容简介

本书将半导体技术60多年的发展史浓缩在有限的篇幅里，通过简明扼要的语言为我们讲述关于芯片的那些事儿。

本书主要围绕“史前文明”——电子管时代、“新石器时代”——晶体管时代、“战国时代”——中小规模集成电路时代、“大一统秦朝”——大规模和超大规模集成电路时代、“大唐盛世”——特大规模和巨大规模集成电路时代、“走进新时代”——移动互联时代、“拥抱未来”——半导体科技的展望，对半导体领域涉及的技术发展情况、关键的人和事件等进行了描述，对未来的产业发展进行了展望，为我们勾勒了一幅半导体技术也是人类社会发展的蓝图。

不管你是芯片行业的从业人员，还是对芯片产业感兴趣的人，抑或是对科技、对历史感兴趣，本书都非常适合你闲暇之时拿来阅读，从中了解信息社会的发展情况与未来趋势，相信定会有所收获。

图书在版编目（CIP）数据

芯片那些事儿 : 半导体如何改变世界 / 孙洪文编著. -- 北京 : 化学工业出版社, 2024.6

ISBN 978-7-122-45529-1

Ⅰ. ①芯… Ⅱ. ①孙… Ⅲ. ①半导体技术－普及读物 Ⅳ. ① TN3-49

中国国家版本馆 CIP 数据核字（2024）第 085321 号

责任编辑：耍利娜　　文字编辑：侯俊杰　温潇潇

责任校对：王　静　　装帧设计：王晓宇

出版发行：化学工业出版社（北京市东城区青年湖南街13号　邮政编码100011）

印　　装：河北延风印务有限公司

710mm×1000mm　1/16　印张15　字数264千字

2025年1月北京第1版第1次印刷

购书咨询：010-64518888　　售后服务：010-64518899

网　　址：http://www.cip.com.cn

凡购买本书，如有缺损质量问题，本社销售中心负责调换。

定　　价：69.00元

Preface

前言

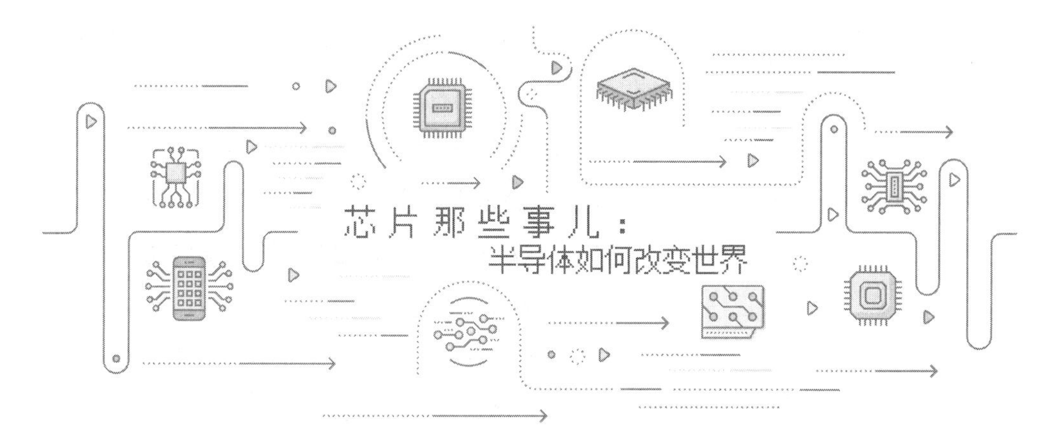

据西汉经学家、文学家刘向所著《列仙传》记载，晋国有一个神仙县令许逊。有一年，当地粮食歉收，老百姓无法按时上缴赋税。于是，许逊让欠税的百姓每个人挑些石头过来，然后许逊使用道法，将石头都变成了金子，从而补齐了所欠的赋税。这就是典故“点石成金”的来历。

当年的神话传说，如今正在变成现实，只不过“点石成金”靠的不是道法，而是人类的高科技能力。如今，电脑、手机等电子产品里不可或缺的芯片，可以说是现代信息社会的基石，在一个指甲盖大小的狭小空间里竟能容下上千亿个晶体管，这样的工业成就足以让我们自豪。芯片堪比黄金般珍贵。可是你知道吗？代表了人类高科技制造水平的芯片主要使用的半导体材料硅，其原材料竟是普普通通的沙子，所以毫不夸张地说，芯片制造行业是真正的“点石成金”的行业。本书试图带领大家一起揭秘这个“点石成金”的神奇行业。

本书围绕芯片的前世今生，探讨半导体行业如何逐渐地改变我们的生活。全书分为七章，以类比中国典型历史朝代的形式，生动形象地介绍半导体行业的不同阶段。其中，第一章“史前文明”——电子管时代和第二章“新石器时代”——晶体管时代，主要讲述芯片产业诞生前的历史背景和令人称奇的经典往事，正是那个英雄辈出的年代造就了如今恢弘的半导体产业。第三章“战国时代”——中小规模集成电路时代、第四章“大一统秦朝”——大规模和超大规模集成电路时代、第五章“大唐盛世”——特大规模和巨大规模集成电路时代，则主要讲述的是半导体产业进入集成电路时代所经历的不同阶段，从早期纷争的“战国时代”到寡头垄断的“大一统时代”，集成电路的集成度急剧增加，从小规模集成电路内部晶体管数量不超过100个，到巨大规模集成电路内部晶体管数量达到千亿个以上，甚至未来可以达到万亿规模。第六章“走进新时代”——移动互联时代，主要描述了当前我们所处的时代，如今人们手机不离身，移动互联网应用十分广泛，无论是学习、工作还是娱乐，都离不开智能手机的帮忙，本章讲述以智能手机为主的智能设备的发展历程及其是如何提高我们的生活质量的。第七章“拥抱未来”——半导体科技的展望，主要讨论未来半导体产业的发展，在介绍新兴技术给半导体带来的挑战和机遇以及新材料、新器件、新工艺等技术的研究现状和前景基础上，探讨半导体产业发展的趋势与方向，如新型碳基半导体材料、集成电路工艺进入埃米（1埃米=0.1纳米）时代。在如此给力的芯片产业基础上构建的物联网、人工智能产业无疑正在进行新一轮信息技术革命，将深刻地改变人类文明的未来。

本书主要讲述芯片与半导体产业相关的历史，内容丰富、引人入胜，试图通过历史的讲解给我国现阶段芯片产业的发展提供启迪，书中人物丰富多彩的创业经历以及背后的人格魅力更值得我们学习。本书可供广大科普爱好者、创业者阅读。

鉴于编著者水平有限，书中如有不妥之处，恳请广大读者批评指正。

编著者

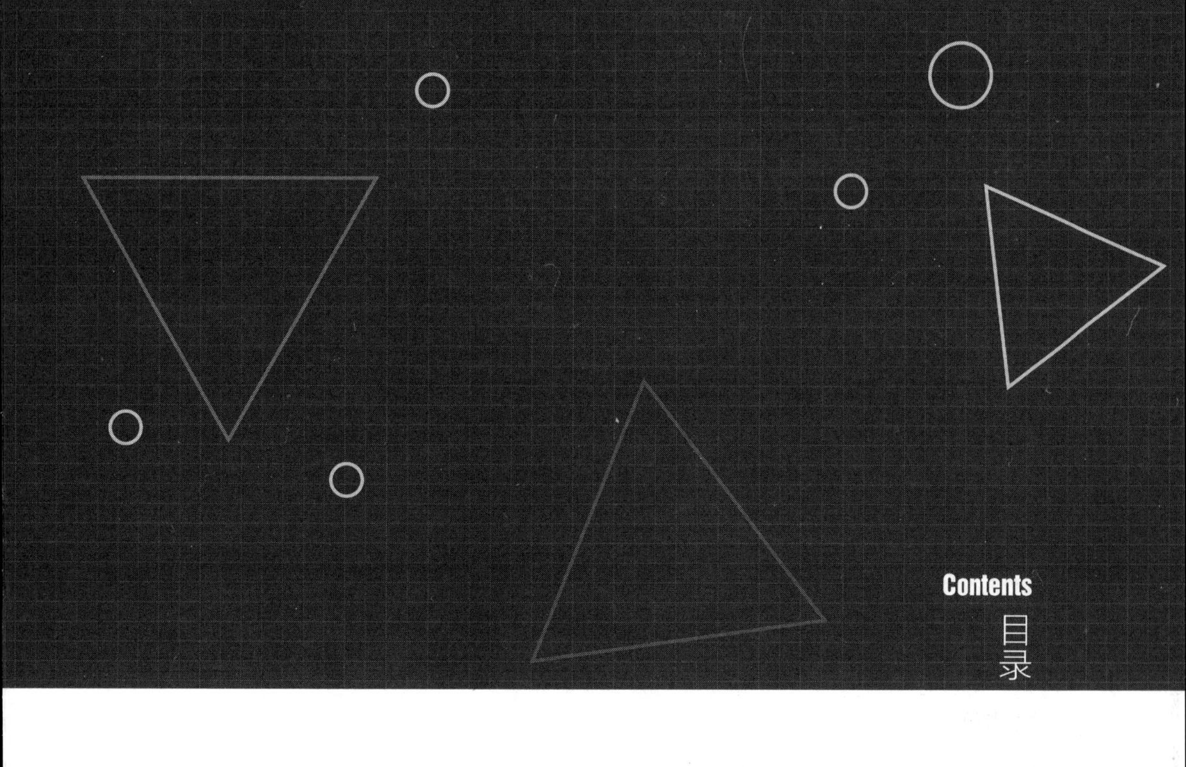

Contents

目录

第一章

"史前文明"——电子管时代

001～016

1

第二章

"新石器时代"——晶体管时代

017～050

2

第六章

"走进新时代"——移动互联时代

153～194

6

第七章

"拥抱未来"——半导体科技的展望

195～229

7

参考文献

芯片那些事儿：
半导体如何改变世界

第一章

“史前文明”

电子管时代

人类工业皇冠上的明珠——半导体行业的发展不是一蹴而就的，而要讲清楚它的前世今生，我们要从一百多年前说起。半导体产业的发展大致经历了三个阶段：电子管时代、晶体管时代、集成电路时代。本章首先讲述电子管时代。相对于晶体管和集成电路来说，电子管比较“原始”，故称这一个时代为“史前文明”。

1.1 电子管的诞生

尽管人类发现电已有两千多年的历史，但真正了解电的本质并控制电子却只有一百多年。我们知道电子是在原子内部围绕原子核旋转的微小粒子，其带负电，是电量的最小单位。当你用一个功率为500瓦的电熨斗烫平衣服时，每秒就有高达1418亿亿个电子浩浩荡荡地通过电熨斗。

电子的定向流动形成电流，金属导线可以为电子的流动提供媒介，但导线本身并不能控制电子的运动。为了让电子乖乖“听话”，我们必须创造出一种能驾驭电子的装置，这就是电子器件。人类驯服电子的历史要从电子管（也叫真空管）的发明说起。

早在1833年，英国人法拉第（Michael Faraday）在一次实验中就发现了半导体现象。之后，陆续有欧洲科学家发现了半导体的其他特征。1874年，德国科学家布劳恩（Karl Braun）在研究天线时，制作了第一个晶体二极管，因为连接半导体晶体的导线很像猫须，布劳恩称它为“猫须晶体管”。只是当时人们将研究的重点放在了无线电上，接下来的半个世纪并不是真正属于半导体的时代。1876年，美国发明家爱迪生（Thomas Alva Edison）建立了世界上第一个工业实验室——爱迪生实验室，致力于进行白炽灯泡及电力研究。1883年5月13日，他像往常一样继续进行电灯丝材料实验，无意间发现在真空电灯泡内，没有接入电路的铜丝与发热的碳丝之间竟然有微弱的电流。尽管爱迪生搞不清楚这个现象背后的原因，敏锐的他还是为这个新发现申请了一个专利，并称其为“爱迪生效应”。后来的历史发展证明，正是这个爱迪生效应孕育了第一代电子器件——电子管。

虽然爱迪生发现了爱迪生效应，可惜他并没有深入研究下去，因此错失了发明电子管的大好机会。这个机会留给了英国人弗莱明（John Ambrose Fleming）。弗莱明曾担任过爱迪生电光公司的技术顾问，后来受雇于马可尼无线电报公司。

要探索电子管的起源，我们必须回溯至1896年，这一年在人类历史上具有重大意义。因为在该年，意大利科学家马可尼（Guglielmo Marconi）成功获得了世界上第一个无线电报系统的专利，这一发明标志着人类正式进入无线通信时代。然而，马可尼的发明面临一个重大挑战，那就是信号传输的距离问题。为了实现跨越大西洋的远程无线通信，他寻求了另一位杰出科学家的帮助，那就是弗莱明。

要想实现长距离无线通信，要求信号接收端必须能够对信号进行有效的检波和放大，其中检波是基础。因为无线电接收机不仅接收发射端发来的信号，也会接收其他环境信号，所以最后收到的信号其实是杂乱无章的。为此要求无线通信系统能够把指定频率的信号过滤出来，这个过程就是检波。而要想实现检波，就必须选用具有单向导电性的物质。众所周知，无线电波在传播时具有正、负两个半周。利用单向导电性就能将负半周过滤掉，剩下的正半周就可以轻松地体现出电流的变化情况。自然界有很多的天然矿石具有单向导电性，因此矿石检波器是当时流行的检波设备。其实早在1874年，德国的布劳恩就发现了金属硫化物的整流特性，他在金属硫化物的两端施加正向电压时，电流可以顺利通过，而施加反向电压时电流则截止。整流特性是一种重要的半导体特性，因此这一发现被人们称为现代半导体物理学的开端。早在中学时代，布劳恩就开始研究各种晶体的结构特性，为此，他还写了一本关于晶体的书籍。布劳恩发现半导体的整流特性并不是偶然的，而是其兴趣和努力所致。然而可惜的是第一个发现晶体整流特性的布劳恩并没有对这些貌似石头的晶体足够重视，转而研究其他领域。1897年，他发明了阴极射线管（cathode-ray tube，CRT），阴极射线管后来被广泛地应用于电视机、计算机等所有需要显示的领域，是现代显示技术的基础。

1899年，弗莱明成为马可尼公司的科技顾问。马可尼此时正在努力完成无线电波跨越大西洋的壮举，当时无线电传输只能传送300多千米，而大西洋东西间的最短距离是3000多千米。同在马可尼公司效力的布劳恩使用磁耦合天线对马可尼使用的发报机进行了彻底改造，此举极大地增强了发射功率，有助于提高无线电波的传输距离。后来马可尼和布劳恩因为在无线电领域的卓越成就获得了诺贝尔物理学奖。虽然布劳恩解决了无线电的发送问题，但无线电的接收依然有待改进。

1904年，弗莱明制造了一个装置，两个金属片被封装在一个真空玻璃管内，当正极被加电后，就出现了“爱迪生效应”，正负极间产生了稳定的电流，弗莱明将其命名为弗莱明阀（fleming valve），即真空二极管，亦称电子二极管，如图1.1所示。弗莱明围绕电灯和灯丝进行了多次测试后，更加确定这种装置可以用于无线电的检波。激动的弗莱明在实验成功后的第二天，就立刻向

图1.1 弗莱明发明的真空二极管

爱迪生电灯公司订购了一批按他要求制作的特殊电灯。

然而令人遗憾的是，虽然弗莱明的真空二极管是一项崭新的发明，它在实验室环境中表现出色，可在实际应用在检波器上时却表现平平，甚至不如矿石检波器可靠。这种情况下，真空二极管并没有对当时无线电通信的发展起到很大的促进作用。

幸运的是，弗莱明不是一个人在战斗。与弗莱明同时研究“爱迪生效应”的还有一位美国人李・德・福雷斯特（Lee De Forest）。

1899年深秋，一场国际快艇比赛在美国盛大举行，马可尼欣然接受邀请，使用他的无线电装置报道了比赛的盛况。他的报道及时又准确，不仅让美国记者大开眼界，也使美国人惊叹不已。为了宣传无线电，马可尼在一艘美国军舰上进行了一次无线电通信表演。表演的这一天，港口里挤满了看热闹的人，包括研究无线电技术的科学工作者和关心无线电发展的广大青少年。

人群中有一个青年人，他一步步挤到了收发报机跟前，专注地观察这架神奇的机器，久久不愿离开。马可尼的助手肯普（George Kemp）走到他面前，友好地打开收发报机让他仔细观察。这个青年把目光停留在装有银灰色粉末的小玻璃管上，问肯普：“这是不是检波器？”肯普表示认可。此时，听到他们谈话的马可尼也走了过来，这个青年立即向马可尼自我介绍：“我是一个业余无线电爱好者。”马可尼幽默地回应：“我也是一个业余爱好者。”这个青年就是福雷斯特。

福雷斯特同样使用类似于灯泡的真空管，并与已知的电磁学知识进行各种排列组合，试图发明一种新器件。1906年，福雷斯特在研究电报高速传送时，对弗莱明发明的真空二极管进行改进。他在二极管的灯丝和金属板之间添加了一个电极，这个添加的第三个电极就像一扇门一样，因此被称为“栅极”，这个新发明使得无线电报机的灵敏度得以大幅提升，这就是第一只电子三极管，也称为真空三极管，如图1.2所示。这一小小的改动，带来了意想不到的结果，它不仅反应灵敏，可用于检波和振荡电路，而且具有电流放大能力，尽管其放大功能微乎其微，依然明显区别于弗莱明的真空二极管。于是在1907年，福雷斯特为这项发明申请了专利，并于1908年2月18日拿到了这项专利。

福雷斯特要是知道他的发明会让自己陷入官司，还会不会选择去发明呢？可惜人生没有如果，只有结果和后果。他的发明，那个小小的真空三极管，虽然神奇，但并没让他成为百万富翁，反而让他成了被告。

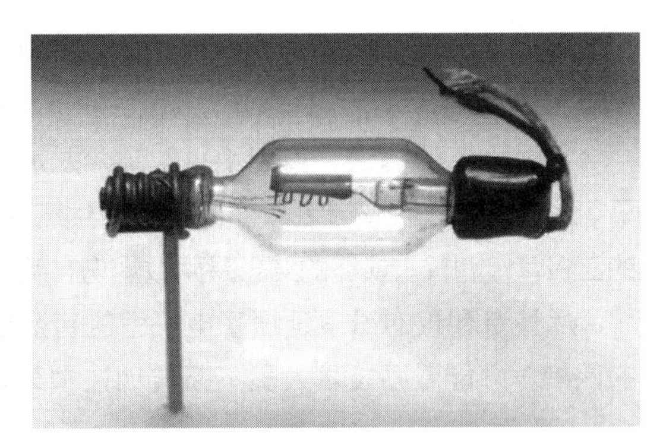

图 1.2　福雷斯特发明的真空三极管

福雷斯特去了几家公司推广他的产品，前两家公司的门房看到他衣衫破烂、穷困不堪的样子，直接连门都不让他进。然而，福雷斯特并没有因此而放弃，他勇敢地拿着他的“小灯泡”向第三家公司的门房解释灯泡的新奇结构以及未来的应用前景，想打动门房让他进去。门房不仅不让他进去，反而将他作为骗子报告了公司经理。正当福雷斯特面对他的听众大声地介绍说：“大家不要小看这个玻璃灯泡，它可以把很微弱的电磁信号放大到连听力不好的人都能听得见。”公司经理不容他再说，叫来几个人把他送到警察局。

开庭那天，法庭上挤满了人，有看热闹的，有来支持他的，还有闻讯而来的记者们。法官手里拿着福雷斯特的发明，说有人控告他用这个“莫名其妙的玩意儿”行骗，福雷斯特义正辞严地批驳原告方对他的诬告，他一脸严肃地回答：“我的发明可以接收大西洋彼岸传来的微弱信号。”他用坚定而有力的声音说：“历史必将证明，我发明了空中帝国的王冠。”“空中帝国”指的是无线电，“王冠”指的是真空三极管。福雷斯特就这样把法庭变成了他的科学讲台，他的发言让人们开始重视他的发明，也让那些误会他的人感到尴尬。最后，他被无罪释放，他的发明也得到了认可。

这场令人啼笑皆非的插曲虽然让福雷斯特吃了些苦头，但也让他出了名。他的故事告诉我们，即使面对困难和挫折，也要坚持自己的信念，只有这样，才能取得成功。

1911年，福雷斯特加入了联邦电报公司，并再次改进了真空三极管的排列方式，发明了20世纪最重要的电子器件——电子放大器。这个发明可以大幅提高电报信号的输出质量。由于这个功能，真空三极管被认为是电子工业诞生的起点。然而，历史的吊诡之处在于，尽管福雷斯特发明了真空三极管，但并没有首先从这项发明中获益。由于弗莱明声称他拥有电子管的优先发明权，他所在的英国马可尼公司开始大张旗鼓地生产真空三极管。福雷斯特对此感到十分不满，于是将马可尼公司告上法庭。

经过十年的诉讼，直到1916年，法庭最后判决福雷斯特的三极管侵犯了马可尼公司的二极管专利权，而马可尼生产的三极管也侵犯了福雷斯特公司注册的三极管专利权。最终的结果是两败俱伤，两家公司都不准许再继续生产三极管。

尽管专利权的纷争延缓了电子管的普及速度，但正是专利制度对于发明权的保护，才能激励技术人员不断推动技术革新，这也是技术公司孜孜不倦的动力之源。

相比于“猫须晶体管”，电子管优越的稳定性和可重复性使其成了当时应用的首选，没过多久，电子管产业规模就发展到了900亿美元，而晶体整流管暂时淡出了当时的工业界。电子管的出现，对尚处于萌芽阶段的晶体管、半导体材料构成了严峻的挑战，暂时阻碍了其发展的步伐，但同时也培育着半导体产业崛起的沃土。

1.2
电子管的应用

电子发射的时候如果有空气，电子会撞到空气分子，这会在很大程度上削弱电流，所以电子管是需要抽真空的。因此，电子管也被称为真空管。由于电子管的这种结构特点，其体积一般不会太小。另外，绝对真空很难做到，因此电子管一般都比较短命。然而，这并不影响电子管的大量使用，因为在当时人们没有更好的选择。

电子管被发明后，被广泛应用于无线电通信、电话、广播、电视、计算机、医疗设备、科学研究等领域。仅1929年，电子管的产业规模就超过了10亿美元。直到20世纪50年代，绝大部分电子设备仍然在使用电子管。

1912年，阿姆斯特朗（Edwin Armstrong）使用三极管发明了再生电路，不仅可以接收无线电信号，并且可以将之放大到可传播至扬声器，无须使用耳机即可收听。

早期的真空三极管存在许多问题，尤其是板极电流不稳定，灯泡寿命短。

经过多次改进，1912年，福雷斯特等人在真空三极管的放大作用上取得了突破。原先的真空三极管的放大作用很小且不稳定，而真空三极管与真空二极管的最大区别在于它的放大作用。如果真空三极管不能放大信号，就没有应用的意义。他们想到了一种方法，将多个真空三极管连接起来，前一个真空三极管的输出成为下一个真空三极管的输入，以此增加真空三极管总的放大效应。如果第一个真空三极管能够放大信号10倍，连接第二个同样具有10倍放大能力的三极管时，信号将被放大100倍，再连接第三个同样的三级管时，信号将被放大至1000倍。这个发现让福雷斯特非常高兴。这个新发现的意义在于它能够使无线电波传播得更远！这是一个了不起的成就。

真空三极管放大器在长途电话通信中的应用受到了关注。美国电话电报公司投入了大量人力物力研究和改进真空三极管。然而，在长途电话中直接接入放大器是不经济的。放大器只在一个方向上工作，因此需要在两个方向上配置同样数量的放大器。因此，人们开始思考在一条线路上可以同时传输多路电话的方法。

1920年，有人提出了载波电话的想法。打电话时，不是直接将传声器的电流送入线路，而是将其变成高频信号。不过，高频信号不是被送向天线，而是送入长途电话线路。这样可以将不同频率的电波送入同一线路，它们之间不会相互干扰。在载波线路中需要放大器对电波进行放大。这样一个放大器可以同时放大几百路电话。真空三极管放大器在这里发挥了重要作用。

1927年，赫尔（Oskar Heil）发明了四极管来消除高频振荡，改进频率范围。1928年，赫尔又发明了五极管，改进了电子管的性能，成了使用广泛的真空管。

在接下来的很多年，各式各样的电子管（图1.3）开始在各领域发挥作用。

图1.3　各式各样的电子管

这些被称作“电子管”的小家伙，虽然看起来有些笨重，但是在那个时代，它们可是宝贝。电子管就像一个神奇的魔法盒子，能将微弱的电流放大，让微弱的信号变得强大。在那个没有晶体管、没有集成电路的时代，电子管可是音响设备、电视、无线电等许多设备的“功臣”。那个时候，人们不论是听音乐还是看电视，都要依靠电子管。电子管在音响设备中扮演着非常重要的角色，它们能够将微弱的音频信号放大，让人们听到更加清晰、更加真实的声音。还有无线电广播也需要电子管的帮助。无线电信号是很微弱的，但是电子管能够将这个微弱的信号放大，然后通过天线发射出去。这样一来，更多的人就能够接收到广播信号，听到他们喜欢的音乐和新闻。此外，早期的航天飞机和火箭中也使用了大量的电子管，这些电子管在极端的温度和辐射环境下能够正常工作，为航天器的通信和控制系统提供稳定可靠的支持。

电子管的种类很多，有多种分类方法。例如按电极数分类，可分为三极管、四极管、五极管、六极管、七极管、八极管、九极管和复合管等，三极以上的电子管又称为多极管或多栅管。按用途分类可分为电压放大管、功率放大管、充气管、闸流管、引燃管、变频管、整流管、检波管、调谐指示管、光电管、稳压管等。每种电子管都有不同的用途，例如：低压、低功率的真空管应用于无线电接收机；光电管应用于音响设备，使得对电影的录音和音频提取成为可能，电影录音需要将声音和影像同步记录下来，而电子管就像是魔法棒，能够将影像和声音转换成电流，然后将这些电流记录在电影胶片上，如果没有电子管，那时候的电影就只能是无声的黑白片了；阴极射线管可集中电子束，由此发明了示波器、电视和照相机；微波电子管应用于雷达和微波炉；存储管可用于存储和检索数据，这在电脑发展过程中是必不可少的。

1.3
电子管的繁荣

随着真空三极管的发明，人们意识到三极管可以用于模拟计算，通过具体的电压值来表示物理世界的数量值，再利用电子器件组成的系统进行加减乘除等数学运算，最终得到一个用电压值表示的运算结果，完成对物理世界的模拟和分析。这一器件被称为“运算放大器”。

最早的真空三极管被用于电话通信中的信号放大，解决了弱信号的远距离传输问题，但放大器的增益仍存在不稳定的问题。1927年，一位名叫布莱克（Harold Stephen Black）的年轻工程师开始研究这一问题，提出了负反馈放大器的解决方案，并在1936年将负反馈放大器应用在电话机的放大线路中。从此之后，负反馈放大器成为运算放大器的核心结构，利用电子信号进行数学运算得以实现。

技术的突破加速了硬件应用的发展。1941年，贝尔实验室的卡尔·施瓦茨尔（Karl D. Swartzel Jr.）在布莱克的专利技术基础上，设计出第一款商用的真空管运算放大器——加法器。1877年，电话的发明者亚历山大·格拉汉姆·贝尔（Alexander Graham Bell）创建了贝尔电话公司，该公司在市场上迅速取得了成功。1895年，贝尔公司将其在美国的长途电话业务整合，并成立了另一家独立公司——美国电话电报公司（American Telephone and Telegraph，AT&T）。此后，AT&T垄断了美国的电话业务，逐渐成为全球通信行业的领导者。为了确保企业的未来发展，1925年，AT&T收购了西方电气（Western Electric）公司的研发部门，并成立了贝尔实验室（Bell Labs）。贝尔实验室投入大量资金，成了全球最优秀的企业研究机构之一，兼具基础研究和应用开发的功能。在基础研究方面，贝尔实验室注重电子技术的基础理论，如数学、物理、材料科学和计算机软硬件理论。而在开发部门，贝尔实验室则负责设计AT&T电信网络的设备和软件。在AT&T的支持下，贝尔实验室汇聚了众多精英人才，其中有11位因在贝尔实验室的杰出贡献而获诺贝尔奖，包括华人科学家朱棣文和崔琦。朱棣文因发明“激光冷却和俘获原子的方法”于1997年获得诺贝尔物理学奖，崔琦则因对量子物理学的杰出贡献于1998年获得诺贝尔物理学奖。

同样在1941年，康拉德·楚泽（Konrad Zuse）使用大量真空管制造出第一台可编程电子计算机，其能在每秒内执行3～4次加法运算。

1943年，美国费城莫尔电气工程学院的莫奇利（John Mauchly）和埃克特（John Eckert）提出了一个关于计算机的想法。很快，他们就和美国军方开始合作研发电子数字积分计算机，这是第一台全电子数字计算机。

1944年，霍华德·艾肯（Howard Hathaway Aiken）在IBM创始人托马斯·沃森（Thomas John Watson）的支持下，用机电方式研制出了MARK-1号计算机，可以实现每秒200次以上的运算。在第二次世界大战

（简称“二战”）中，由于美军需要一场算力升级，快速计算火炮弹道等，电子计算机有了非常现实的应用空间。

1946年2月14日，世界上第一台通用型电子计算机——埃尼阿克（ENIAC）在美国宾夕法尼亚州费城的宾夕法尼亚大学宣告诞生，如图1.4所示。ENIAC，全称为electronic numerical integrator and computer，即电子数字积分计算机。这台计算机使用了约18000个真空管（电子管）、7200个水晶二极管、1500个中转、70000个电阻器、10000个电容器、1500个继电器、6000多个开关。其运算速度是使用继电器运转的机电式计算机的1000倍、手工计算的20万倍。ENIAC长30.48米，宽6米，高2.4米，占地面积约180平方米，有30个操作台，重达30多吨，功率150千瓦，造价48万美元。之前的计算机需要2小时完成的40点弹道计算，ENIAC只需要3秒，展现了电子计算机的巨大应用前景。ENIAC成为这一时期真空管电子计算机的最先进代表。ENIAC运行的一刹那，传言整个费城的灯都闪烁了一瞬间，高马力鼓风机连续制冷发出恐怖的轰鸣。然而就是这个巨大的怪物，用每秒5000次加法或400次乘法的计算速度猝不及防地将人类直接推入信息时代。

图1.4　第一台通用型电子计算机——埃尼阿克（ENIAC）

承担ENIAC开发任务的人员有科学家约翰·冯·诺依曼（John von Neumann）和“莫尔小组”的工程师埃克特、莫奇利、戈尔斯坦（Adele Goldstine）以及华人科学家朱传榘等，总工程师埃克特当时年仅25岁。

1919年4月9日，埃克特在美国费城的普通家庭出生。他的父亲是靠辛勤劳动发家的不动产开发商和建筑商。埃克特从小就聪明绝顶，8岁时在铅笔上装了一个晶体收音机；12岁时制作了一艘会自动在水上滑行的模型船；15岁时更是设计了一个遥控炸弹（当然，这可不是能伤人的真炸弹），把它放在学校礼堂的舞台上，在观众席中按一下按钮就能把它引爆。他曾为当地的公墓设计了一个实用的消音装置，能把火化场附近的噪声吸收掉，使在公墓中哀悼死者的人们得以清静。

1937年，埃克特中学毕业时，已学完了大学一年级的工程数学课程。这个天才少年想进麻省理工学院（Massachusetts Institute of Technology，MIT）读书，还被录取了，但因为他是家中独子，母亲舍不得他离家远行，实际上费城和MIT所在的剑桥同在美国东北沿海，两地相距不超过500公里，他父亲又不喜欢他学理工，就骗他说MIT学费贵得供不起，于是他只好就近进了宾夕法尼亚大学（University of Pennsylvania）的金融学院。但埃克特对金融实在不感兴趣，所以很快就转了系，本来想学物理，结果因为名额已满，只好进了莫尔电气工程学院（Moore School of Electrical Engineering）。

进了大学后，埃克特发现自己被骗了，情绪十分低落，因此第一学年他的成绩并不理想。后来随着时间的流逝，他的情绪慢慢平复，创造力也重新焕发。在莫尔电气工程学院，他发明了各种奇妙的装置，比如用紫外线测量萘蒸气浓度的仪器、改进压力计的电路、测量金属疲劳极限的仪器，还对模拟微分分析器进行了改进。

二战爆发后，埃克特根据战争需要研发了侦察磁性水雷的仪器，这个仪器能够记录磁场的极微小变化，他还利用延迟线发明了用于雷达测距的装置等。1941年他大学毕业，取得电气工程学士学位，并继续攻读研究生。虽然他曾为没能上MIT而烦恼，但宾夕法尼亚大学莫尔电气工程学院却为他开辟了另一条走向辉煌的道路，因为当时莫尔电气工程学院与美国陆军军械部保持着特殊的关系，承担着为阿伯丁试验基地弹道研究实验室培养人才和计算弹道的重要任务。

1941年夏天，刚刚大学毕业的埃克特参加了一个电子学工程师培训班，遇到了比他大几岁的莫奇利。莫奇利由于对气象学感兴趣，在研究气象预报中萌发了研制高速电子计算机的念头，但他对电子学不太熟悉。两人交换了思想后一拍即合，共同投入研制电子计算机的事业。莫奇利在结束培训班以后调至莫尔学院任教，起草了一份研制电子计算机的报告，得到军械部与莫尔学院之间的联络官的赏识，他让埃克特增补一个附录，对莫奇利的方案如何实现进行具体化描述，并交给军械部。

1942年，盟军进攻北非时遇到了一个很大的难题，因为北非的地面比阿伯丁试验基地弹道研究实验室所在的马里兰州的地面软，盟军原先的火炮射击表都不能继续使用，必须重新计算弹道和编制射击表。莫尔学院和阿伯丁实验室的人员使用当时的计算工具完成不了这个任务。计算一个弹道需要750个乘法和更多的加法、减法，如果考虑诸如炮口速度、方位角、气压、气温和湿度等初始条件，那么对一种型号一种口径的火炮的完整射击表，应该计算2000～4000个弹道。台式计算机完成一个弹道计算要几个小时，即使是最强大的差分计算机，编制一个射击表也需要30天。那么多型号、口径的火炮的火力表要到哪一天才能完成呢？况且当时美国仅有四台差分计算机，莫尔学院只有一台，另外三台中有两台在MIT，一台在通用电气公司。在这种情况下，研制比差分计算机快成千上万倍的电子计算机的任务就被提出来了。

1943年4月9日，军械部决定采纳埃克特的电子计算机方案，投资40万美元建造这台电子计算机，这就是ENIAC。项目简称为PX（Project X）。仅过了约两个月，项目就正式签约上马。莫尔学院组织了50名技术人员投入项目，任命埃克特为总工程师，莫奇利为顾问。这些人除了莫奇利以外都是全力以赴的，因为莫奇利还有教学任务在身。当时，埃克特还是一个在学的硕士研究生，之后他才获得硕士学位，因为研制计算机影响了他的学业，直到1964年，他才获得名誉博士学位。莫尔学院的领导有识人的慧眼，他们不拘一格地使用人才，表现出了令人赞叹的胆识。而埃克特则是个不怕困难的初生牛犊，他敢于承担重任，展现出了令人钦佩的勇气和才华。

承担ENIAC开发任务的另一位重要成员是华人科学家朱传榘，朱传榘1919年出生于天津，1939年赴美留学。在ENIAC之前，虽然已经出现了具有计算能力的电子设备，但这些设备只能处理特定数据和定向问题，其逻辑处理能力尚未达到“通用”要求。在具有“通用”数据处理能力的计算机原型设计中，朱传榘成功地提出了计算机逻辑结构的不同设计版本，提高了计算机的“通用”逻辑运算能力，也就是增强了其“大脑”功能。在计算机原型中，他的贡献是非常关键的，他是参与整个计算机原型设计的核心人物之一。此外，他还参与了计算机小型化和工业化的工作。因此朱传榘被称为“计算机先驱”。

朱传榘是一个永不服输的人，事事都要做得比别人好。其人生履历表上更是留下了一串串闪光的印迹——美国BTU国际、斯坦福研究院董事兼总裁办公室高级顾问，哥伦比亚国际公司主席，霍尼韦尔信息系统公司副总裁，阿尔贡

（Argonne）国家实验室高级科学家，等等。在中国，曾任国务院发展研究中心高级研究员，中国科学院荣誉院士，中国工程学会高级教授，上海交通大学校委会委员、荣誉教授。

当朱传榘等人研制ENIAC过半时，数学家冯·诺依曼意识到这台计算机可以协助计算原子弹的冲击波能量，因为冯·诺依曼当时也参与了曼哈顿计划，这个计划的终极目标就是在二战结束之前制造出原子弹。冯·诺依曼仔细研究了ENIAC的设计原理，并提出了几个建设性的意见。ENIAC搭建成功后，确实帮助曼哈顿计划运行了核弹模拟程序，并发挥了巨大的作用，ENIAC能够将之前需要花费几个月的计算时间缩短到仅仅几天。

冯·诺依曼1903年出生于匈牙利布达佩斯的一个犹太人家庭，美籍数学家、计算机科学家、物理学家和化学家，美国国家科学院院士，生前是普林斯顿高等研究院教授。他从小就显示出数学和记忆方面的天赋。六岁时他就能进行八位数除法的心算，简直比计算器还要厉害。而到了八岁，他已经掌握了微积分。在十岁那年，他花费了几个月的时间读完了一部四十八卷的世界史。这可不是一般的十岁小孩能做到的事情。

在冯·诺依曼15岁时，一名匈牙利著名数学家在给他讲解高等微积分课程时，竟被这个男孩异乎寻常的天赋震惊得痛哭流涕。到19岁时，冯·诺依曼已经在顶级数学刊物上发表了两篇论文。在大学时代，冯·诺依曼按照父亲的建议，在柏林大学和苏黎世大学进修化学，同时根据自己的兴趣，在布达佩斯大学学习数学。

在数学领域，冯·诺依曼表现出了惊人的天赋，在很轻松地拿到数学博士学位后，1926年，他进入哥廷根大学追随希尔伯特从事数学研究。哥廷根大学是当时世界最著名的学府之一，伟大的数学家高斯一生都在这个大学度过，高斯的学生黎曼也在这所大学工作，高斯被后世称为数学之神，爱因斯坦的广义相对论也是在黎曼几何的数学基础上创建的。冯·诺依曼就是在这样一个氛围中开展了与量子力学相关的数学研究。1929年，冯·诺依曼在一篇著作中将希尔伯特提出的一种空间命名为“希尔伯特空间”，而这个空间的提出人希尔伯特对此毫不知情。

冯·诺依曼在量子力学领域数学层面的工作并没有使他在数学界或物理界获得足够的声望，他甚至无法在欧洲谋得一个副教授的职位。于是在1929年，当美国的普林斯顿大学需要开设一个与量子力学相关的数学基础课程时，冯·诺依曼收到邀请后便欣然前往。1931年，27岁的他便成了普林斯顿大学的教授。

1941年，在爱因斯坦的提议下，美国制订了曼哈顿计划，冯·诺依曼参与其中。在见识到ENIAC的巨大威力后，冯·诺依曼决定作为顾问，参与研制下一代机型EDVAC（electronic discrete variable automatic computer）。1945年6月，冯·诺依曼正式发表了他的手稿*First draft of a report on the EDVAC*，其中阐述了如何搭建EDVAC。第二年，冯·诺依曼和其他人一起对上述手稿进一步完善，发表了一篇新论文，名为*Preliminary discussion of the logical design of an electronic computing instrument*。这两篇文章所阐述的思想就是著名的冯·诺依曼体系。该体系完善了现代计算机的模型，至今仍然是现代计算机的基础架构。

冯·诺依曼体系引入了“存储程序”的思想，即将需要执行的程序事先存储起来，在需要运行这段程序时再读取出来执行。这样在实现新的算法时，只要更换计算机所运行的程序就可以了，而不需要重新搭建电路。冯·诺依曼体系确定了计算机中的五大基本部件，即控制单元、算术逻辑单元、寄存器、内存单元和输入/输出设备。其中控制单元、算术逻辑单元、寄存器合称为中央处理器，就是我们熟知的CPU（central processing unit）。

1.4
电子管的衰落

所谓盛极而衰，电子管在短暂的辉煌后便迎来了衰落期。这是因为电子管具有体积大、功耗和发热较高、寿命短、成本高、可靠性差、调节复杂、维护困难、不适合大规模生产等诸多缺点。

电子管通常比现代的半导体器件体积大得多。这是由电子管的结构和工作原理所决定的。电子管需要一个密封的玻璃或金属壳来容纳电子，而且还需要一个电源来提供电子的能量。这些因素都导致电子管的体积较大。在早期电视时代，电视机的体积相当庞大、笨重，一个重要原因就是电视机内部使用了很多电子管。

电子管在工作时需要消耗大量的电能，这使得电子管在一些能源敏感的应用领域中受到限制。

电子管的寿命通常比现代的电子器件短得多。在高温和其他恶劣环境下，电子管的性能会迅速下降，甚至失效。此外，电子管的寿命也受到频繁开关机的影响，这可能导致电子管在短时间内失效。

电子管是一种精密的电子器件，其制作过程复杂，涉及多种原材料，如玻璃、金属和化学物质等。这些原材料和制作成本的增加都导致了电子管的价格较高。此外，由于电子管的制造过程需要高精度的设备和工艺，这也增加了电子管的成本。

电子管的可靠性相对较低，容易出现故障。由于电子管的结构和材料所限，它们的可靠性无法达到现代半导体器件的水平。电子管在工作时需要一些额外的调节和补偿措施来确保其性能的稳定性和可靠性。这些调节和补偿措施通常需要手动完成，而且需要具备一定的专业知识和技能。对于一些普通用户来说，这些调节和补偿措施可能会变得非常复杂和困难。

由于电子管的结构导致其维护和修复较为困难，一旦电子管出现故障或性能下降，往往需要进行更换或修复，而修复的过程通常需要具备专业知识和设备，这增加了电子管的维护和修复成本。

电子管的制造过程较为复杂，需要经过多个步骤和严格的检测，这使得电子管的生产效率较低，不适合大规模生产。相比之下，现代的半导体器件则具有更高的生产效率和更低的生产成本，可以大规模生产。

尽管电子管存在上述问题，在大多数应用场合，电子管已经完全“失宠”，但在音频行业却不存在这些问题，因为这是一个不惜一切代价获得好声音的领域，在这一领域传统电子管仍然在发挥着巨大作用。这种作用体现在两个领域，即Hi-Fi（high-fidelity，高保真）领域和音乐制作领域。

在Hi-Fi领域，目前在一些高端高保真的音响器材中，仍然使用低噪声、稳定系数高的电子管作为音频功率放大器件（也就是功放）。一个主要原因是电子管有自己的非线性特征，而且人耳对这种非线性加工后的声音比较喜欢，用科学来解释就是电子管的失真绝大多数是偶次失真，在音乐表现上正好是倍频程谐音，所以听起来不仅没有生硬的失真感，反而有一种独特的声音表现。

在音乐制作领域，许多昂贵的模拟设备使用的都是电子管而非晶体管。主要原因是电子管是一种工作在高电压、低电流环境下的元器件，所以有着输入动态范围大、转换速率快的特点。另外就是电子管的抗过载能力很强，不易损毁。很多高端音频模拟设备仍然采用电子管。

芯片那些事儿：
半导体如何改变世界

第二章

“新石器时代”

晶体管时代

早期的半导体材料主要被用于矿石检波器。人们将硫化铅、硫化铜、氧化铜等矿石提纯，来优化矿石检波器的品质，这是因为人们发现这些半导体材料的纯度越高，检波效果越好。如果将这些半导体材料看作“旧石器”，那么现代半导体材料“硅”则可以称为“新石器”。晶体管的发明，无疑开创了一个有别于电子管时代的崭新时代——“新石器时代”。

2.1

晶体管诞生记

早在20世纪30年代中期电子管大行其道时，贝尔实验室的罗素·奥尔（Russell Ohl）就认为使用晶体材料制作的检波器将会完全替代电子管。奥尔检视了黄铜矿石晶体制成的矿石检波器，发现黄铜矿石虽然是一种精细的整流材料，但表面并不均匀。他先后测试了100多种材料，认为硅晶体是一种理想的检波器材料。虽然当时也有人用硅做检波器，但这种检波器不能稳定工作。奥尔认为是硅晶体中杂质过多造成的这种不稳定，如果能把硅充分提纯，那么制作出来的检波器效果一定不错。

1937年，奥尔开始寻找高纯度的硅晶体。他请贝尔实验室的同事杰克·斯卡夫来帮忙，斯卡夫曾借助各类坩埚和高温熔炉提纯过很多金属晶体。虽然硅的熔点高达1414℃，提纯难度较高，斯卡夫还是竭力给奥尔提供了一块硅晶体熔合体。当时，贝尔实验室还没有切割硅晶体的能力，奥尔将这块硅晶体送到一家珠宝店，请他们将其切割成各种不同尺寸的样品。

1939年2月的一天，奥尔发现其中一小块晶体在光线照射后一端表现为正极，另一端表现为负极。奥尔将它们分别称为P(positive)区和N(negative)区。3月6日，奥尔向当时的贝尔实验室总监默文·凯利（Mervin Kelly）展示了这一成果。凯利表现得十分震惊，并让其他两个同事立即放下手中的工作，来观摩奥尔的这一发现。这就是奥尔发明的世界上第一个半导体PN结。奥尔和斯卡夫认为PN结是由P型半导体与N型半导体结合形成的，P型半导体和N型半导体是在纯净的半导体中掺杂了其他不同元素而形成的。这和现在的认知相吻合。

我们知道每个硅原子核周围有14个电子，其中内层2个、中间层8个、外层4个，它们都围绕着原子核旋转。最外层的4个电子，称为价电子。当某个硅原子与别的硅原子相遇形成固体时，这个硅原子会和它周围相邻的4个硅原子共享4个价电子，从而每个硅原子都能形成8个电子的稳定结构。当向硅中掺入磷、砷等V族原子时，它们会“鸠占鹊巢”，占据硅晶格的位置。以磷为例，一个磷原子有5个价电子，除了和相邻的4个硅原子互相分享电子形成8电子稳定结构外，必然有额外的一个价电子，这个价电子几乎百分百会脱离原子核对它的掌控，形成自由电子。在这种半导体中，带负电的自由电子是主要的载流子，称为N型半导体。当向硅中掺入Ⅲ价元素（如硼）时，它们同样会占据硅原来的位置，但是它们只有3个价电子参与共享，少了一个电子，别处的价电子会过来填充这个空位，为了描述方便，把带负电的价电子移动过程反过来看，就相当于一个正电荷的移动过程，把这个正电荷称为“空穴”，相当于掺硼提供的空穴进行了移动。我们把这种半导体称为P型半导体。

把一块N型半导体和一块P型半导体结合在一起就形成了PN结。当P型半导体和N型半导体接触时，在交界处会形成一个神奇的区域，称之为“空间电荷区”，也称为“耗尽区”，因为在这个区域可导电的载流子很少，在交界处形成一个“陡坡”，要想导电，电子与空穴必须跨越这个“陡坡”。当给PN结加正向电流（P端接电源正极）时，空间电荷区变小，正向电流很大；而当给PN结加反向电流（N端接电源正极）时，空间电荷区变大，反向电流很小，从而达到“正向导通、反向截止”的效果，就相当于一个开关。基本的半导体二极管就是由连接有导电端子的PN结组成的。

二战爆发前，贝尔实验室、麻省理工学院、普渡大学与英国的研究人员开始研制基于半导体晶体的二极管检波器。此时，半导体在通信领域中的应用潜力被逐步挖掘出来。

二战期间，除了PN结与掺杂技术之外，半导体提纯技术也得到了很大的提高，半导体晶体的提纯能力达到了99.999%。提纯后的半导体材料解决了矿石检波器的一致性问题，硅晶体二极管同时具有小巧、故障率低的优点，因此逐渐替代了中低功率的电子二极管。

1941年，太平洋战争爆发，美国正式参加了二战，雷达开始被大量使用。在二战中两种技术的进步对战争的走向极为重要。一种是上一章介绍的计算能力，因为计算能力决定了破译密码的速度，另一种则是雷达技术。随着二战的深入，所有飞机、舰船都安装了雷达系统。雷达通过发射电磁波对目标进行照射并接收其回波，由此获得目标至电磁波发射点的距离、距离变化率（径向速度）、方位、高度等敏感信息。

但雷达用到的电子管却存在着体积大、功耗高、发热严重等诸多问题，这使得军方想寻求一种替代电子管的方案。为了赢得战争，美国军方资助了许多科研机构，包括贝尔实验室。二战全面爆发后，贝尔实验室为西方电气提供技术支持，西方电气开始批量制备硅晶体二极管检波器，并用于雷达领域。

二战期间，硅是半导体材料的首选。不过普渡大学的研究人员发现锗这种半导体材料也可以制作点接触式二极管，而且与硅相比，锗也有自己的优势。如锗的熔点低于硅，易于提纯，锗二极管可以反向承受50伏的电压，而硅只能承受3～4伏的电压。

二战之后，美国半导体产业在长期的积累和优秀人才的助力下得以迅速发展，其中贝尔实验室在这方面的贡献首屈一指。在1940—1979年近40年的时间里，贝尔实验室几乎是创新的代名词。1925年，美国电话电报公司（AT&T）收购西方电气的研发部门，并以此为基础成立了贝尔实验室。科技史学家将贝尔实验室的成功归功于“稳定的资金和长远思维的结合”。默文·凯利随着西方电气一起加入了贝尔实验室，并成为贝尔实验室的第三任总裁。凯利的核心信念是“基础研究是所有技术进步的基础”。他称贝尔实验室为“创意技术学院”，从他雇佣的人到他帮助设计的大楼的房间布局，以及实验室如何运作，凯利都有着非常清晰的愿景，这是促进贝尔实验室成功的一个重要因素。凯利很早就有着与当今许多大型科技公司和初创企业一样的想法，即一个组织要取得卓越的业绩，需要拥有大量具有不同技能的人才。凯利希望招聘“最聪明、最优秀”的人才。1936年，凯利意识到固态物理的重要性，特地从麻省理工学院找到了威廉·肖克利（William Shockley），肖克利此时刚刚完成他的博士论文并留校任教。凯利没花多少时间就说服了肖克利加盟贝尔实验室。凯利做事一向雷厉风行，他连上下楼梯都是一路小跑。

贝尔实验室不仅重视吸引人才，更加重视留住人才。为了营造良好的环境氛围，贝尔实验室鼓励学术和科研自由、兴趣至上的氛围建设。同时，实验室对研究人员的工作不设限制。凯利认为，任何干扰都可能使研究人员失去与科学前沿的联系，从而降低研究效率。最重要的是，凯利认为研究是一个非计划的工作领域，不需要设定目标或进度报告。这一科研管理体制是非常值得我们现在学习的。

威廉·肖克利于1910年2月13日在英国伦敦出世，他的父母是美国人。他的祖先是乘坐五月花号到北美的第一批移民。三岁时，他跟着家人来到了美国加利福尼亚州圣克拉拉。他从小在联邦电报公司一条街以外的房子里长大，惠普的车库也离得不远。肖克利是独生子，他的父亲是采矿工程师，麻省理工学院毕业生，通晓八国语言。而他的母亲是斯坦福大学第一批女毕业生之一。

小时候的肖克利虽是个瘦弱的孩子，但却非常淘气，让人头疼。他曾把一个开关装在客厅的地毯下，每次有人踩到时，就会发出一阵恐怖声响，把人吓一大跳。他还喜欢收集各种奇特的宠物，脾气也十分暴躁。肖克利家的邻居是斯坦福大学的教授罗斯，他的两个女儿常常和肖克利一起玩耍。罗斯教授对童年的肖克利影响很大，是他激发了肖克利对科学技术的浓厚兴趣。不过，肖克利的性格可没有因此而改变。后来父母发现肖克利是个特别倔强、有个性的孩子，公立学校根本不适合他。于是他们决定自己在家教他，但没多久就放弃了。最后肖克利被送进帕洛阿托军校读书，这可是个能接触到高科技产品和各种新发明的地方。

1925年肖克利父亲去世后，他们一家搬到了洛杉矶，肖克利则在好莱坞高中就读。那时候，他的傲慢态度就显露无遗了。不过，他对当代工业进步十分着迷。他在一篇高中期末论文里写道："我们处在一个机械化时代。我们能飞速旅行，能用最有效的方式打击敌人，这一切全仰仗机械发明。"

在大学时代，肖克利起初是在加州大学洛杉矶分校的物理系就读，然而一年后，他做出了改变，转到了加州理工学院的物理系。那个时候，加州理工学院的教授们可都是赫赫有名的人物。

1932年，肖克利在加州理工学院获得学士学位，随后来到了麻省理工学院物理系攻读博士学位。1936年，肖克利顺利取得了固体物理学博士学位，他的博士论文题目是"氯化钠晶体中电子波函数的计算"。

初进贝尔实验室的肖克利在克林顿·戴维森（Clinton Davisson）研究小组工作。戴维森因为发现电子衍射现象，获得了1937年诺贝尔物理学奖，他是为数不多能让肖克利敬佩的人之一。在戴维森的指导下，肖克利发表了许多固体物理学论文，并于1938年获得了第一个专利——电子倍增放大器。

在贝尔实验室工作期间，肖克利萌生了用半导体材料制作放大器的想法。可惜这个想法因为二战的发生而中断。1938年，凯利领导的实验室开始与美国军方密切合作。1940年，丘吉尔派遣特使团访问美国，启动了美英两国在雷达技术上的合作。凯利让肖克利从事雷达方面的研究。

到了1942年，肖克利甚至离开贝尔实验室，干脆进入军队的研究所工作。肖克利成了少数几个能接触到美军最高机密的平民。在军队工作期间，肖克利负责雷达投弹瞄准器的训练计划。

二战即将落下帷幕时，肖克利带着荣耀重返贝尔实验室，此时的他已不再是那个懵懂无知的调皮青年。在为军方工作的三年里，他建立了广阔的人脉，积累了丰富的资源和关系。军方的支持对贝尔实验室的发展起到了举足轻重的作用。美军不仅有雄厚的资金，还有许多军事科研项目，其中最重要的就是雷达。雷达的需求推动了半导体晶体提纯技术的迅猛发展。凯利深知半导体材料的发展可能会引发一场技术革命，因此他强烈建议贝尔实验室尽快恢复因战争而中断的半导体材料研究工作。

1945年3月，凯利带着他的得力助手肖克利拜访了PN结的发明者奥尔，希望能从中得到一些启示。与奥尔讨论后，肖克利重新梳理了研究思路，开始系统地考虑如何利用半导体材料全面取代电子管。

1945年秋，贝尔实验室建立了固体物理研究小组（如图2.1所示）。凯利顶住众人的反对，坚定地认为充满活力而又思维敏捷的肖克利是此项目的最佳负责人。虽然此时肖克利已显现出他那自大与桀骜不驯的缺点，但凯利认为，在科技领域能取得巨大成就的人，通常是那些同时拥有伟大优点与“伟大”缺点的天才，而非像他这样全面发展，但没有特别突出才能的管理人才。这个小组一年的研究经费高达50万美元，这在当时是一笔不菲的资金。固体物理研究小组的另外两名得力干将是约翰·巴丁（John Bardeen）和沃尔特·布拉顿（Walter Brattain）。巴丁相继于1928年和1929年在威斯康星大学获得两个学位，后又转入普林斯顿大学攻读固体物理专业，并在1936年获得博士学位，1945年加入贝尔实验室。布拉顿也是美国人，不过由于他的父亲受聘在中国任教，他出生在厦门，1929年获得明尼苏达大学博士学位后加入贝尔实验室。在研究期间，巴丁提出了表面态理论，肖克利提出了实现放大器的基本设想，布拉顿设计了实验。

图2.1　固体物理研究小组
（左起：约翰·巴丁、威廉·肖克利、沃尔特·布拉顿）

在固体物理研究小组的早期阶段，他们确定了两个主要的研究方向：一是探究锗和硅这两种半导体材料；二是以肖克利提出的“场效应设想”为基础，寻求制备具有实用价值的半导体器件，主要应用于放大领域。然而，起初的进展并不顺利，第一年平淡无奇地过去了。

到了1946年，理论物理大师巴丁重新审视了半导体表面态理论，并用这个理论推翻了肖克利的场效应假设。这一事件给肖克利带来了沉重的打击，他在半导体小组中的表现变得异常消极，更加倾向于独处。

1947年，巴丁和布拉顿尝试反型层技术。到了这一年的11月23日，他们已经在实验中实现了电流放大能力，但尚未实现电压放大的功能。尽管遭遇了诸多挫折，但巴丁和布拉顿并未气馁，他们继续改进实验，在无数次的尝试和失败中艰难前行。终于在12月16日，他们的实验装置获得了1.3倍的功率增益、15倍的电压增益，放大频率为10kHz，能够实现音乐的放大。这是人类历史上首个使用半导体材料将高频微弱信号进行放大的装置。这一突破性发现，使得半导体材料不再仅仅服务于整流功能，而且可以应用于信号放大。这一重大发现让巴丁和布拉顿激动不已，他们难掩心中的喜悦之情，表示：“应该是时候给肖克利打一个电话了。”

1947年12月23日，再过一天就是圣诞前夜，贝尔实验室提前给所有员工放假。固体物理研究小组的人员和高管齐聚实验室，他们终于迎来了期盼已久的宝贝。在这一天，巴丁和布拉顿把两根触丝放在锗半导体晶体的表面上，当两根触丝靠得很近时，放大作用发生了，世界上首个固体放大器——晶体管随之诞生，如图2.2所示。布拉顿怀着激动的心情，在实验笔记中记录道：“电压增益100，功率增益40……亲眼看见并亲耳听闻音频的人有……”

图2.2　贝尔实验室诞生的第一个锗半导体晶体管

巴丁和布拉顿认为该装置能够放大信号的主要原因是电阻变换，即信号从低电阻的输入到高电阻的输出。因此，他们将这个装置命名为trans-resistor，缩写为transistor。多年后，钱学森将transistor一词翻译为晶体管。这种晶体管呈点状与半导体晶体连接，因此是点接触式晶体管。

晶体管发明半年以后，1948年6月底，贝尔实验室举行了新闻发布会，首次向公众展示了晶体管。尽管这个伟大的发明使许多专家非常惊讶，但是对它的实际应用价值，人们大都表示怀疑。《纽约时报》在第二天仅以8个句子、201个文字的短讯方式报道了晶体管发明的新闻。

不过，随着半导体产业的迅速发展，约翰·巴丁、威廉·肖克利、沃尔特·布拉顿的成果很快得到确认，1956年，他们便因为发明晶体管而获得诺贝尔物理学奖，能在如此短的时间内就获得诺贝尔奖，足以证明他们的光辉成就。晶体管是一种代替真空管的电子信号放大器件，是电子工业的引擎，被科学界称为“20世纪最重要的发明”。因此有人说：“没有贝尔实验室，就没有硅谷。”

2.2

肖克利的反击

在巴丁和布拉顿取得突破之前，肖克利已经脱离了日常工作，更多的是充当顾问和经理的角色，但现在这一壮举已经完成，他准备再次成为团队的一员，并坚持在拍摄任何公关照片时，他都要站在前面和中间。然而，贝尔实验室的绝大部分人认为1947年底巴丁和布拉顿在发明点接触式晶体管放大器过程中，肖克利并无实质贡献，因此点接触式晶体管的专利和发表的论文都只有巴丁和布拉顿这两个人的名字。作为这两人领导的肖克利大为失望，也十分愤慨。在肖克利看来，即使这个专利只署他一个人的名字也不为过，因为他认为巴丁和布拉顿把他关于在半导体中使用场效应的理论编入了他们的装置之中。贝尔实验室的律师甚至专门找到一个专利，以证明有人在肖克利之前就提出了场效应理论，以此完全把肖克利排除在点接触式晶体管专利之外。这次专利之争彻底激活了肖克利发明创造的潜力。

1947年12月底，在点接触式晶体管取得初步成功后不到两周，肖克利前往芝加哥参加美国物理学会年会。新年前夕，他躲在旅馆房间里，开始设计自己的晶体管。在三天内，他写了大约30页的笔记。1948年1月23日，他已经完成了后来被称为双极结型晶体管（bipolar junction transistor，BJT）的基本设计，这种晶体管最终取代了点接触式晶体管，并在20世纪70年代末之前一直占据主导地位。

尽管点接触式晶体管是20世纪最重要的发明，但令人惊讶的是，人们并未对它的实际工作原理给出清晰、完整和权威的描述。现代的、更坚固可靠的结型和平面型晶体管依赖于半导体本体中的物理特性，而不是点接触式晶体管中利用的表面效应。虽然在1948年6月，肖克利提出的结型晶体管还没有获得实验上的成功，但是已经不耽误他申请属于自己的专利了。肖克利发明的结型晶体管由N型半导体和P型半导体交替结合在一起，中间有两个PN结。结型晶体管可以有两种表现形式，即NPN型和PNP型。图2.3给出了NPN结型晶体管的结构示意图。组成结型晶体管的3层半导体就像一个三明治一样组合在一起，分别是发射区、基区和集电区，然后分别引出对应的三个电极，分别是发射极、基极和集电极，所以这种晶体管也称为三极管。在发射区、基区、集电区这三个区中，基区最薄，以保证从发射区出发的电子或空穴绝大部分能够抵达集电区中。

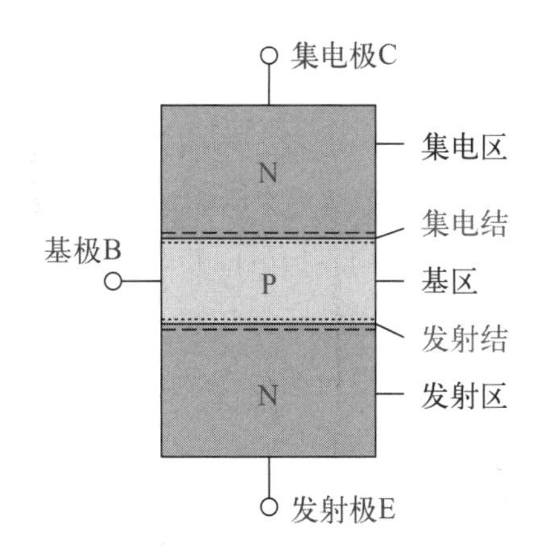

图2.3　NPN结型晶体管的结构示意图

1950年11月，肖克利出版了《半导体中的电子和空穴》一书，这是基于他在贝尔实验室所做的一系列演讲写成的，成为这个专业的经典著作。1951年，他领导研究小组研制出第一个可靠的结型晶体管。肖克利通过自己的努力，向世界证明了他是真正的晶体管之父，同时展现了他的科研天赋。他的努力和成就奠定了他在半导体领域的地位，对整个人类科技发展产生了深远的影响。

1951年，巴丁被迫离开了贝尔实验室，成为伊利诺伊大学厄巴纳-香槟分校的教授，因祸得福，在那里他因超导理论第二次获得了诺贝尔物理学奖。布拉顿虽然一直在贝尔实验室工作，但是他却申请调到别的研究小组，直到1967年，他去了华盛顿州沃拉沃拉的惠特曼学院任教。

成功地击退了这两位宿敌后，肖克利感到怅然若失，他始终无法相信巴丁和布拉顿的行为没有得到高层领导的支持。事实上，很多高层都觉得肖克利是一个不错的学科带头人，却是一个糟糕的行政管理者，许多人都不愿意与他共事。后来，当贝尔实验室进行大规模的部门重组时，肖克利并没有被赋予重要的职务，仍然只是一个研究小组的组长，而他过去的部下反而成了他的领导，这一切使得肖克利感到心灰意冷。再加上他很想成为百万富翁，因此他开始考虑自主创业。

2.3
晶体管之父与“八叛逆”

威廉·肖克利对半导体产业的贡献，不仅仅在于他领导发明了晶体管，他最大的贡献，其实是他出走贝尔实验室之后的故事。

由于肖克利在行政管理方面的不足，以及与其他员工的矛盾和冲突，他在贝尔实验室的地位逐渐下滑。尽管他在晶体管和半导体研究方面做出了杰出的贡献，但是他张扬的个性和独断专行的行为方式使得他在贝尔实验室内部逐渐被边缘化。

另外，贝尔实验室对晶体管的态度是开放的，所有对晶体管感兴趣的公司都可以通过授权获得相关技术。这虽然促进了半导体产业的发展，但却动了肖克利的奶酪。1953年，肖克利看到别的公司拿着自己的专利获得商业成功，便开始策划如何让自己名利双收，也能成为百万富翁。此时肖克利的离职只需要一根导火索，而这根导火索与他所专注的半导体领域关系并不大。

这根导火索很长，要追溯到1948年。那一年肖克利在完成双极结型晶体管的工作后，申请了一个跟半导体八竿子打不着的专利radiant energy control system（辐射能控制系统）。这个专利可了不得，其实是一套基于视觉传感器的反馈控制系统，关键是这项技术可用于导弹自动制导系统。可想而知，军方看到这专利肯定眼睛都亮了！于是，美国专利局直到1959年才把这个专利给他授权下来。这件事并没有浇灭肖克利对机器人和自动化这两个领域的热情，这股热情就像是肖克利生命中的一把火，烧得很旺。他一心想把这个自动化的专利据为己有。1952年12月，肖克利经过深思熟虑，在这两个领域又重新申请了一个新专利。在专利描述里，机器人有手有脚有五官，还有大脑和眼睛，并且具有记忆功能。可是好景不长，一盆冷水很快被他的老板凯利泼过来，凯利回信告诉他，贝尔实验室不打算支持他的这个想法。就这样，肖克利的机器人梦在贝尔实验室破灭了。于是，为了他的理想和发财梦，肖克利打起了创业的主意。

机缘巧合下，1955年的一天，他遇到了一名叫阿诺德·贝克曼（Arnold Beckman）的人。贝克曼曾经是加州理工学院的教授，甚至还给当时还是本科生的肖克利上过课。贝克曼是pH检测仪的发明人，凭借这个发明，他在1934年创建了“贝克曼仪器公司”。两人一见如故，又恰巧这个商人也喜欢自动化，还相信机器最终能取代人。但是当肖克利想用他的机器人专利跟贝克曼合作时，这位精明的商人让团队评估了一下肖克利的发明，然后婉拒了他。

可是，创业的热情一旦萌动，又岂会轻易被浇灭。不久后，不甘心的肖克利打电话给贝克曼，这次他想把贝尔实验室新发明的晶体管推向市场。这时，贝尔实验室已经将晶体管制作专利以白菜价授权给其他公司。只要付了授权费，任何公司都可以制作晶体管。作为晶体管的发明人，肖克利自然占了先发优势。贝克曼嗅到商机，立即安排了二人见面。经过协商，贝克曼和肖克利一拍即合，并决定在肖克利的老家——加州的圣克拉拉成立“肖克利半导体实验室”（Shockley Semiconductor Laboratory）。该实验室作为贝克曼仪器的子公司，由肖克利全权负责。肖克利半导体实验室的成立是半导体历史上的一个重要事件。

当硅谷之父弗雷德·特曼（Frederick Terman）得知肖克利带着贝尔实验室的历练和积淀要在硅谷创办公司时，非常高兴。有了肖克利这棵“梧桐树”，还怕吸引不来一群“金凤凰”吗？有了人才，硅谷何愁发展不好。

不过，肖克利的初创团队只有四个工程师，还有一名负责日常杂务的秘书。起初这个半导体实验室甚至没有专门的销售人员。肖克利这个总监一人干着很多具体事情：工程、招聘、销售甚至后勤。因此，当务之急是招募人才。起初肖克利试图招募他在老东家的同事，但因其糟糕的为人处世风格，没人愿意与他再次共事。于是，他放出话来，要寻找全美最优秀、最聪明的年轻科学家，制造最先进的晶体管来改变世界。不久，因敬仰“晶体管之父”的大名，求职信便像雪片般飞到肖克利的办公桌上。1956年，以罗伯特·诺伊斯（Robert Noyce）为首的八位年轻科学家陆续加盟肖克利的实验室。

29岁的诺依斯是这八人中年纪最大的，也是对肖克利最忠诚的一位。当他抵达旧金山后，他的第一项行动就是毫不犹豫地购买了一套住所，以此表明他打算永久定居在此地的决心。此时，他并未考虑工作的环境、条件或待遇。

诺伊斯在大学期间同时学习数学和物理两个专业，1949年秋，诺伊斯考取了麻省理工学院的博士研究生，他的论文题目是“对绝缘体表面光电现象的研究”。

毕业后，诺伊斯并没有像大多数人那样选择大公司，而是去了一家叫菲尔科的小公司。他对物质的追求非常淡漠。1956年，在华盛顿的一次技术交流会上，肖克利被他的报告深深吸引。一个月后，肖克利就给他打去电话，告诉他自己打算到美国西海岸开一家公司，并邀请他加盟。

其他七人是戈登·摩尔（Gordon Moore）、朱利亚斯·布兰克（Julius Blank）、尤金·克莱纳（Eugene Kleiner）、金·赫尔尼（Jean Hoerni）、杰·拉斯特（Jay Last）、谢尔顿·罗伯茨（Sheldon Roberts）和维克多·格里尼克（Victor Grinich）。他们非常年轻，都在30岁以下，处于创造能力的巅峰且学有所成，他们或来自著名大学或研究院，或是双博士学位拥有者，或是来自大公司的工程师。大家都是慕名而来，迫不及待地想干一番大事业。但是当他们第一次来到实验室时，都被吓到了：实验室里只有光秃秃的白墙、水泥地和露在外面的房椽子。

在得到老东家的单晶硅之后，肖克利的半导体实验室终于可以着手研制晶体管。但在那个年代，研制晶体管可是个艰巨的任务，尤其是制作设备和材料这方面。肖克利虽然有贝尔实验室的大力支持，可以拿到所有技术资料，但他的那些徒弟年纪轻轻，得靠他手把手教，这耗费了他大量的精力。就在他忙得不可开交的1956年，他获得了诺贝尔奖。获奖消息一公布，各种活动和采访就像潮水一样涌来，肖克利忙得不可开交，无法集中精力管理公司。

在那个时候，半导体行业才刚刚起步，半导体制作需要各种不同专业的工程师，而且人才特别稀缺。这些稀缺人才自然傲气冲天，要把他们聚集起来可不是那么容易的。肖克利显然不是那个能处理这类事务的人。

肖克利对完美的追求达到了苛刻的地步，每个细节都追求完美。他想先开发出最好的设备，再用这最好的设备做出最好的晶体管。但他忽略了一个问题，他那帮徒弟还在成长中。

正常来说，一个公司的人才结构应该是金字塔形的，顶尖人才下面还得有一大帮普通工程师撑着。但是肖克利不这么想，他觉得他挑的这些有潜力成为杰出科学家的天才们，普通工程师的事儿一定都能干，压根儿没必要考虑再招普通工程师进来。他也没有想过为这些科学家们提供足够高的薪资。

从瑞典领奖回来后，肖克利原本就有点儿自大的性格变得更加无法控制。他变得多疑又专横。虽然团队里的人都很尊敬他，但也有很多人怕他怕得要命。团队里的矛盾从小变大，不断扩大。面对这些矛盾，肖克利干脆将自己封闭起来，派罗伯特・诺伊斯去处理。

肖克利在学术界有着高傲的姿态，他拒绝跟随贝尔实验室的脚步，去复制那些已经成功的晶体管。他总是喜欢独自创新，他的思维总是倾向于不走寻常路。于是，他决定将他的“四层结构二极管”作为公司的主要产品方向，这种二极管也被大家称为“肖克利二极管”。1957年1月，肖克利和贝克曼达成了协议，他们决定大规模生产这种二极管。肖克利有两个大规模制造的法宝：一个是贝尔实验室的光刻技术，另一个就是二氧化硅在晶体管中的应用。这两个法宝的威力不可小觑，肖克利准备使用它们。但正当他的学徒们逐步认识到这两个法宝的厉害之处时，肖克利却又莫名其妙地放弃了。1957年初，他和诺伊斯发明了一种新型的结型晶体管，他们为此申请了专利。这次肖克利想把这个新产品当作公司的主攻方向。肖克利的学徒们心里没底，他们没有信心能够做出这种二极管，但肖克利仍然启动了这个项目。

尽管肖克利对技术富有远见，但他对管理一窍不通，把实验室的生产指挥得一塌糊涂，完全听不进别人的规劝。当时，八位青年才俊都认为集成电路是以后半导体发展的方向，应该加大研究力度，但肖克利却否决了他们的方案。这使得年轻人非常失望，一年过去了，实验室没有任何拿得出手的产品。

公司经营得不是太好，再加上各种人员矛盾，使得肖克利患上了失眠症，从此变得更加多疑起来。最终，一个偶然的事故成了压垮骆驼的最后一根稻草。

有一天，肖克利的秘书在去办公室的路上，无意中被金属割破了手指。这本是一件再普通不过的小事，但在肖克利眼中却成了罗伯茨的阴谋。最后经过显微镜观察研究发现，这个金属只不过是一个没帽子的图钉罢了。

1957年5月，肖克利的学徒们终于忍无可忍，他们选出摩尔作为代表，直接越过肖克利跟贝克曼谈判。这就像是起义一样，摩尔带领大家反抗肖克利的独断专行。摩尔跟贝克曼说："如果公司不引进有效的职业管理人，这些人可能会集体辞职。"摩尔代表大家提出的要求是：让肖克利专心指导科研，让职业经理人管理公司。贝克曼当然明白，如果答应摩尔的这个要求，那就等于让肖克利离职，他舍不得这样。不过贝克曼也做出了一些让步，他专门找了一个管理人员夹在肖克利与团队之间作为缓冲。然而，这一安排并没有有效化解肖克利实验室的信任危机。这个以肖克利名字命名的实验室，还是不可避免地走向了分崩离析的结局，"摩尔"们去意已决。回想起这段往事，贝克曼非常痛心，他觉得自己应该在实验室成立的第一天，就找个帮手来分担肖克利在管理上的一些工作，这样也许就不会有如此凄惨的局面了。

到了1957年6月，诺伊斯还在做最后的努力，他向肖克利提议，是否可以为这些准备集体辞职的人员成立一个相对独立的晶体管研发小组。但这时候，一切的努力都已经来不及了，人心的裂痕，无疑是世界上最难以弥补的。

八位青年中的七人偷偷聚在一起，瞒着肖克利策划叛逃的方法，思来想去，他们想自己创办一家公司，可是他们自己也不懂生产管理。于是，大家一致决定策反具有领导才能的诺伊斯。此时最尴尬的要数诺伊斯了，一边是兄弟情深，一边是尊敬如山的师长。最后，罗伯茨费了九牛二虎之力终于把诺伊斯给说服了。1957年9月18日，八个人集体向肖克利递交了辞职信。这八个人的背叛使得肖克利暴跳如雷，怒不可遏，大骂他们为"叛逆八人帮"（the traitorous eight）。这就是半导体历史上著名的"八叛逆"的故事。

"八叛逆"后来成立了仙童半导体公司。肖克利和他的实验室因为骨干成员的离开而一蹶不振。这时候的贝克曼可比肖克利果断多了，他准备立刻起诉新成立的仙童半导体公司。而肖克利选择默不作声，虽然他完全有能力把这个公司扼杀在摇篮里，但我们不得不感谢肖克利此时此刻的大度，仙童半导体公司对后来半导体产业的发展起到了举足轻重的作用。1960年，贝克曼郁闷地把肖克利半导体实验室的全部股份都卖给了克莱维特实验室，1965年又转卖给了

AT&T，1968年，它永远地关闭了。

肖克利半导体实验室已经消失在历史的长河中。肖克利跟那“八叛逆”曾经办公的仓库，被一个叫WeWork的公司租了下来，该公司为初创公司提供共享办公服务。往事如烟，如今只有门口的那块牌匾（如图2.4所示）还在提醒着人们这里曾经发生了轰轰烈烈的故事。

图2.4 肖克利半导体实验室的纪念牌匾

而晶体管之父的老东家——贝尔实验室后来的日子也不太好过。20世纪90年代末，反垄断法使得AT&T公司进行了拆分，它再没能力支撑贝尔实验室的大量研发投入，人才大量流失。贝尔实验室随后被分拆，主要部分成了朗讯科技，2006年被法国阿尔卡特收购。留在AT&T的部分也一蹶不振，2005年随着AT&T公司被收购重组也消失了。2015年，几乎退出手机市场的昔日巨头诺基亚把阿尔卡特-朗讯收购了，命名为诺基亚贝尔实验室，它们就像一对难兄难弟走到了一起，但再也不复往日的辉煌了。

肖克利黯然离去后，选择去大学教书，他成了斯坦福大学的一名教授。在这里，他遇到两位老朋友：一个是肖克利在贝尔实验室的半导体小组的老战友杰拉尔德·皮尔逊（Gerald Pearson），从贝尔实验室退休后，他来到这里研究光伏电池；另一个就是被称为硅谷之父的弗雷德·特曼，那时候他已经成了斯坦福大学的教务长。

1989年8月12日，肖克利在孤独中离开了这个世界，他的孩子们只是在报纸上看到他去世的消息。他揭开了新时代的序幕，却没有踏上这个时代最灿烂的舞台。而“八叛逆”成了硅谷最重要的火种，几年后，他们发明的集成电路改变了整个世界。

2.4
晶体管行业带来的革命性变化

与电子管相比，晶体管具有很多优越性。

① 更高的效率：晶体管能在更低的功率下实现与电子管相同的功能，这意味着晶体管的效率更高，发热更少。

② 更长的寿命：无论多么优秀的电子管都会因阴极原子的变化和慢性漏气而逐渐劣化，而晶体管没有电子管那样的问题，其寿命一般比电子管长100 ~ 1000倍。

③ 更小的体积：晶体管的体积只有电子管的十分之一到百分之一，使得它们更适合在小型、复杂、需要高可靠性的电路中使用。

④ 更快的响应速度：晶体管制成的器件不需预热，一开机就可以工作，例如晶体管收音机一开机就响，晶体管电视机一开机就能很快展现画面，电子管器件则达不到这个要求。因此，晶体管器件在军事、记录、测量等领域有很大的优势。

⑤ 更高的热稳定性：晶体管对温度的稳定性比电子管高，使得它们能在更宽的温度范围内正常工作。

⑥ 更高的频率：晶体管的工作频率比电子管高，可以达到几十兆赫兹（MHz），高频晶体管的工作频率范围更是从几百兆赫兹到几十吉赫兹（即千兆赫兹），使得它们在高频电路等领域有着广泛的应用。

⑦ 更强的抗冲击和振动能力：晶体管结实可靠，耐冲击、耐振动，这都是电子管所无法比拟的。

因此，随着晶体管的逐渐完善，晶体管的用途也愈来愈广泛。

1950年4月12日，肖克利在戈登·蒂尔（Gordon Teal）和摩根·斯帕克斯（Morgan Sparks）的帮助下，用新的晶体掺杂和提拉工艺，制作出第一款“三明治”晶体管——结型晶体管。不过，第一个结型晶体管还是有些缺陷，在处理电话语音这种复杂电信号时容易出错。

1951年1月，在摩根·斯帕克斯改进了晶体管的制造工艺后，新晶体管就不再出问题了。新晶体管的效率很高，耗电量却很低，还能把微弱的信号放大，实用性大大提高。为此，贝尔实验室在1951年召开了新闻发布会，宣布可实际工作的高效率结型晶体管诞生了！

晶体管的实际应用很快到来。1952年底，第一件采用晶体管的商品——Sonotone 1010助听器上市，售价为229.5美元。当时，AT&T为了帮助此类公司，免费为这家助听器公司提供晶体管授权。这是晶体管第一次应用于消费级市场。当然这款助听器并不是完全采用晶体管制成，而是由2个电子管和1个锗晶体管组成。用来制备锗晶体管的锗来自锗制品公司。贝尔实验室很早就决定放弃在助听器领域的晶体管技术专利使用费，因为贝尔公司的创始人亚历山大·格拉汉姆·贝尔曾从事聋哑人教师的工作，并始终将为听力受损的人提供服务作为自己的终身事业，这是很令人敬佩的。

紧接着，1953年，Maico公司制成了全晶体管助听器，此款助听器采用了三个晶体管，性能要优于Sonotone 1010。到了1954年，全美国助听器产品中，高达97%的产品采用了全半导体晶体管技术。自从助听器行业引入了半导体晶体管技术以后，小型化助听器的出现成为可能。1954年，首次出现了眼镜式助听器，1956年，又发明了耳背式助听器，而在1957年，耳内式助听器也诞生了。在短短数年时间里，晶体管技术在助听器行业的应用展现出了蓬勃发展的局面。这是半导体技术第一次对实体产业的技术改造与产品升级。

由于当时半导体晶体管的生产工艺和制造设备不够先进，导致晶体管产品的成品率并不高。在生产过程中，产生了大量不符合助听器产品标准但仍可以使用的次品。考虑到当时美国有大量的业余无线电爱好者，晶体管公司将这些次品重新包装后投放市场，供他们使用，这也成了早期无线电爱好者进行DIY的必备品。这些晶体管推动了早期无线电市场的发展。

让晶体管真正流行起来的产品不是电话，也不是只有少数科学家才用得起的电脑，而是能吸引大众注意的手持收音机。1953年，联邦德国杜塞尔多夫的金属间化合物公司在杜塞尔多夫无线电博览会上第一次向公众展示了全球第一台晶体管收音机原型机，其采用了4个半导体点接触式晶体管。

而美国第一台面向大众的晶体管收音机，是在1954年10月面世的Regency TR-1，如图2.5所示，当时它的售价为49.99美元。这款收音机是由美国德州仪器公司（Texas Instruments，TI）与工业发展工程师协会（Industrial Development Engineering Associate，IDEA）联手开发的PN结锗晶体管收音机。早在1952年，德州仪器就以25000美元的价格从贝尔实验室购买了生产晶体管的专利授权。同年末，德州仪器已经开始制造和销售这些晶体管。德州仪器公司成功售出了超过十万台TR-1收音机，将“晶体管”这个词带入了大众的日常生活中。TR-1配备了4个锗晶体管，以22.5伏电池工作，使用寿命超过20小时。由于其便携小巧的外形，这款收音机被人们称为“口袋收音机”，并配置了四种颜色系列，展现出一种时尚感。自上市后，它立即轰动全美，这款产品在全球晶体管收音机中是首款真正的“爆款”产品。其便携式和口袋大小的体积使得TR-1成为当时最小和最具性价比的收音机。TR-1在全球范围内引发了消费者对小型和便携式电子产品的强烈需求，这个需求推动了个人消费电子产品和新技术的不断发展。

图2.5　美国第一台面向大众的晶体管收音机Regency TR-1

在Regency TR-1晶体管收音机问世之前，没人能想象到这个具有极高便携性的小玩意儿，能够以前所未有的速度广泛传播全球重要的政治和经济事件。晶体管收音机的发明，不仅给人们带来了及时获取信息的便利，也极大地丰富了人们的生活，开启了新的娱乐方式，它开启了户外听音乐的新时代，改变了人们的生活方式。Regency TR-1晶体管收音机正式开启了全球信息时代的序幕，其带来的政治和经济影响力是无可估量的。

Regency TR-1晶体管收音机的热销引起了全球众多产业公司的“嫉妒”，他们纷纷效仿并推出了类似的“山寨”产品。其中，一家日本公司的产品最为出色。这家公司除了在日本首次生产和销售“锗钟”（germanium clocks）、晶体管助听器外，还在东京三越百货展示了他们的山寨Regency TR-1晶体管收音机，这成了日本第一台晶体管收音机。这家公司随后更名为索尼（SONY）。1955年3月，索尼公司推出了TR-52晶体管收音机，并将产品出口到美国市场。他们想出了一句响亮的广告语——“衬衫口袋大小，世界上最小的晶体管收音机”。这款收音机的价格仅为29.95美元。这一举措成为日本和美国之间在半导体、电子产品领域竞争的开端。

1954年，贝尔实验室下属西方电气公司推出了2N23晶体管，大批量的生产极大地降低了生产制造成本，生产晶体管的公司也越来越多。随着技术的发展，干电池供电的晶体管收音机能耗也越来越低，只需几节电池就可以连续使用半年或一年。与电子管不同，晶体管不需要加热灯丝来产生自由电子，其消耗的电子较少，仅为电子管的十分之一或几十分之一。

1954年5月24日，贝尔实验室成功地组装了一台名为“催迪克”（transistor digital computer，TRADIC）的计算机，这是世界上第一台晶体管计算机。TRADIC代表了计算机技术的一个重大飞跃，它使用了700个左右的晶体三极管和1000多个点接触二极管，其功率小于100瓦。这台计算机是为美国空军特别制造的，被安装在B-52轰炸机上。与之前的电子管计算机不同，这款晶体管计算机引入了“浮点运算”的概念，使得它的计算能力大幅度提高，远超第一代电子管计算机，成为计算机发展史上的一个重要里程碑。20世纪50年代之前，计算机的主要元件都是电子管，例如IBM的701和650系列计算机就是这种庞大而复杂的设备。然而，用晶体管替代电子管后，电子线路的结构得到了显著改善，计算机的性能也得到了大幅度提升，同时体积也大大缩小。对比早期如ENIAC那样需要占据整个房间的计算机，TRADIC仅需3立方英尺（1立方英尺 = 0.0283立方米）的空间。第二代计算机比第一代具有更强大的计算能力，并且在这个时期，高级语言和软件的概念开始出现，为计算机技术的进一步发展铺平了道路。

1954年注定是不平凡的一年，除了发明晶体管收音机和全晶体管计算机以外，这一年还陆续诞生了第一个可工作的硅晶体管和第一个商用的硅晶体管。

当时，尽管有很多人抱怨锗晶体管有个坏特性——不能在高温下工作，也有人想过用硅来代替锗制造晶体管也许会更好。不过限于当时的技术水平，人们都认为硅晶体管还需要等上好几年。令人欣喜的是在1954年1月，莫里斯·塔南鲍姆（Morris Tanenbaum）在贝尔实验室研制出第一个可以工作的硅半导体晶体管。该项工作在1954年春季的固态设备大会上得到了报道，随后发表在《应用物理学报》上。紧接着，1954年2月，从贝尔实验室跳槽到德州仪器的戈登·蒂尔独自研发出了世界上第一个商用硅晶体管，并于2月14日对其进行了测试。1954年5月10日，俄亥俄州代顿市无线电工程师学会举办了一场国家航空电子大会，蒂尔在此活动中首次公开了他的成果，声称："和我的同事告诉你的关于硅晶体管前景黯淡的说法相反，我碰巧在口袋里有几个。"他还在大会期间发表了一篇名为《硅、锗材料和器件的一些进展》的学术论文（*Some Recent Developments in Silicon and Germanium Materials and Devices*）。

德州仪器成了当时唯一一家大批量生产硅晶体管的公司。那一刻，德州仪器从一个刚启动的小电子公司突然变成了一个极具行业影响力的巨头。德州仪器不仅是第一个生产出硅晶体管的公司，更是第一个生产大众化晶体管的公司。在接下来的三年里，德州仪器垄断了全球硅晶体管市场，并以惊人的速度成长。其年收入平均增长了61%，年利润平均增长了73%，充分展现了科技红利的魅力。随后在1955年，利用固态杂质扩散的扩散型晶体管被发明。不过，当时硅管的价格比锗管昂贵得多。

1957年美国第一颗轨道卫星"探测者"首次使用了晶体管技术。1947年至1957年这11年间，半导体产业处于最激动人心的"发明时代"。

2.5

蓝色巨人与小小晶体管

万国商业机器公司（International Business Machines，IBM），1911年由托马斯·约翰·沃森（Thomas John Watson）在美国创立，目前是全

球最大的信息技术和业务解决方案公司，业务遍及160多个国家和地区。IBM外号“蓝色巨人”，这是源于其徽标的蓝色色调。IBM公司曾在计算机领域具有无可争议的统治地位，在20世纪60年代IBM是美国八大电脑公司中最大的公司。IBM在其近百年的历史中，多次引领产业革命，特别是在IT行业中，制定了许多重要的标准，并致力于帮助客户取得成功。在过去的几十年中，IBM在世界500强企业中一直名列前茅。

IBM公司创立时的主要业务为商业打字机，之后转为文字处理机，然后转到计算机和相关服务。小小的晶体管为蓝色巨人的发展壮大起到了不可磨灭的作用。而起关键作用的人则是IBM创始人的儿子小托马斯·约翰·沃森（Thomas J. Watson Jr）。小沃森是IBM的开拓者。1914年他生于美国俄亥俄州的代顿市，1937年毕业于美国布朗大学。毕业后进入航空领域任职，1942年在美国空军服役，1946年作为推销员进入IBM，1952年担任IBM总裁。1956年担任IBM董事长，1971年因病辞去董事长职务。后来他还成为美国驻苏联大使，直到1980年。小沃森领导IBM公司进入计算机时代，并进一步将其发展为商界巨擘。因此，《财富》杂志称他为“有史以来最伟大的资本家”。

小沃森非常清楚Regency TR-1收音机的重要性，他下定决心让IBM公司这艘巨轮开始转向半导体技术。在公司里，他经常用Regency TR-1的例子来激励那些不愿意接受新技术的员工。1955年，IBM宣布研制IBM 608晶体管计算机，但实际上直到1957年才推出。这台计算机使用了3000个点接触锗三极管，被认为是第一台商用晶体管计算机。然而，它很快就因为后续产品的推出而变得过时，所以只售出几十台就退出了市场。

1956年9月13日，IBM公司推出了随机存取存储器记账系统（random access method of accounting and control，RAMAC）超级计算机，RAMAC代表“计算和控制的随机访问方法”。这台计算机是全球第一台带有硬盘驱动器的超级计算机——IBM305。这个驱动器有50个60厘米的磁盘，以每分钟1200转的速度旋转，可以容纳500万个字符的信息。随后，小沃森向各地的IBM工厂和实验室发出指示：“从1956年10月1日起，我们将不再设计使用电子管的机器，所有的计算机和打卡机都要实现晶体管化。”

不过由于当时IBM一直占据着电子管时代计算机市场的很大份额，直到1958年才宣布不再生产使用真空管的计算机。然而，他们于1958年推出的

IBM 7070晶体管计算机，因为与之前的电子管机型兼容性不佳，市场反应冷淡。因此，IBM不得不很快推出了全兼容的IBM 7080。1958年，IBM公司制成了第一台全部使用晶体管的RCA 501型计算机。由于第二代计算机采用晶体管逻辑元件和快速磁芯存储器，计算速度从每秒几千次提高到几十万次，主存储器的存储量从几千比特提高到10万比特以上。

1959年，IBM公司又生产出IBM 7090电子计算机，售价为290万美元，租金每月6.3万美元。IBM的这类计算机被称为IBM 700/7000系列，其中700系列主要是电子管计算机，而7000系列则是晶体管计算机。它们被称为大型机（mainframe），功能非常强大，但由于价格昂贵，主要是政府部门、军事机构、高校及研究机构和大型企业使用。IBM 7090采用了二进制和十进制的混合数制，具有更高的处理速度和存储容量，成为当时最先进和最有影响力的计算机之一。

1959年，DEC（Digital Equipment Corporation）公司推出了PDP-1（Programmed Data Processor-1）晶体管计算机，其使用了2700个三极管，售价为12万美元。之后又陆续推出了PDP-2到PDP-16等机型，因为体积小巧被称为小型机（minicomputers），实际上这是一种商业推广用语。这些PDP系列计算机大多为12位到18位字长，使用精简指令集，存储器等配置相对较低，价格也相对较低，这对市场产生了很大的冲击。其中比较成功的商业机型有PDP-8、PDP-11等。贝尔实验室还在PDP-7上开发出了Unix操作系统。1970年，根据《纽约时报》的调查，售价在2.5万美元以下的计算机，如果有输入输出设备、至少4KB字内存并能使用Fortran或Basic这种高级语言编程，就被认为是小型机。

为了应对DEC公司的小型机对计算机市场的冲击，IBM于1965年推出了IBM System/360系列，从Model 30到70，覆盖了小型机到大型机的范围，后来又扩展到了20、90等系列。1970年，IBM又推出了IBM System/370，包括Model 115到165等，进一步提高了性能。而DEC公司则推出了32位字长的VAX系列。到20世纪80年代初，IBM在大型机市场占有60%以上的份额，但在整个计算机市场中只占32%，公司股价下降了22%，增长率不到DEC公司的六分之一。

1964年，IBM的阿诺德·法伯（Arnold Farber）和尤金·施利格（Eugene Schlig）设计了由两个三极管和两个电阻组成的Farber-Schlig cell，可以存储一个比特。1965年，IBM的本杰明·阿古斯塔（Benjamin Agusta）团队设计了使用这种结构的16位的存储芯片，包含80个晶体管和64个电阻。1968年，在IBM供职的罗伯特·登纳德（Robert H. Dennard）研制出动态随机存取存储器（dynamic random access memory，DRAM），只需使用一个三极管就能存储一个比特，使内存容量得到了大幅提升。随着技术的发展，一个比特的内存成本从1美元下降到了1美分。

1975年，IBM公司生产的计算机数量是全球其他所有计算机厂家生产计算机数量总和的4倍，IBM成为一家集科研、生产、销售、技术服务和教育培训于一体的综合性企业。20世纪60至70年代，IBM所推动的计算机产业发展迅速，对社会各个领域的发展起到了关键的推动作用。例如：协助美国太空总署建立了阿波罗11号资料库，成功实施了太空人登陆月球计划；建立了银行跨行交易系统；设立了航空业界最大的在线票务系统；等等。

1981年8月12日，IBM公司推出了世界上第一台个人电脑——IBM 5150，这款新型电脑的推出，催生了一个新的市场——个人电脑市场。这一创新举措，深刻地影响了整个计算机产业的发展。

2.6

难产的MOS晶体管

相比于双极型晶体管的发明，现在半导体产业中另外一种更常用的晶体管——金属氧化物半导体场效应晶体管（metal-oxide-semiconductor field-effect transistor，MOSFET）的诞生要困难得多。场效应管是通过控制输入回路的电场效应来控制输出回路电流的一种半导体器件，并因此得名。它仅靠半导体中的多数载流子导电，故又称为单极型晶体管。

MOSFET简称MOS管，它可分为NMOS管（N沟道型）和PMOS管（P沟道型），它们都是绝缘栅场效应管。将NMOS和PMOS组合在一起就组成了常用的CMOS器件（complementary metal oxide semiconductor，互补金属氧化物半导体）。图2.6给出了NMOS的结构示意图。它也有三个电极，分别是源极（source，S）、栅极（gate，G）、漏极（drain，D），可分别对应于双极型晶体管的发射极、基极和集电极。

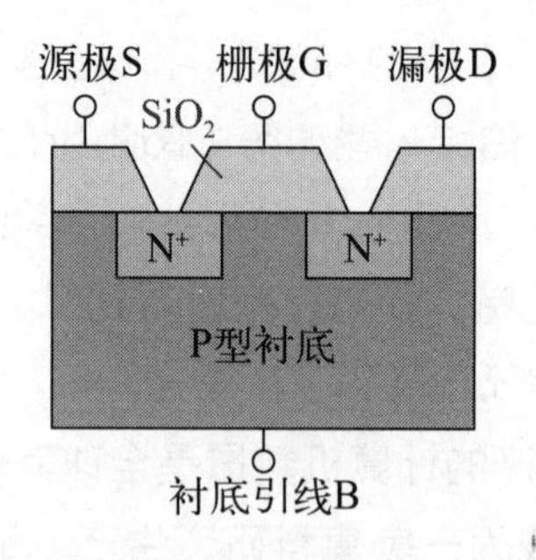

图2.6　NMOS的结构示意图

如图2.7所示，将源极接地，漏极接电源V_D，当栅极不加电压时，源区和漏区之间由于没有导电沟道，源区中的电子不能流动到漏区，因此没有电流流过。当栅极加正电压，并达到一定程度时，将会吸引P型衬底中的少数载流子——电子聚集到栅和衬底的交界处，使得衬底表面形成布满电子的反型层（原来这里是P型，现在反转成N型），这个反型层提供了一个绝佳的电子通道（沟道），可以让源区的电子源源不断地向漏区运送，从而形成了电流。因此，

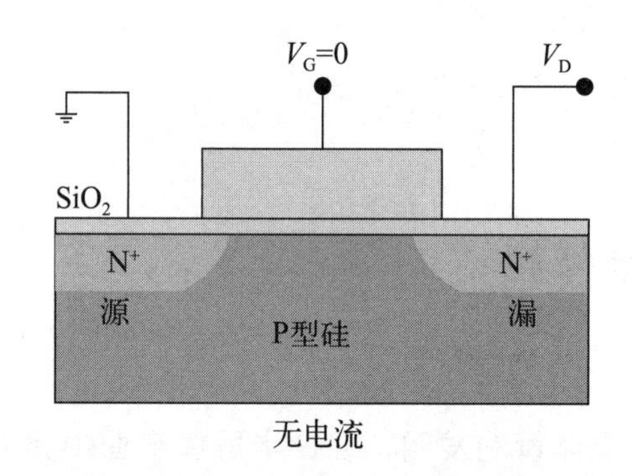

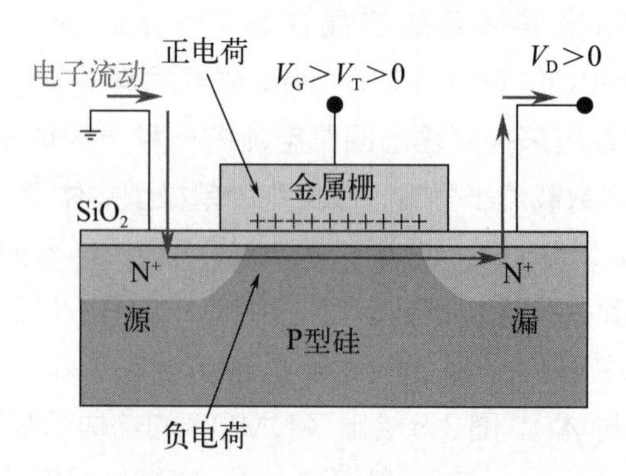

图2.7　NMOS的电学性能
（上图栅极电压为0，下图栅极电压大于阈值电压）

MOS管是电压控制器件，它的本质是用栅极电压来控制源极和漏极间的电流。把开启场效应管所需的最低栅极电压称为阈值电压。栅极就像一个开关一样，当它关上（栅极电压<阈值电压或移除栅极电压），源漏间就不能形成电流，当它打开（栅极电压>阈值电压），源漏间就能产生电流。

MOS管的开发持续了几十年之久。从20世纪20年代的初步构想到50年代末的简单装置，再到60年代的商业产品，经过几十年的科学研究、工程设计、分析和大量的宣传，才将这个几乎被忽视的器件转变为今天半导体和电子工业的基石。

物理学家尤利乌斯·李利费尔德（Julius Lilienfeld）是第一个为场效应管（FET）的想法申请专利的人。MOSFET的操作原理是在垂直于半导体表面的方向上加一电场来控制源极与漏极之间的电导（conductance）。他早在1925年就为此申请了专利，并在1930年获得了场效应元件的专利权。李利费尔德于1882年出生在奥匈帝国的利沃夫市，现在位于乌克兰的西部地区。1905年2月18日，他在柏林的弗里德里希-威廉姆斯大学（现洪堡大学）取得博士学位，然后在那里的物理研究所成为一名教授。他的研究方向主要是电场以及通过场诱导的电子发射。他早期的工作主要集中在一种被当时视为神奇装置的X射线管上。

由于当时人们对晶体表面及薄膜物理方面的知识非常有限，尽管有了专利，但仍无法制造出场效应器件。长期以来，李利费尔德的专利一直未得到重视，但这个专利并不是毫无价值，它困扰了贝尔实验室的工作人员好长一段时间。肖克利在贝尔实验室工作时也有过场效应晶体管的想法，但由于李利费尔德的专利保护，他最初的场效应晶体管专利申请被完全驳回。这个结果让贝尔实验室的人感到震惊，以至于1948年巴丁申请他和布拉顿的点接触型晶体管的专利时有很多担忧，担心李利费尔德的专利保护会妨碍自己的专利申请获得批准。事实上，大多数人都认为这次专利申请前景不妙。然而，事情的发展相当顺利，巴丁等人的专利申请被批准并被授予贝尔实验室。

在1916年至1926年间，李利费尔德任职于莱比锡大学物理学院。他的主要贡献包括对X射线管的改进，这种改进后的管子随后被人们称为李利费尔德管（Lilienfeld tubes）。此外，他还改进了超高真空技术，并发现了一种新的场发射现象。在固态放大器领域，他拥有多项美国专利。他的研究工作比肖克利、巴丁和布拉顿早了近20年。1963年，李利费尔德在美国去世。为了纪念他的贡献，1988年，美国物理学会设立了“李利费尔德奖”，该奖项用于表彰对物理学作出卓越贡献的科学家。值得一提的是，大家熟知的霍金（Stephen William Hawking）曾获得1999年的李利费尔德奖。

发明家奥斯卡·海尔是第二个独立构思FET的人，他于1908年在德国朗威顿出生。奥斯卡·海尔在哥廷根的乔治-奥古斯特大学获得博士学位。在大学期间，他遇到了正在攻读博士学位的俄罗斯物理学家阿涅斯·阿森耶瓦（Agnesa Arsenjewa）。两人在1934年于苏联结婚，随后到英国剑桥大学的卡文迪许实验室工作。1934年在剑桥大学工作时，海尔申请了一项专利——通过电极上的电容耦合控制半导体中的电流，这本质上就是场效应晶体管。该专利在1935年年底被授权。可惜的是，当时半导体的纯度非常低，也没有必要的制造技术，没有迹象表明海尔曾试图制造场效应晶体管。

MOS管的制作还在等待半导体制造技术的改进。今天半导体工业的核心制造技术就是平面制造工艺，平面工艺技术的基础是扩散和氧化层掩模技术。氧化层掩模技术又称为氧化物掩模技术，是在硅片表面生长一层氧化层，然后在氧化层上通过蚀刻图形，达到对硅衬底进行扩散掺杂的工艺技术。而这个技术的诞生却源自一次意外事故。

1955年，贝尔实验室的卡尔·弗洛希（Carl Frosch）有一次在进行高温扩散实验时，不小心导致了一场意外：携带杂质的氢气在通过高温扩散炉时意外被点燃。化学反应在高温下快速发生，氢气与氧气结合产生了水，而水蒸气则被引入了高温扩散炉，由此形成了一个湿润的环境。就在这种环境下，形成了一层玻璃状的凝聚态二氧化硅层，并且覆盖在了硅片的表面。

这个意外的发现让弗洛希惊喜万分、激动不已。接下来的几个月，他与助理工程师林肯·德里克（Lincoln Derick）一同努力，进一步研发了这项技术。他们不断探索在扩散过程中哪些杂质能穿透氧化层，哪些不能。在与扩散工艺技术的发明者——加尔文·富勒（Calvin Fuller）共同合作后，他们在实验室得出了明确的结论：在扩散过程中，镓可以穿透二氧化硅氧化层，而硼和磷则不能。

弗洛希和德里克还研究了如何在氧化层上“蚀刻”出一个个“窗口”，以便选定的杂质原子能够顺利扩散到硅片表面的特定区域。他们在微小的N型和P

型区域上精确制作了掩模版图案。

随后，贝尔实验室为这项技术申请了专利，并在1957年获得了批准。弗洛希在向贝尔实验室提交的工作汇报中，还特意用这项技术在硅片上蚀刻“THE END”字样，作为报告的结尾。他们的这一技术让整个贝尔实验室沸腾起来，人们被这个惊喜的发现所震撼。

当时贝尔实验室的习惯是在扩散后立即去掉二氧化硅层，因为二氧化硅层被认为是不干净的，就像带有污染物。后来，仙童半导体公司的金·霍尔尼（“八叛逆”之一）意识到了二氧化硅层的重要性，认为它应该被保留下来。纯净的二氧化硅层成为平面制造工艺的一部分，并成为集成电路制造的关键因素。

上述发现最终成就了贝尔实验室的穆罕默德·阿塔拉（Mohamed Atalla）和江大原（Dawon Kahng），他们成了第一个制造出可以工作的MOSFET的人。阿塔拉出生于埃及的塞得港，在埃及开罗大学接受教育，并在美国普渡大学取得了硕士和博士学位。他于1949年加入了贝尔实验室。江大原于1931年出生于韩国的首尔，在韩国首尔国立大学主修物理学，1955年移民到美国，1959年在俄亥俄州立大学获得了博士学位。同年，他也加入了贝尔实验室。阿塔拉进一步完善了二氧化硅钝化技术，该技术与新开发的光刻和蚀刻技术相结合，允许在特定位置更精确地掺入硅。利用这项技术，阿塔拉和江大原在1960年初成功地制造了一个可以工作的MOSFET，这时距李利费尔德首次构思MOS管已经过去了35年之久。

MOS管已经被制备出来了，前途是否一片光明了呢？事实上，MOS管的商用历程同样困难。尽管首个MOS管在一定程度上能够运行，但这个MOS管仍然存在一些问题。其特性随温度和时间的变化而变化，而且不可靠。尤其是它比当时的双极晶体管慢100倍，主要原因是它的沟道长度较大，达到20微米，这就相当于电子或空穴需要跑较远的距离，所以器件的速度非常慢。现在的沟道长度已经被缩短到几纳米。

由于初期的MOSFET速度很慢，贝尔实验室对它的表现并不满意，所以，阿塔拉和江大原在研发过程中几乎没有得到赞誉。不过，尽管缺乏认可和关注，阿塔拉和江大原还是坚持研究半导体，并陆续研发出了P沟道和N沟道MOSFET。此外，他们还开发了首个可工作的肖特基二极管，并改进了双极晶体管的工作频率。

由于自己的付出一直得不到应有的回报，阿塔拉于1962年离开贝尔实验室，加入了惠普公司。他帮助该公司建立了自己的半导体实验室——HP Associates，并担任半导体研究部主任。之后，他在1966年协助创建了惠普实验室，并成为固态研究部门的首任负责人。1969年，阿塔拉离开惠普，成为仙童半导体公司微波和光电子部门的副总裁兼总经理。江大原则在贝尔实验室又待了很多年。他在1960年为MOSFET申请了专利，并在1963年获得了这一专利。1967年，江大原与同事施敏（Simon Min Sze）一起开发了浮栅MOSFET。江大原在贝尔实验室一直干到退休。1988年，退休后的江大原成为NEC研究所的创始主席，此后该研究所改名为NEC美国实验室。

值得一提的是，施敏是3位获诺贝尔奖提名的微电子器件领域华裔科学家之一。施敏1936年出生于南京，是微电子科学技术、半导体器件物理专家，美国国家工程院院士，中国工程院外籍院士，美国电气和电子工程师协会（IEEE）终身会士（life fellow）。施敏1957年毕业于台湾大学，1960年获得华盛顿大学硕士学位，1963年获得斯坦福大学电机博士学位，1963—1989年在贝尔实验室工作。1967年，他和江大原在吃甜点时，用了一层又一层的涂酱，触发二人的灵感，想到在MOSFET中间加一层金属层。这个灵感促成他们发明了浮栅MOSFET和非挥发性存储器（nonvolatile semiconductor memory，NVSM），非挥发性存储器是现在广泛使用的闪存、优盘器件的设计原型。施敏在电子元器件领域做出了基础性及前瞻性贡献。施敏不仅是全球知名的微电子科学技术与半导体器件专家，还是该领域享有盛誉的教育家。施敏在微电子科学技术著作方面享有盛名，他对半导体器件的发展和人才培养做出了巨大的贡献，其代表作*Physics of Semiconductor Devices*（1969年出版）是工程和应用科学领域的三部经典专著之一，被誉为电子科技界的“圣经”。施敏的著作在国内半导体科研产业界也具有深远的影响。

没有任何一种应用需要一个速度慢、可靠性差的晶体管。好在不同公司和研究机构并没有放弃对MOS管的“改造”。

1960年，卡尔·蔡宁杰（Karl Zaininger）和查尔斯·默勒（Charles Moeller）在美国无线电（RCA）公司制造出了MOS晶体管，萨支唐（Chihtang Sah）也在仙童半导体公司造出了带控制极的MOS四极管。萨支唐是3位获诺贝尔奖提名的微电子器件领域华裔科学家中的另外一位。他1932年11月

10日出生于中国北京，长期致力于半导体器件和微电子学研究。萨支唐提出了半导体P-N结中电子-空穴复合理论，开发了半导体局域扩散的平面工艺和MOS、CMOS场效应晶体管，并提出MOS晶体管理论模型，关于MOS晶体管输出电流-电压特性的经典描述被命名为萨支唐方程。

1962年，弗雷德·海曼（Fred Heiman）和史蒂文·霍夫施坦（Steven Hofstein）在RCA做出了集成16个晶体管的实验器件。

终于，MOS器件在1964年进入商业市场。通用微电子（General Microelectronics）和仙童半导体公司分别推出了P沟道器件GME 1004和FI 100，主要用于逻辑和开关应用。RCA公司则推出了用于信号放大的N型晶体管3N98。

由于MOS器件比双极型器件体积小、能耗低，尤其适合后来发明的集成电路。当今90%以上的芯片使用MOS晶体管，而达到这么通用的程度，又花了几十年的时间。

2.7

我国的晶体管之路

1949年6月，南京解放不久，单宗肃从美国回来，着手筹建中国第一家电子管厂，并带领7名电工开始研制电子管。1949年12月成功研制出866A型真空电子管，这是中国生产的第一只电子管。1951年3月1日，中国第一家专业电子管厂南京电工厂落成，单宗肃担任厂长兼总工程师。1952年，成功研制出第一套五灯收音机用电子管，结束了我国收音机电子管依赖进口的历史。1953年，该厂定名为南京电子管厂（772厂）。到1961年初建厂10周年时，该厂已成功研制出15种类型、70多个品种的电子管。同时，在国家相关部门的安排下，南京电子管厂还为包括北京电子管厂（774厂，京东方前身）等国内新建的电子管厂输送了大量技术人才，大大缩小了中国电真空技术与先进国家的差距。到20世纪60年代，774厂已成为亚洲最大的电子管厂，员工总数超过1万人。1953年，利用南京电子管厂研发出来的产品，南京无线电厂成功研制出中国第一台全国产化的电子管收音机——红星牌502型电子管五灯中短波超外差式收音机，结束了中国收音机依靠进口散件装配的历史。

中国的晶体管之路起步并不算太晚。20世纪50年代中期，正值我国开始实施第一个五年计划，半导体这门新兴科学技术受到了党和政府的高度重视。我国第一代半导体人带着知识归国，自己研制设备，自己制备材料，自己培养了第一批学生，完全白手起家。

1956年，中国第一个半导体专门化培训班在北京大学成立，由北京大学的黄昆和复旦大学的谢希德共同主持。教育部将北京大学、复旦大学、吉林大学（原东北人民大学）、南京大学和厦门大学五所高校相关师生召集到北京大学，在两年间培养了中国第一代半导体专门人才300多名，成为我国半导体人才的发源地，其中包括中国科学院院士王阳元、工程院院士许居衍、微电子专家俞忠钰等。

1956年11月，在没有技术资料和完整设备的条件下，中国第一只晶体三极管在中国科学院北京应用物理研究所半导体研究室诞生。在王守武、吴锡九等领导下，北京应用物理研究所开展半导体锗的研究工作，完成锗单晶的提纯、掺杂工艺和锗晶体管研制，参与者包括二机部华北无线电元件研究所、南京工学院等单位。

1957年，以生产电子管为主的北京774厂筹建了半导体实验室，开始自主研发锗材料和锗晶体管。

1958年3月，上海宏音无线电器材厂的工程师张元震领导的试制小组，与天和电化厂等9家工厂以及上海无线电技术研究所共同合作，成功试制出国内第一台晶体管收音机。这台收音机是便携式的七晶体管中波段超外差式收音机，配有木质外壳和提手。所有50多种零件都实现了小型化，使用的7只三极管和2只二极管全部是国外产品。它装有3节干电池，可以使用500小时。

1958年8月，上海无线电技术研究所成功试制出第一只上海产的锗二极管和锗三极管。上海无线电器材厂利用这批国产锗晶体管，在1959年国庆10周年前夕组装出300台美多牌872-1-1型便携式七管中波段超外差式收音机，并将其投放市场。

1959年2月，774厂生产出中国第一根锗单晶，此后达到了年产二极管100万只、三极管3万只的生产能力。为推动全国半导体器件工业迅速发展，上级要求774厂向各地移交锗、硅器件生产线，同时支援技术骨干。

1965年，收音机在中国开始普及，当年半导体收音机的产量超过电子管收音机。

1966年春天，周恩来总理提出要积极发展农村广播网，让有线广播和无线广播相结合。由于简易和多功能收音机适合老百姓使用，种类繁多、五花八门的收音机被全国各地的收音机企业生产出来。自此收音机有了一个新绰号——“半导体”，并逐渐在全国推广开来。在当时，一个家庭能拥有“三转一响”（钟表、缝纫机、自行车和收音机）就算很富裕了。

半导体晶体管的第一个商业化产品是半导体收音机。晶体管收音机是继矿石、电子管收音机后的第三代收音机。如果说北京的电子产业从电子管开始起步，那上海就是从晶体管开始起步的。收音机产业对中国半导体产业起到了承前启后的作用。

在半导体产业这个当时的高科技领域，中国只能通过特殊渠道少量购买设备，却始终无法通过官方途径大规模引进半导体设备和技术资料，中国只能选择自主设计、自主生产的路线，依靠自己的力量掌握晶体管制造技术，并在此基础上研制晶体管计算机。

1964年8月，康鹏在哈尔滨军事工程学院（简称“哈军工”）研发了新中国第一台晶体管计算机——441-B型计算机。康鹏发明的“隔离阻塞-推拉触发器电路”是441-B型计算机的核心部分，后被称为“康鹏电路”。这是我国首次自主创新并实现工业化批量生产的计算机。这一消息如同插上翅膀般远飞至各地。众多单位在得知消息后，纷纷向国防科委提出立即装备441-B型计算机的要求。

1964年9月29日，西安军事电讯工程学院、北京工业学院、上海交通大学、成都电讯工程学院、西北工业大学以及三机部六院一所（601所）和六机部七院六所（706所）七个单位获批复制441-B型晶体管计算机。1965年3月1日至4月17日，国防科委在哈军工举办计算机培训班，这次培训不仅是学习知识和技术，而且要求各单位要联手做出自己使用的计算机。学习班的技术资料非常精细，电路插件图以四开大的横排本子形式呈现，使用铜版纸进行印刷。每种插件都配有原理图和印刷电路的版图。康鹏作为培训主讲人，从电路讲起，逐步深入到硬件、电路板，直至整个计算机指令结构和逻辑结构的详解；

刘文玺主讲逻辑电路；谭信教授电源相关知识；任连仲专讲存储器；王振青则负责讲解外部设备。在这次培训中，不仅将专业知识传播出去，同时也将他们的创新精神一并传递给了参训人员。

441-B型计算机共生产了100多台，被广泛应用于“两弹一星”、海军、空军、油田、电信等领域。

441-B型计算机所需的主要器件当时十分匮乏，晶体三极管、二极管、记忆磁芯和阻容器件等由国防科委出面，安排特定的厂家定点生产并统一分配。在这个过程中，各个单位之间充分发扬了团结互助的精神，互通有无，共同应对困难。

值得一提的是成都电讯工程学院数学专业的龚天富、杨声林、陈景春、许家材、黄天发五位教师。他们自1964年初至1965年9月前往哈尔滨军事工程学院参与程序开发工作，为全面运用计算机打下了坚实的基础。这段旅程并不轻松，尤其是从成都到东北的途中需要在北京换乘火车。令人感动的是，哈尔滨军事工程学院的教员带着厚厚的军大衣在雪花漫天飞舞的寒冷北国迎接他们，让身穿毛衣的他们一下子就感受到了温暖，是身体上的温暖，更是心里的温暖。

1965年，哈军工成功研制出441B-Ⅱ型计算机，如图2.8所示，它可以稳定运行20多年。

1966年4月，441-B型晶体管计算机终于在成都电讯工程学院运行起来，这是西南地区第一台全晶体管通用数字计算机。

图2.8　哈军工研制的441B-Ⅱ型计算机

上海交大连续复制了三台441-B型计算机，以满足部队和科研院所的需求。1966年5月，441-B型计算机通过专机空运至重庆，参加了“全国仪器仪表新产品展览会”西南地区展。展览会上，人们对计算机的性能表现惊叹不已。

1970年，哈军工又成功研制出441B-Ⅲ型计算机，该机是我国第一台具有分时操作系统和汇编语言、FORTRAN语言及标准程序库的计算机。

此外，441-B型通用计算机还有一个专用机的变种——441-C型数字高炮射击指挥仪。在1972年6月12日的射击对比实验中，国产441-C型数字高炮射击指挥仪表现优异。

芯片那些事儿：
半导体如何改变世界

第三章

“战国时代”

中小规模集成电路时代

20世纪末，《洛杉矶时报》（*Los Angeles Times*）评选出“五十名本世纪经济领域最有影响力人物”。其中并列第一的是威廉·肖克利、罗伯特·诺伊斯和杰克·基尔比（Jack Kilby）。其中，肖克利发明的晶体管，诺伊斯与基尔比发明的集成电路，奠定了第三次产业革命的基础。与他们相比，现代汽车工业奠基人亨利·福特（Henry Ford）、二战期间的美国总统富兰克林·罗斯福（Franklin Roosevelt）和迪斯尼动画王国创办人瓦尔特·迪斯尼（Walter Disney）只能排名第二至第四位。诺伊斯与基尔比的第一块集成电路发明专利权的激烈争夺拉开了集成电路“战国时代”的序幕。

3.1
半导体人才的“西点军校”：仙童半导体公司

“八叛逆”辞职后经天纬地的事迹，可以说是半导体和集成电路发展的真正开端。而他们叛逆之后的事迹要从仙童半导体公司（Fairchild Semiconductor）说起。“八叛逆”在仙童半导体公司的照片如图3.1所示。仙童半导体公司，也称为飞兆半导体公司，它诞生于美国硅谷，推动了全球半导体时代的演进。

图3.1 “八叛逆”在仙童半导体公司

仙童半导体公司曾经是全球最大、最具创新力，同时也最令人瞩目的半导体生产商，为硅谷的崛起打下了坚实的基础。更重要的是，这家公司为硅谷孕育了无数技术精英和管理人才，被誉为电子和电脑行业的“西点军校”，名副其实的“人才摇篮”。

起初是“八叛逆”中的七人首先想到要从肖克利半导体实验室跳槽。克莱纳先把创业的投资计划书寄给纽约海登斯通投资银行。好在这封信交到了银行职员亚瑟·洛克（Arthur Rock）的手中。亚瑟·洛克不是等闲之辈，他后来被称为“风险投资业之父”，日后也是苹果公司的投资人之一。当时，洛克凭借他那天赋异禀的嗅觉，敏锐地嗅到了信中的商机。他没有浪费时间，直接说服老板巴特·科伊尔（ Bud Coyle ）前往旧金山。

第一次见面时，两个银行家问他们自己开公司，谁做老板。大家一起想到了罗伯特·诺依斯（Robert Noyce），觉得他最有管理才华。接下来就是派一个人去跟诺伊斯深入交流一下，这任务就落到了罗伯茨的肩上。经过一夜的详谈，罗伯茨总算说服诺伊斯入伙。第二天再跟两个银行家二次会面，可谓水到渠成，两个银行家被“八叛逆”打动，决定为他们筹钱开公司。协议还没正式签，洛克就掏出了10张崭新的1美元纸币，大家在华盛顿的头像边上签上自己的名字，如图3.2所示。这个临时协议也算是在硅谷留下了它的足迹。

图3.2　一张签满名字的1美元纸币

1957年9月，洛克和“八叛逆”拿着《华尔街日报》，按纽约股票栏目逐个公司寻找合作伙伴，最后圈定了35家公司，但他们却吃了35次闭门羹。

终于在1957年10月，一次偶然的机会，洛克遇到了仙童相机和仪器公司的老板——谢尔曼·费尔柴尔德（Sherman Fairchild）。

费尔柴尔德家族的上一辈曾资助老沃森重组IBM，因此是IBM公司的第一大股东。谢尔曼·费尔柴尔德作为费尔柴尔德家族的第二代老板，依靠制造航空照相器材而崭露头角。作为一名科技行业的老兵，他对于投资半导体技术持有积极态度。当时，诺伊斯曾描述未来的半导体产业，指出晶体管材料使用的硅在成本上将逐渐接近零，竞争将转向制造工艺。如果费尔柴尔德家族进行投资，他们将有望在这场竞争中脱颖而出并赢得胜利。

最终，他们说服了费尔柴尔德为“八叛逆”投资了100多万美元种子资金，也就是现在流行的为初创科技企业进行融资的“风险投资”。当时的股权结构是这样安排的：这个公司总共有1325股，洛克和科伊尔所在的海登斯通投资公司持有225股，诺伊斯等每个人都有100股，剩下的300股则是留给公司未来的管理层和员工；费尔柴尔德家族提供了一笔138万美元的18个月贷款，作为回报条件，他们并不持有任何股份，但却拥有对公司的决策权，并且费尔柴尔德家族还有权在8年内的任何时间以300万美元的价格来收购所有股份。

“八叛逆”跳槽后就在硅谷瞭望山查尔斯顿路租下了一间小屋，这个小屋距离肖克利半导体实验室和当初惠普公司刚创业时的汽车车库不远。他们最终组建了一家以诺伊斯为首的半导体公司，公司的名字就采用费尔柴尔德的姓Fairchild，仙童其实就是Fairchild的意译。

“仙童”们获得了成功，不久，通过费尔柴尔德家族关系，仙童半导体公司就拿到了IBM的100个硅管的订单，每个晶体管的报价是150美元，用于美军超声速轰炸机项目上。这一订单意义重大，凭借业界最新的技术，仙童半导体公司在当时的半导体行业中确立了领先地位。到1958年底，仙童半导体公司的销售额达到50万美元，员工也增加到100人。

仙童半导体公司打算制造一种双扩散基型晶体管，以便用硅来取代传统的锗。诺依斯给伙伴们分了工，由赫尔尼和摩尔负责研究新的扩散工艺，而他自己则与拉斯特一起专攻平面照相技术。诺伊斯等人首创的晶体管制造方法与众不同，他们先在透明材料上绘制晶体管结构，然后用拍照的方法，把图案结构显影到硅片表面的氧化层上，腐蚀掉不需要的图形后，再把改变半导体性质的杂质扩散到硅片上。这一套半导体平面处理技术仿佛为“仙童”们打开了一扇神奇的大门：用这种方法既然能做一个晶体管，为什么不能在硅片上同时制备几十个、上千个呢?

1959年2月，德州仪器（TI）公司申请了第一个集成电路发明专利的消息传到仙童半导体公司后，诺伊斯感到十分震惊。他立即召集了“八叛逆”一起商议对策。TI公司面临的难题，例如在硅片上进行两次扩散和导线互相连接等，正是仙童半导体公司的专长。诺伊斯提出：可以用蒸发沉积金属的方法代替热焊接导线，这是解决元件相互连接的最好途径。于是，仙童半导体公司开始奋起直追。

现今半导体工业的核心制造技术就是平面制造工艺。今天芯片制造主要采用光刻法和蚀刻法两种技术。光刻法这个概念最初源自印刷行业中的照相曝光制版工艺。仙童半导体公司在光刻法的技术应用初期，进行了大量的技术改进和创新。

1960年，仙童半导体公司取得进一步的发展和成功。由于改进了集成电路，使得其名声大振，费尔柴尔德根据协议以300万美元回购了全部的股份。诺伊斯等人每人获得了大约25万美元价值的股票，这是他们“八叛逆”赚取的第一桶金。

在“八叛逆”的领导下，仙童半导体公司用了不到10年时间就成了当时半导体行业的翘楚。然而，盛极必衰，多方面的因素使得仙童半导体公司的辉煌没有持续下去。主要原因是费尔柴尔德家族资本的介入，直接导致了创始人跟母公司领导层的权力争夺，资本开始掌握话语权。仙童半导体公司的绝大多数利润被源源不断地转移到其母公司仙童摄影器材公司，而不是像现代高科技企业那样，将更多的股票期权分配给管理层及员工，这使得“仙童”们十分气愤。于是，不断有核心员工提出辞职，仙童半导体公司人才开始流失，“叛逆”的故事再次上演。正如已故苹果公司联合创始人史蒂夫·乔布斯（Steve Jobs）所言：“仙童半导体公司就像成熟了的蒲公英，你一吹它，这种创业精神的种子就随风四处飘扬了。”辞职的风波对仙童半导体公司是一场灾难，但对整个半导体产业的发展却起到了巨大的促进作用。

首先是以技术骨干赫尔尼为首的4人离职，创办了阿内尔科公司。据说赫尔尼后来创办的新公司多达12家。销售主管桑德斯则创立了AMD公司（超微半导体公司），AMD公司以研发和生产微处理器著称。罗伯茨、拉斯特和赫尔尼创办了泰瑞达的子公司阿内尔科半导体公司。1967年，总经理斯波克也带领4名员工离开仙童半导体公司，投奔国家半导体公司，主攻存储器市场。对于斯波克的辞职，最受震惊的莫过于诺伊斯，毕竟斯波克是他的左膀右臂。诺伊斯认为公司应该放弃其他业务，专门做半导体产业，但他的愿望落空。于是，诺伊斯和摩尔也决定重新成立一家专业半导体公司，继续在半导体产业创造他们的价值。这家公司就是现在大名鼎鼎的英特尔（Intel），那时候谁能想到英特尔将成为仙童半导体公司最大的竞争对手之一。

硅谷的半导体公司，有半数以上是仙童公司的直接或间接“后裔”。1969年，在一次半导体产业会议上，据统计参会的400人中，只有24人没有仙童半导体公司的履历。因此，仙童半导体公司又被称为“世界半导体公司之母”。

人才的大量流失也使得仙童半导体公司在商海中历经坎坷，沉浮不定。1979年夏，仙童半导体公司——曾经是美国最优秀的企业被法国外资接管。1987年，仙童半导体公司由于持续亏损再次被卖，买主正是原仙童总经理斯波克管理的国家半导体公司（National Semiconductor），从此，仙童半导体公司从商业聚光灯下消失了。1997年，仙童半导体公司被国家半导体公司以5.5亿美元的价格再次出售，好在这次出资收购的是一家风险资本公司，仙童半导体公司终于可以再次自主发展了。

2016年9月19日，安森美半导体公司（ON Semiconductor）和仙童半导体公司共同宣布，安森美半导体公司已经成功完成了之前宣布的收购仙童半导体公司的交易，收购金额为24亿美元，形式为现金支付。安森美半导体公司前身是摩托罗拉（Motorola）的半导体元件部门，安森美半导体公司以低中压和模拟控制器件而著称，而后来的仙童半导体公司则擅长中高压器件。这两家公司在产品线方面有很多可以互补的地方。合并后，他们在汽车、工业及通信领域提供全电压范围的器件及方案。这是一次重要的战略整合，使两家公司的优势互补，进一步扩大在市场上的影响力。然而可惜的是，这笔交易完成后，仙童半导体公司这一历史悠久品牌将成为过去式，因为合并后的新公司将统一使用“安森美半导体”的品牌。

八个年轻人创办仙童半导体的时候，肯定没有想到去改变世界，没有想到这个公司对硅谷将来产生怎样的深远影响。可以说，仙童半导体公司成就了硅谷，因此我们有必要了解下硅谷的发展之路。

3.2

科技乐园：硅谷

硅谷，30英里（1英里＝1.609千米）长、10英里宽，位于加利福尼亚州的圣克拉拉（Santa Clara），被旧金山和圣何塞两个城市夹在中间。这里曾经是一片果园，被誉为“美国梅脯之都”。最初用的名字相当拗口，如西海岸的电子工业区、帕洛阿尔托或圣克拉拉谷，直到1971年，《微电子新闻》的唐·霍夫勒（Don C. Hoefler）才给它取了个简单易记的名字——硅谷。现在，硅谷已经成为IT业的圣地，吸引着全球的高科技公司来此安营扎寨。HP、Intel、Cisco、3Com、Sun、Netscape、Oracle、Apple、Adobe、Yahoo这些信息产业的巨头都诞生于此，他们在这里大展拳脚，演绎着信息时代的辉煌。这里的其他高科技公司更是多如牛毛，如图3.3所示。

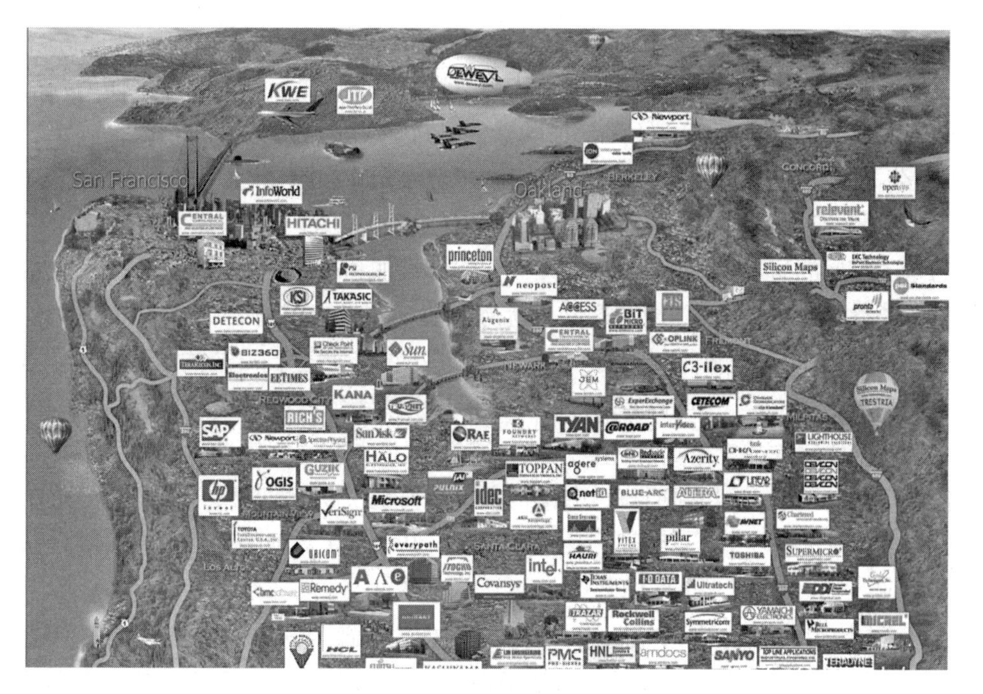

图3.3　硅谷的海量公司

而这个辉煌离不开硅谷之父弗雷德·特曼（Frederick Terman）的功劳。

弗雷德·特曼在斯坦福大学校园里长大，自小身体虚弱，但他对业余无线电有着浓厚的兴趣。1920年，他获得了斯坦福大学化学系的学士学位，毕业后他前往联邦电报公司工作。不久后，他又回到斯坦福，在电子工程系攻读硕士学位。毕业后，他前往麻省理工学院攻读博士学位，他的导师是模拟计算机的发明者万尼瓦尔·布什（Vannevar Bush）。获得博士学位后，他在麻省理工学院担任教职。1924年，他回到斯坦福探亲，但不幸患上了肺结核。病愈后，他留在斯坦福，成为“无线电工程学”教授，并担任电子通信实验室的主任。

1931年，两名斯坦福大学大二学生比尔·休利特（Bill Hewlett）和戴维·帕卡德（Dave Packard），因为对业余无线电广播的共同兴趣，成了一对好朋友。他们一起选修了特曼教授的电气工程课。当特曼教授得知他们毕业后要创办一家电子公司，给予了热情的鼓励。1938年，两人毕业四年后，特曼教授为他们安排了奖学金，使他们重返斯坦福校园继续深造。他俩选修了特曼开设的更多电子课程。休利特的硕士论文是“可变频率振荡器的研究”，特曼鼓励他们把这项研究变成一款可以推向市场的产品。他借给他们538美元以开始生产，并协助他们从帕洛阿托银行获得1000美元的贷款。

在选择公司名字时，休利特和帕卡德打算用他们姓氏的首字母来作为公司的名字，至于是P在前，还是H在前，他们打算用抛硬币来解决，最终确定了HP公司的名字，这就是后来闻名遐迩的惠普公司的起源。

1938年，他们在帕洛阿托镇爱迪生大街367号的一间车库里开始了他们的电子产品的研发之旅。这间车库在1989年被加利福尼亚州当局定为历史文物和“硅谷诞生地”。对于他的这两位优秀学生，特曼教授曾经说过：“你把他们放在任何新环境，他们都会迅速掌握必需的东西，而且达到高超的水平。所以当他们开始搞学业时，他们无需什么教师指点，而是一边干一边学会需要掌握的东西。他们学习的速度总比问题冒出来的速度更快。”正是凭着这种特殊才能，惠普公司迅速崛起。到1980年，帕卡德拥有惠普18.5%的股票，价值2115亿美元，休利特拥有9.1%的股票，价值1045亿美元，在美国公司高层人员中名列前两位。

两位成功者没有忘记他们的老师。特曼作为惠普公司董事会成员达40年之久，这件事成为硅谷历史上最感人的插曲之一。1977年，休利特和帕卡德向斯坦福大学捐赠920万美元，建造了最现代化的弗德里克·特曼工程学中心，作为40年前538美元的感恩。

在20世纪80年代后期，斯坦福大学面临着一项重大挑战：如何使大学的土地发挥最大效益，以便提供足够的资金聘请一流教授，提升学校的学术声誉，并向着世界一流大学迈进。这项重任落在了特曼身上。

二战结束后，特曼教授回到斯坦福大学，深感电子学在战争期间的应用取得了飞速的发展，特别是计算机的研发趋势势不可当。因此，他建议学校应进一步加强与当地电子产业界的联系，以斯坦福大学为依托，联合包括惠普在内的一批公司，共同推动美国西部的电子产业发展。特曼教授想到了利用校园资源“下海”的方式，但根据早前的捐赠规定，校园土地不能出售。在与校长商定后，特曼教授提议利用斯坦福大学的土地，建立一个高技术工业园区。

1951年，在他的推动下，斯坦福大学划出了靠近帕洛阿托的部分校园地皮，总面积约579英亩（约2.34平方千米），以此为基础建立了斯坦福工业园区，并兴建了研究所、实验室和办公写字楼等设施。特曼称它是“斯坦福的秘密武器”。就这样，世界上第一个高校工业园区诞生了。

这个工业园区以出租土地的方式运营，其目的很明确，就是为学校创造收入。随着时间的推移，工业园区改名为研究区，成为一个将大学实验室的技术转让给区内各公司的平台。

通过特曼教授的努力，到1955年，已经有7家公司在研究区设立了工厂，1960年增加到32家，1970年达到70家。到1980年，整个研究区的土地全部租出，有90家公司进驻，员工总数达到25万。通过特曼的协调和引导，斯坦福研究区成为美国乃至全球纷纷效仿的高技术产业区的楷模。

斯坦福工业园区奠定了硅谷电子产业的基础，而研究区带来的租金为斯坦福大学的发展提供了财力。丰厚的租金收入可以为大学提供可自由支配的资金，以便聘请优秀的教师，并为特曼的“人才尖子”战略提供资金支持。特曼认为，一个大学学术声望的高低取决于它是否有一批学术水平很高而人数不多的人才尖子，这些人才是学术领域的精英，他们的学术水平能够得到举世公认，并且他们研究的是一些重要的学科领域。

特曼创办世界一流大学的构想得以实现，与斯坦福研究区的崛起密不可分。除了将斯坦福大学推向高技术产业之外，特曼教授还做出了另一项令人惊叹的事情。当他还担任机电系主任的时候，就有工业园区内的公司提出他们的雇员能否到学校来学习。特曼教授提出了一种方案：让这些公司雇员到斯坦福大学读研究生，像正式在校生一样接受教育，费用由公司负责。这种方法得到了广泛欢迎，像通用电气、惠普等公司还与斯坦福大学建立了长期的合作关系，共同培养员工。这些公司和斯坦福大学的合作是硅谷创新生态系统的重要组成部分，也促成了硅谷独特的人才储备和高科技产业集群的形成。

3.3

专利之争：到底谁发明了第一块集成电路？

1947年，杰克·基尔比获得了伊利诺伊大学的电子工程学学士学位。由于对电子技术充满兴趣，他在威斯康星州的密尔瓦基找到一份电子技术相关的工作，为一家电子器件供应商制造收音机、电视机和助听器的部件。在业余时间，他参加了威斯康星大学的电子工程学硕士班夜校。尽管工作和学习的双重压力对基尔比来说是一个挑战，但他表示：“这件事能够做到，且它的确值得去努力。”

基尔比在1950年获得了威斯康星大学的电子工程硕士学位。之后，基尔比与妻子迁往得克萨斯州的达拉斯市，在德州仪器公司工作，因为该公司是唯一允许他几乎将全部时间用于研究电子器件微型化的公司，这为他提供了大量的时间和良好的实验条件。基尔比性格温和，言语不多，加上他6英尺6英寸（约1.98米）的身高，被助手和朋友称为“温和的巨人”。正是这个不善于表达的巨人酝酿出了一个具有重大意义的构思。当时，电路的各种元件，包括晶体管、电阻、电容和二极管等都相当巨大且笨重，它们被独立制造出来后再相互连接。生产线上的人员必须进行焊接和线路连接，容易出错且体积无法缩小。这些问题导致电路占用空间大且效率低下。

就在仙童公司的诺伊斯等人还在大胆设想的时候，晶体管的集成化试验已经在德州仪器公司悄悄地进行了。基尔比从英国雷达研究所的杰夫・达默（Geoff Dummer）那里获得了思想启发，达默早在1952年就指出：把电子线路所需要的晶体三极管、晶体二极管和其他元件全部制作在一块半导体晶片上。

1952年的一天，基尔比在与他的同事杰瑞・梅里曼（Jerry Merryman）一同在晚餐上讨论到制造小型无线电设备的问题，基尔比认为如果能够将所有的组件集成到一个芯片上，那么制造过程将会被大大简化。基尔比为此提出一个新概念，即利用一片半导体材料制作出完整的电路，从而使电路体积缩小到极致。这种想法在当时引起了同行业的怀疑和质疑，以至于基尔比在他所写的《IC的诞生》一文中自我解嘲道“我为不少技术论坛带来娱乐效果”。

1958年7月，德州仪器公司因天气炎热宣布放一次长假，绝大多数员工兴高采烈地离开了工作岗位。到德州仪器公司任职不到两个月的基尔比无权享受假期。安静的环境反而给他提供了绝佳的思考和实验机会。基尔比想到，别看晶体管较大，其中真正起作用的只是很小的晶体，尺寸不到0.01mm，而无用的支架和管壳却占去了太多体积。终于，他成功地在一块锗基底上集成了若干个晶体管、电阻和电容，并用热焊工艺将它们用极细的导线连接起来。就这样，基尔比在一块不到4mm^{2}的基底上大约集成了12个元器件，世界上第一块集成的固体电路就此诞生，如图3.4所示。

休完假的公司主管来到实验室后，和这位“巨人”一起接通了测试线路，试验非常成功。德州仪器公司很快宣布他们发明了集成电路。1959年2月6日，基尔比申报了专利，将这种由元件组合而成的微型固体称为“半导体集成电路”。

图3.4　杰克·基尔比和他的第一块集成电路

1959年，仙童半导体公司的管理层去纽约参加当时最大的产业贸易展览会，当他们得知德州仪器的杰克·基尔比在2月份就已经申请了专利时，惊呆了。回去后，立即召开会议商量对策。诺伊斯提出，可以用蒸发沉积金属的工艺代替热焊技术，这样就可以用平面处理技术来实现集成电路的批量生产。很快，到7月30日，他们采用这种平面处理技术研制的集成电路问世了，他们也申请了一项专利，命名为“半导体器件——导线结构”，这一天也成为一场争执的开始，这场争执拉开了集成电路“战国”时代的序幕。

为了争夺“集成电路”的发明权，两家公司开始了旷日持久的诉讼。基尔比拥有第一个专利，但他的设计不够实用。诺伊斯的平面处理技术成了后来微电子革命的基础，但他在专利申请上落后了半年。最后，法庭只好一分为二，将集成电路的发明专利授予了基尔比，而将关键的内部连接技术专利授予了诺伊斯。两人成了集成电路的共同发明人。

1966年，基尔比和诺伊斯同时被富兰克林学会授予了巴兰丁奖章，基尔比被誉为“第一块集成电路的发明家”，而诺伊斯则被誉为“提出了适合工业生产的集成电路理论的人”。2000年，基尔比因发明了第一块集成电路获得了诺贝尔物理学奖。遗憾的是诺伊斯已经去世10年，与诺贝尔奖擦肩而过。

基尔比在他的自传中描述道：“在大学里，我的大部分课程都是有关电力方面的，但因为我童年时对于电子技术的兴趣，我也选修了一些电子管技术方面的课程。我毕业于1947年，正好是贝尔实验室宣布发明了晶体管的前一年，这意味着我的电子管技术课程将要全部作废。”不过晶体管的出现并没有完全解决问题，使用晶体管组装的电子设备仍然过于笨重。那时，个人拥有计算机仍是遥不可及的梦想。然而，科技总是在梦想的驱动下不断前进。他曾经工作过的德州仪器公司董事会主席汤姆·恩吉布斯（Tom Engibous）对他的评价非常高，认为有几个人改变了整个世界和我们的生活方式，包括亨利·福特、托马斯·爱迪生、莱特兄弟和杰克·基尔比。他说："如果说有一项发明不仅革新了我们的工业，并且改变了我们生活的世界，那就是杰克发明的集成电路。"

不过在当时，基尔比可能并没有真正意识到这项发明的巨大价值。在获得诺贝尔奖后，他说："我知道我发明的集成电路对电子产业非常重要，但我从来没有想到它的应用会像今天这样广泛。"渐渐地，集成电路取代了晶体管，为开发电子产品的各种功能铺平了道路，并且大幅度降低了成本，第三代电子器件从此登上舞台。集成电路的诞生，使微处理器的出现成为可能，也使计算机变成普通人可以接触到的日常工具。集成技术的应用产生了更多方便快捷的电子产品，比如常见的手持电子计算器就是基尔比继集成电路之后的另一个新发明。

3.4

集成电路的发展与应用

集成电路在被发明之后的几年里，经历了迅速的发展。混合集成电路（同时集成模拟和数字电路）出现，这项技术使得电子设备具备了更多的功能和更强处理能力，为电子产品的创新提供了重要的基础。

1954年，贝尔实验室发明了外延工艺，外延工艺指的是在单晶片上生长一层很薄的单晶层。外延工艺很快就被移植到集成电路工艺中。1959年，德州仪器公司首先建成世界上第一条集成电路生产线。

1960年，德州仪器公司成功研发出第一块商用芯片TI 502，其售价为450美元。美国国家航空航天局（NASA）立刻注意到了这款芯片。当时苏联航天员尤里·阿列克谢耶维奇·加加林乘坐"东方1号"飞船，从拜科努尔发射场升空，在轨道上绕地球一周，历时1小时48分，成为第一位进入宇宙空间的人。美国十分震惊，既然无缘首次载人航天，他们决定实施"阿波罗计划"，争取首次载人登月。美国的载人航天当时已经用到了计算机，航天器上通常会把位置发送给任务控制中心的IBM大型机，根据计算结果规划下一步的路线和操作。但是这台大型机的体积往往可以占据一整间屋子，光是几十吨的重量就能消耗掉运载火箭的绝大部分推力，即使是所谓的微型计算机，也和冰箱差不多大。要完成登月任务所用的土星5号的月球轨道运载能力总共才45吨，每千克的重量都弥足珍贵，不可能消耗在一大堆晶体管上面。于是，NASA把目光投向了20世纪50年代末刚出现的集成电路。

然而，对于航天领域而言，TI 502的性能稍显不足。NASA需要一个性能更优、速度更快的替代方案，在相同的体积中提供更强大的性能。德州仪器最终满足NASA的要求，由此诞生了51系列集成电路。该系列是基于电阻-电容-晶体管技术的六位数字逻辑电路，具有更低的功耗和更小的扁平封装。51系列集成电路在当时被称为固体电路，是几种现在看来再简单不过的逻辑电路，它向人们宣告：第三代电子器件开始登上应用舞台。

1963年感恩节过后，NASA发射了探索者18号。这颗卫星并无特别之处，主要负责收集太空辐射数据。然而，对于集成电路来说，它具有非凡的意义。因为卫星计算机的核心是51系列的SN510和SN514，这也是世界上第一批进入太空的集成电路。

不过令人唏嘘的是，最后拿到登月合同的，却是德州仪器的对手——仙童半导体。这是为什么呢？原来德州仪器集成电路中的晶体管依然需要通过引线键合，没有实质上解决分立晶体管的连接问题，由于是人工手搓出来的，量产起来并不容易。与此同时，仙童半导体在集成电路平面化工艺上突飞猛进，1961年秋季，仙童半导体正式宣布推出自己的第一个集成电路产品系列Micrologic。其中一个名为μL903的三输入或非门器件最终成了阿波罗制导计算机的基本组成部分。当时，负责硬件的物理学家埃尔顿.霍尔（Eldon C. Hall）向仙童半导体下了100个产品的订单，准备用它们来组装一台电脑。而由这100个集成电路制成的计算机虽然简陋，但计算速度却提高了2.5倍，同时体积也大幅减小了。霍尔拿着它去了NASA，成功说服了领导，确定了集成电路在阿波罗制导计算机中的核心地位。1965年7月，最终生产的计算机总共使用了2756个扁平封装的集成电路，包含5530个逻辑门，一共使用了16536只晶体管，却不过公文包大小。有NASA工程师估计，从1962年到1967年，阿波罗计划采购了当时美国集成电路全部产能的60%。阿波罗计划极大地促进了集成电路产业的发展。

自从集成电路发明后，很快在各个行业得到应用。这些发明创造中让人印象深刻的估计就数德州仪器的手持式电子计算器了。没错，就是我们学习、考试时一直要用到的计算器。

一直以来，为了节省时间和脑力劳动，我们使出了浑身解数，疯狂发明和改进计算工具。计算器作为一种实用常见的计算工具，经历了手动计算器、机械计算器、机电计算器、模拟电子计算器、数字电子计算器、集成电路计算器等发展阶段，从算盘一直到现如今手机上自带的计算器，计算工具一直在改进。

1965年，基尔比提出改进计算器的构想，他把杰瑞·梅里曼（Jerry Merryman）、詹姆斯·塔塞尔（James Tassel）等同事叫到他的办公室，跟他们说："我们要做出某种运算装置，也许能取代计算尺，最好能像我手上的这本小书一样小。"

他们三人在1967年发明了手持式电子计算器，1967年9月已进展到申请专利阶段，之后再进行改进，于1974年正式申请专利。

图3.5所示为德州仪器的手持计算器原型CalTech，它是历史上首台手持式计算器。这款手持式计算器获得了成功，虽然它只有加减乘除这4个功能。这款计算器重2.5磅（约1.13千克），最初售价250美元。在数月之内，随着制造成本的降低，价格下降到了150美元，销量因此持续增长。1972年，仅在美国就售出了约500万个袖珍计算器。2020年的一次拍卖会上，最值得关注的一个藏品就是由发明团队原始成员梅里曼贡献的CalTech计算器，其估值达到5万美元。

图3.5　德州仪器的手持计算器原型CalTech

梅里曼的一个朋友对他进行了高度评价，他说："我拥有材料科学博士学位，我认识数以百计的科学家、教授和诺贝尔奖得主，梅里曼是我见过最聪明的一位。绝对是绝顶聪明。梅里曼的记忆力惊人，几乎对任何事物都能说出公式和信息。”

幽默的梅里曼后来说道：“我很傻，以为我们只是做个计算器，结果我们创造了电子革命。”

德州仪器还在1971年获得了单片微控制器的专利。在德州仪器的MOS部门，有个叫加里·布恩（Gary Boone）的工程师设计了第一款可以称为微控制器的芯片。他的动机是为了解决工作中的烦恼和工作对他家庭的困扰。1969年，布恩加入了德州仪器，那时计算器芯片的风头正劲。最开始，为了取代过去那些一大堆的晶体管，得用上几十个集成电路。但随着集成电路中能装的元件越来越多，制造一个计算器所需的集成电路就越来越少了。到了1968年，基于集成电路的计算器设计已经很大程度上取代了过去晶体管的设计。最后，半导体制造商干脆把计算器的电子内核简化成了一个芯片。

德州仪器的MOS部门，那个时候忙得不可开交，因为要给世界各地很多不同的计算器公司开发不同的芯片组。这个任务就落在了包括布恩在内的一群德州仪器工程师身上。结果，因为布恩长时间不着家，他的家人就开始抱怨了。布恩对这种紧张的旅行厌烦得要命，只是为了开发一个跟之前很像的新芯片组就得到处跑。于是，布恩找到他的经理丹尼尔.鲍德温（Daniel Baudouin），他们两人做了个客户需求矩阵，把不同计算器制造商的需求都列出来，然后又加了一组功能块来满足这些需求。他们还想到用内存架构来提高硅的利用率。但当德州仪器的团队开始跟潜在客户讨论ROM（read-only memory，只读存储器）可编程单芯片计算器的未来时，反对意见一大堆，习惯了为自己的计算器芯片提供资金的客户对只通过片上ROM中的某些位进行区分的计算器芯片的想法犹豫不决。德州仪器内部也有反对意见，因为基于ROM的可编程部件与公司习惯制造的部件相反。

尽管如此，布恩和工程师迈克尔·科克伦（Michael Cochran）还是设计了最早的微控制器，这款微控制器包括处理器、内存和输入/输出装置，都在一块硅上。1971年9月17日，德州仪器公司发布了TMS1802NC单片机计算器集成电路。该芯片总共需要大约5000个晶体管。这款单片机集成电路获得了成功，最早使用这款芯片的计算器是Sinclair Executive。微控制器不仅可用于小小的计算器，还可广泛应用于家用电器、消费类电子产品和工业用设备等诸多领域。

3.5

一个神奇的定律——摩尔定律

在集成电路行业中，也许有人不知道摩尔是“八叛逆”之一，但说起摩尔定律则几乎无人不知。那么这个有点像给集成电路的未来“算命”的定律为什么这么出名呢？主要原因就是“算命”算得准，摩尔定律准确地预言了集成电路上元器件集成度的提升趋势。

时间回到1964年，时任仙童半导体公司研发主管的戈登·摩尔，在为《电子学》期刊撰写未来集成电路发展的论文时，探讨了半导体行业中晶体管小型化的趋势，他当时认为集成的晶体管数量每年翻一番，后来又将其修改为每24个月翻一番（如图3.6所示），这就是微电子领域著名的“摩尔定律”。

图3.6　戈登·摩尔与他的摩尔定律

1929年1月3日，戈登·摩尔在加利福尼亚州旧金山的佩斯卡迪诺出生。他的父亲并未接受过多教育，年仅17岁就开始养家，担任一个小官员。而他的母亲仅有中学毕业文凭，但一家人过着温馨和谐的生活。

在摩尔11岁的时候，一次机缘巧合使他接触到了化学，这激发了他对化学的浓厚兴趣。邻居的一个孩子拥有一套独特的圣诞礼物，其中包含真实的化学试剂，可以制作出许多奇特的东西，甚至制造炸药。摩尔对此非常着迷，他开始整天在邻居的家中进行化学研究，这让他产生了成为一名化学家的想法。在学校里，摩尔并不是最用功的学生，但他却是学习效率最高的一个。尽管他热衷于运动和发明，但他的学习成绩一直都相当不错。高中毕业后，他进入了著名的加利福尼亚大学伯克利分校学习化学，实现了他年幼时的梦想。1950年，摩尔获得了学士学位，之后他继续深造，于1954年获得了物理化学博士学位。

毕业后，摩尔在约翰斯·霍普金斯大学的应用物理实验室找到了一份工作。他的研究方向是红外线吸收性状观察和火焰分光光度分析。然而，研究小组因两个上司的离去而变得有名无实，于是摩尔开始思考自己的未来。他说："我开始计算自己发表的文章，结果是每个单词5美元，这对于基础研究来说相当不错，但我不知道谁会读这些文章，政府能否从中获得相应的价值。"从这一点也可以看出摩尔对数字的极端敏感，也难怪他能在后来提出"摩尔定律"。

1956年，在晶体管的合作发明者威廉·肖克利的邀请下，摩尔回到加利福尼亚，以化学家的身份加入了肖克利半导体公司。他想放弃以前过于抽象的理论研究，让自己的研究得到应用。事实证明，摩尔加入肖克利半导体公司是一个正确的抉择，因为他在这里遇到了自己一生中最好的合作伙伴——罗伯特·诺伊斯。不过遗憾的是，肖克利尽管是一位才华横溢的科学家，但却缺乏经营能力。一年之中，实验室没有研制出任何像样的产品。于是摩尔等人在诺伊斯的带领下集体辞职，并成立了仙童半导体公司。

20世纪60年代，仙童半导体公司迎来了它的全盛时期。截至1967年，公司的营业额已接近两亿美元，这在当时几乎是不可想象的天文数字。人们普遍认为"进入仙童半导体公司就等于踏入了硅谷半导体工业的大门"。

1965年4月，时任仙童半导体公司研究开发实验室主任的摩尔应邀为《电子学》杂志35周年专刊写了一篇观察评论报告，题目是*Cramming more components onto integrated circuits*（让集成电路容纳更多的元件）。该论文发表在当年《电子学》期刊的第35期，不要看该论文只有短短的3页，但却是迄今为止半导体历史上最具意义的论文。在摩尔开始绘制数据时，在一个不经意的时刻发现了一个惊人的现象：每个新芯片大体上包含之前两倍的元器件容量，摩尔用实线连接了1959—1965年期间集成电路容纳的晶体管的数量，并在这根实线之后，依照线性关系添加了一段虚线，同时把时间延长至1975年，因为他预测到1975年，在面积只有四分之一平方英寸（约1.61平方厘米）的芯片上，将集成65000个元件。也就是说，一个芯片上可容纳的元件数量每年翻一番。不过，此时的摩尔名气还不是很大，以至于文章编辑在介绍摩尔时还强调摩尔的专业是化学并非电子学。

后来由于母公司不断把仙童半导体公司的利润挪移，仙童半导体公司的财务状况恶化，导致员工大量离职，另行创业。摩尔等人创立了英特尔（Intel）公司。摩尔定律虽然诞生于仙童半导体公司，但大放异彩则发生在英特尔公司。

1975年，摩尔在国际电子器件年会上做了一个报告，标题为*Progress in digital integrated electronics*（数字集成电路的研究进展）。在这个报告中，摩尔修订了他在1965年提出的预测，将集成电路能够容纳的元器件数量，更新为从1975年至1985年，每24个月翻一番。当时的摩尔已经成为英特尔的第二任CEO，公司销售额达到了1.37亿美元，员工超过4600名，在半导体产业界拥有了相当的话语权。所以，摩尔的这次新预言引起了广泛重视。后来，产业界将这个预言修订为每18个月翻一番，相当于摩尔两次预言的一个平均。

不久，提出EDA（electronic design automation，电子设计自动化）概念的卡沃·米德（Carver Mead）教授，将摩尔的预言正式称为“摩尔定律”，这个定律广为传播，并流传至今。

米德曾回忆，当时他正在研究半导体中电子的量子隧穿效应（tunneling effect），而就在那之后不久，摩尔问他：“电子要在很小的器件尺度下才能产生隧穿效应，那么晶体管可以缩小到多小的尺寸？”米德花了一些时间来回答这个问题。当米德在学术会议上报告MOS微缩理论时，预测未来一个芯片上可以有上亿个晶体管。但当时并没有多少人相信米德的理论，人们认为在这么小的尺寸下，所产生的热就足以烧毁整个晶体管。然而，事实证明米德是正确的。摩尔定律最主要的基石在于器件尺寸的微缩，而米德的理论为摩尔定律提供了理论基础。

摩尔定律的预测与芯片上实际晶体管的集成度高度吻合，如图3.7所示。也不知道是摩尔定律指示着半导体工业前进的方向，还是半导体工业努力发展迎合摩尔定律的正确性，总之这个定律对后来的半导体行业、计算机行业产生了深远影响。

按照集成电路芯片上集成度的不同，即单位面积上所包含的门电路（数字集成电路）或元器件数量（模拟集成电路）的不同，可将集成电路划分为不同的规模。

① 小规模集成（small scale integration，SSI）电路：门电路在10个以内或元器件数不超过100个；

② 中规模集成（medium scale integration，MSI）电路：门电路在10～

晶体管集成度

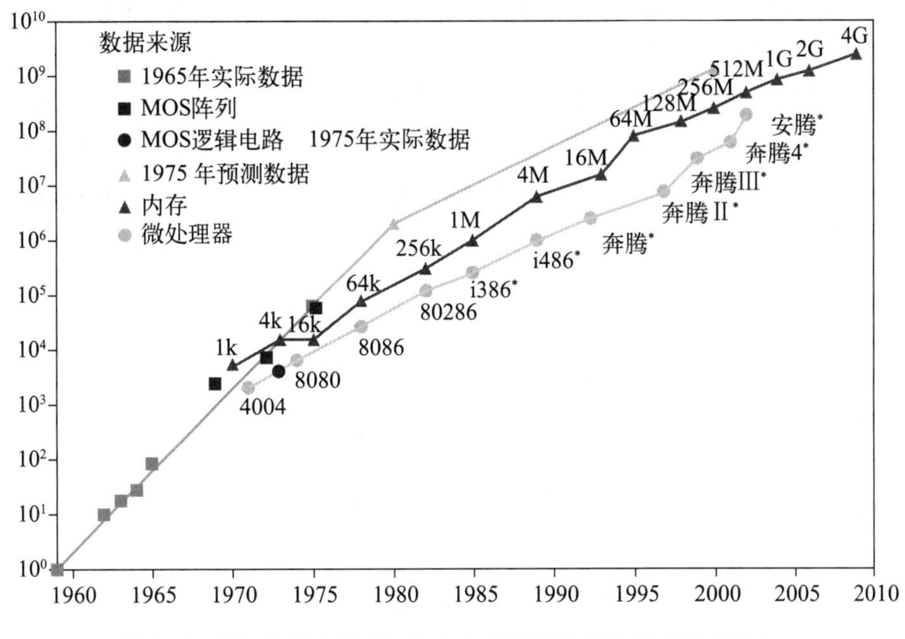

图3.7　摩尔定律的预测与芯片上实际晶体管集成度高度吻合

100个之间或元器件数在100～1000个之间；

③ 大规模集成（large scale integration，LSI）电路：门电路在100个以上或元器件数在1000～10万个之间；

④ 超大规模集成（very large scale integration，VLSI）电路：门电路在1万个以上或元器件数在10万～1000万个之间；

⑤ 特大规模集成（ultra large scale integration，ULSI）电路：门电路在10万个以上，或元器件数在1000万～10亿个之间。

⑥ 巨大规模集成（giga scale integration，GSI）电路：元器件数在10亿个以上。

值得注意的是，集成电路按元器件数量划分不同的规模，并没有严格的标准，例如MSI元器件上限数量，不同文献中写1000、3000、5000的都有，这些数字的数量级往往更有意义，尤其是集成度高度发达的今天。随着微电子工艺的进步，集成电路的规模越来越大，简单地以集成元件数目来划分类型已经没有多大的意义了，目前暂时以“巨大规模集成电路”来统称集成规模超过10亿个元器件的集成电路。

摩尔定律的意义不光在于集成度的不断提高，它还有很大的经济意义。由于高纯硅的特性和集成电路工艺的特点，集成度越高，晶体管的价格越低，这引出了摩尔定律的经济学效益。20世纪50年代，一个晶体管大约要50美元，但是随着晶体管体积越来越小，小到一根头发丝上可以放1000个晶体管时，每个晶体管的价格只有千分之一美分。现如今一个晶体管的价格还不到十亿分之一美元，单个晶体管的价格已经低至单粒大米的万分之一。这就是所谓的规模经济。

那么，摩尔定律现在依然适用吗？其实，随着半导体工艺的进步，摩尔定律是否还有效，一直以来都是一个备受争议的话题。

说摩尔定律将终结的论据主要有两点：高温和漏电。当集成电路内部的晶体管的精细程度达到了原子级别时，数以百亿乃至千亿的晶体管挤在一起就会散发出大量的热量。特别是当电路的线宽接近电子波长的时候，电子就通过隧穿效应而穿透绝缘层，改变器件的电学特性，使器件无法正常工作，以硅作为半导体的集成电路就将彻底终结。隧穿效应在微电子学、光电子学以及纳米技术中都是很重要的，有很多用途。最早的应用就是扫描隧道显微镜，可以用来给微观物体进行放大成像。在光电子技术中，由于量子隧穿效应，激光可以从一根光纤进入相距很近的另一根光纤的内部，工程师们利用这个原理制成了光纤分光器。

从技术的角度来看，随着硅片上线路密度的增加，其复杂性和错误率也会呈指数级增长，同时使得全面的芯片测试几乎变得不可能。一旦芯片上线条的宽度只有几个原子那么大时，材料的物理和化学性质将会发生质的变化，导致采用现有工艺的半导体器件无法正常工作，摩尔定律也将走向尽头。

从经济的角度看，动辄百亿美元才能建一座芯片厂，比一座核电站投资还大。由于投资巨大，越来越多的公司退出了芯片制造行业。

有科学家认为，3D芯片（一种由三维三栅门晶体管构成的芯片）等技术耗尽潜力以后，摩尔定律也就将寿终正寝。

但摩尔定律的铁杆粉丝们却持有不同的观点，他们认为不断进步的芯片结构和部件使得摩尔定律依然有效。例如英特尔CEO帕特·基辛格（Pat Gelsinger）预测未来十年摩尔定律将继续保持，甚至更新迭代速度会更快。

针对摩尔定律的这种状况，业界提出了“More-Than-Moore（超越摩尔定律）”，试图从更多途径来维护摩尔定律的发展趋势，从摩尔定律的“更多更快”进化到超越摩尔定律的“更好更全面”。摩尔定律在逻辑类和存储类集成电路中提出并得到验证，而超越摩尔定律则适用于更多类型的集成电路种类，比如模拟、射频、图像传感器、嵌入式动态随机存储器、嵌入式闪存、微机电系统等。通过改变基础的晶体管结构、研究各类型电路兼容工艺、采用先进封装技术（如晶圆级封装、系统级封装、三维多芯片封装）等，我们能制造出能支持越来越多功能的系统级芯片，这不仅能降低芯片的成本，还能提高电路的等效集成度。

芯片那些事儿：
半导体如何改变世界

第四章

“大一统秦朝”

大规模和超大规模集成电路时代

1970年，英特尔推出1KB动态随机存储器（DRAM），标志着大规模集成电路（LSI）出现。1978年，64KB动态随机存储器诞生，在不足0.5平方厘米的硅片上集成了14万个晶体管，这标志着超大规模集成电路（VLSI）时代的来临。在大规模，尤其是超大规模集成电路时代，群雄纷争的局面逐渐结束，行业资源逐渐向资金实力雄厚、研发能力突出的大公司倾斜，在半导体产业中，大一统的时代逐步来临。

4.1

Intel与它的宝贝们

在互联网高度发达的今天，许多人都在使用电脑进行工作或娱乐。我们的电脑之所以能够稳定运行，与微处理器密不可分。在人类漫长的历史长河中，无数公司应运而生。在这些公司中，能够被称为伟大的可谓凤毛麟角。英特尔公司无疑是其中的一员。它不仅推出了无数经典微处理器产品，开创了许多业界第一，还推动了信息技术的普及，引领了全球计算机和互联网革命。

1968年7月，“八叛逆”中最后离开仙童半导体公司的戈登·摩尔和罗伯特·诺伊斯，决定自立门户。其实早在当年的春天他们就已经密谋跳槽了。一个春日的午后，当诺伊斯正在家中修剪草坪时，摩尔前来拜访，并提议开一家公司，将新兴的半导体存储器技术作为新公司的主营业务。他们在加利福尼亚州维尔山找了一幢破旧的小楼，成立了英特尔。一开始，他们把新公司取名为“摩尔-诺伊斯（Moore Noyce）电子公司”。因为当时惠普公司的名字是Hewlett Packard，是两位创始人姓氏的排列，所以诺伊斯和摩尔打算仿照这种命名方式给公司起名。可Moore Noyce这个名字的发音跟“more noise”（更多噪声）太像了，噪声对于追求精密的电子仪器来说可不是个好事，因为电子行业里的噪声一般指的是不需要的信号。于是半年后，他们花了15000美元从一家名为Intelco的公司购买了“Intel”这一名称的使用权。摩尔后来回忆说：“我们认为支付15000美元比想出另一种选择更容易。”这样就把公司名改成了“英特尔”（Intel）。Intel既可以看作是英文单词Intelligence（智慧）的前五个字母，又与英文里的Integrated Electronics（集成电子）非常相似。他们对这个响亮的名字很满意。虽然当时一穷二白，既缺钱又没有像样的地方，但他们可是雄心万丈，立志要干一番大事业！

当时还不是很出名的安迪·格鲁夫（Andy Grove）随后加入了英特尔，因此他也被认可是英特尔的创始人之一，英特尔创始人三剑客如图4.1所示。有趣的是，在公司的早期花名册上，诺伊斯是英特尔的1号员工，摩尔是2号员工，格鲁夫是第4号。格鲁夫一直说自己应该是3号，因为当初公司登记的时候，他进来刚好晚了一步。

图4.1 Intel的三位创始人
（从左至右为：格鲁夫、诺伊斯、摩尔）

英特尔公司成立后，主要研发的产品是存储器，这一选择主要基于戈登·摩尔的主意。自20世纪60年代以来，随着计算机技术的不断发展，电子行业开始尝试将集成电路技术应用于计算机存储领域。当时，半导体存储技术分为两个主要方向：ROM（read-only memory）和RAM（random access memory）。ROM是只读存储器，以非破坏性读出方式工作，只能读出无法写入信息，信息一旦写入后就固定下来，它存储的数据不会因断电而丢失，因此也被称为外存，又称为固定存储器。而RAM是随机存取存储器，用于存储运算数据，它可以随时读写（刷新时除外），而且速度很快，但一旦断电数据就会丢失，因此也被称为内存。

早年业界使用的存储器是磁圈存储器，虽然原理简单但工艺复杂，机器难以生产，需手工制作，导致成品质量不佳且体积大。摩尔认为用三极管原理制造存储器定能造出更好的产品，于是英特尔以存储器为研发方向。

当时，在美国电脑市场上，IBM已经成为无可争议的霸主，被称为蓝色巨人，其他电脑厂商在重压下苦不堪言。计算机厂商中的一员霍尼韦尔公司（Honeywell），为了提高其计算机性能，正在寻找64位静态随机存储器（static random-access memory，SRAM）芯片，这引发了几家存储芯片公司之间的激烈竞争。英特尔当时拥有三种技术路线——双极性存储芯片（bipolar memory）、硅栅极金属氧化物半导体存储器（silicon gate metal-oxide semiconductor memory）以及多芯片存储器（multichip memory）。其中：双极存储器技术已经存在，但再开发难度较大；硅栅极金属氧化物半导体存储器可以带来芯片革命，但必须从零开始；多芯片存储器，由四个小存储芯片连接组成，虽然笨重脆弱但价格便宜。英特尔自己也不知道哪个方向正确，于是成立了不同的研究小组，分别跟进不同的技术方向。英特尔的计划是哪一种能最快成熟就采用哪种技术，结果双极存储器赢了，所以英特尔的3101最终采用的是双极性技术。

1969年4月，英特尔推出新型存储器产品——64位双极静态随机存储器，代号3101，如图4.2所示。该产品比磁圈存储器存储量更大、体积更小且制造成本更低。虽然只能存储8个英文字母，但在当时已经具有一定的优势。

图4.2　英特尔首款SRAM芯片：3101

不过，霍尼韦尔最终没有购买英特尔的3101 SRAM芯片，但3101芯片仍然取得了成功，由于3101物美价廉，很快热销，使英特尔在成立第二年实现盈利。英特尔由此迈出了坚实的第一步，从此站稳脚跟，在硅谷冉冉升起。

英特尔公司的另外一个小组——负责研究金属氧化物半导体（MOS）晶体管的小组也不甘落后，紧接着，1969年7月，他们就推出了256位容量的静态随机存储器芯片——C1101。这是世界上第一个大容量SRAM存储器，也是首个采用MOS工艺的SRAM芯片。这一次，霍尼韦尔很快下了订单。

随后，英特尔MOS研究小组再接再厉，不断解决生产工艺中的缺陷，于1970年10月，推出了英特尔公司第一个动态随机存储器（DRAM）芯片C1103。

其实早在1966年，来自IBM汤姆・J・沃森（Thomas J. Watson）研究中心的罗伯特・丹纳德（Robert H. Dennard）就已经率先发明了DRAM存储器。这种存储器基于“MOS晶体管+电容”结构工作，具有能耗低、集成度高、读写速度快等优点。直到今天，我们的电脑内存和手机内存都是基于DRAM技术来运作。1968年6月，IBM把晶体管DRAM的专利给注册了。然而，他们正准备大批量生产DRAM时，美国司法部开始启动了针对IBM的反垄断调查。这些调查把IBM的DRAM产业化计划给拖延了，结果给别人创造了机会。1969年，美国加州的先进内存系统（advanced memory system）公司抢先一步，生产出了世界上第一款DRAM芯片，并把产品卖给了霍尼韦尔公司。霍尼韦尔公司收到这批DRAM芯片后，发现工艺上仍存在一些问题。于是，他们找到了一家新成立的公司寻求帮助，这家公司就是在1968年刚创立的英特尔。

C1103是世界上第一款成熟商用的DRAM芯片，该芯片有18个针脚，容量为1KB，售价仅为10美元。C1103的成功，标志着DRAM内存时代的正式到来。

在当时的大中型计算机上，还在使用着笨重昂贵的磁芯存储器。为了向客户宣传DRAM的性能优势，英特尔开展了一场全国范围的营销活动，向计算机用户宣传了DRAM比磁芯更便宜的概念——每个比特只需1美分。由于企业客户出于安全考虑，不会购买独家供货的产品，因此必须有可替代的第二供货源。于是英特尔选择了加拿大的一家小公司——微系统国际公司（MIL）进行合作，授权他们使用1英寸（2.54厘米）晶圆生产线生产DRAM，英特尔每年收取100万美元的授权费用。C1103主要应用在HP公司的HP9800系列和DEC公司的PDP-11计算机，产量达到了几十万颗。

到了1972年，凭借着1KB DRAM所取得的巨大成功，英特尔已经成为一家拥有1000名员工、年收入超过2300万美元的行业新星。C1103也被业界称为磁芯存储器的“杀手级”产品，成为全球最畅销的半导体芯片之一。同年，IBM在新推出的S370/158大型计算机上也开始使用DRAM内存。到了1974年，英特尔占据了全球82.9%的DRAM市场份额。

然而，随着更多半导体公司崛起，竞争日益激烈，英特尔份额开始下滑，营收受阻。

20世纪70年代第一次石油危机爆发后，欧美经济停滞不前，电脑需求也因此放缓，这给半导体产业带来了很大的影响。而在这个时期，英特尔在DRAM存储芯片领域的市场份额也快速下降。这是由于他们引来了竞争对手，这些竞争对手主要包括德州仪器（TI）、莫斯泰克（Mostek）以及日本的NEC。

早在1970年英特尔发布C1103后，德州仪器便开始对其进行拆解仿制，通过逆向工程技术研究DRAM存储器工艺结构。1971年，德州仪器采用了重新设计的3T1C（3个晶体管+1个电容器）结构，推出了2KB的DRAM产品。到1973年，德州仪器又推出了成本更低、采用1T1C（1个晶体管+1个电容器）结构的4KB DRAM产品，成了英特尔的强劲对手。

莫斯泰克是一家小公司，1969年，德州仪器半导体中心的首席工程师赛文（L. J. Sevin）及其同事辞职后在马萨诸塞州成立了该公司，公司工厂设在得克萨斯州卡罗尔顿，主要为计算机企业配套生产存储器件。莫斯泰克开发的第一个DRAM产品MK1001只有1KB容量。然而，1973年，莫斯泰克采用了地址复用技术，研制出16针脚的MK4096芯片，容量提高到了4KB。这种16针脚的制造方式的好处是制造成本低，当时德州仪器、英特尔和摩托罗拉制造的内存是22针脚。凭借着低成本，莫斯泰克逐渐在内存市场取得了优势。1976年，他们采用双层多晶硅栅工艺推出了MK4116存储芯片，容量提高到了16KB。这一创新产品帮助莫斯泰克击败了英特尔，使其占据了全球75%的市场份额。

在接下来的几年，莫斯泰克又开发了64KB容量的MK4164，并在20世纪70年代后期一度占据了全球DRAM市场85%的份额。然而，这个成功并没有持续太久。在诸如NEC这样的日本厂商廉价芯片的疯狂冲击下，在短短几年时间里，美国厂商就已经无法维持下去。

1978年，从莫斯泰克离职的三名设计工程师拉来风险投资后，在爱达荷州一家牙科诊所的地下室创办了镁光科技（Micron）。镁光科技签订的第一份合约是为莫斯泰克设计64KB存储芯片。后来，镁光科技从爱达荷州靠生猪养殖起家的亿万富翁桑普洛（J. R. Simplot）那里拉来了投资，开始建设第一座DRAM工厂。为了节约费用，工厂是由一个废弃的超市建筑改建的，其中的肉类冷库被改造成净化间，生产设备也是二手的，大大降低了投资费用。到1981年晶圆厂投产时，他们只花了700万美元，而新建一座同类工厂的投资额一般是1亿美元。镁光科技的第一批产品是64KB DRAM，主要供应给当时正在飞速崛起的个人电脑制造商，例如当时销量很高的Commodore 64计算机就采用了镁光科技的64KB内存。1984年，镁光科技又推出了世界上最小的256KB DRAM。与莫斯泰克类似，镁光科技的竞争对手来自日本。1980年，日本研制的DRAM产品，只占全球销量的30%，美国公司占到60%。到了1985年，局势已经完全倒转。

1979年，陷入困境的莫斯泰克被美国联合技术公司（United Technologies Corporation，UTC）以3.45亿美元收购，之后又被转卖给了意法半导体。

英特尔则更惨，它的竞争对手先是自己人（德州仪器、莫斯泰克、镁光科技），后又被日本公司"围追堵截"。1982年，英特尔解雇了2000名员工，还让IBM以2.5亿美元购买了自己12%的债券。即便如此，颓势还是没有止住。从1985年到1986年，英特尔公司连续六个季度亏损，DRAM市场份额急剧下降到仅剩1%。当时的英特尔年销售额虽然达到了15亿美元，但亏损总额却高达2.6亿美元。公司被迫关闭了7座工厂，并进行了大规模的裁员。英特尔公司一度濒临倒闭，形势非常严峻。

好在英特尔还有微处理器。在这个关键时刻，英特尔公司做出了一个重大的战略决策：全面退出DRAM市场，转型发展微处理器。这事还得从英特尔的三位创始人讲起。

1968年英特尔刚成立时，公司的CEO是诺伊斯。自公司成立起，他的职位是总裁兼财务总监，而摩尔担任副总裁。从职位和员工排序来看，诺伊斯位列首位，摩尔紧随其后，这表明摩尔需对诺伊斯负责。然而，从股份所有权和在公司中的领导作用来看，他们其实是平等的。在英特尔于1971年上市时，诺伊斯和摩尔是公司最大的个人股东，他们两人的股份加起来超过了三分之一。1975年，摩尔担任CEO，在摩尔主导英特尔十几年的时间里，以PC为代表的个人计算机工业萌芽并获得了飞速的发展。1979年，格鲁夫担任总裁，1987年正式成为CEO，直到1998年。正是格鲁夫担当起拯救英特尔的重任，他后来被称为管理学大师。如果说诺伊斯是英特尔的灵魂，摩尔是心脏的话，那格鲁夫就是公司的拳头了。

格鲁夫出生于匈牙利，早年在仙童公司工作期间，他就已经追随了摩尔等人，成了摩尔的学生兼助手。相较于诺伊斯的粗犷风格，格鲁夫的管理方式明显更加精细和有条理。在他的努力下，英特尔公司逐渐站稳脚跟，步入了上升期。

作为犹太裔的格鲁夫，以工作勤奋、管理严格而著名。1981年，格鲁夫推出了他的“125%的解决方案”，主张宁愿多花25%的工资也要让员工加班，英特尔因此一度被媒体称为“血汗工厂”。他要求员工发挥更高的效率，以战胜咄咄逼人的日本人。英特尔公司还引入了“迟到登记表”，要求员工每天必须工作10小时，所有在上午8：10以后上班的人都要签名。有一天，格鲁夫自己迟到了，也签了名。英特尔当时有很多严格规定，每次进出公司都由保安检查包裹。每次下班都要排队接受检查，大家都觉得很麻烦，但格鲁夫也像其他员工一样接受检查。

格鲁夫坚持极简主义风格。在英特尔，格鲁夫并没有自己独立的办公室，他和每位员工一样只有一张一模一样的办公桌。在停车场，他也没有特殊的停车位。他的办公环境和普通员工相比并没有更多的特权。与其他硅谷公司经常举办奢华的庆祝活动不同，英特尔的庆祝活动非常简朴。他会询问员工是要参加狂欢还是选择奖金，他更倾向于给员工更多的奖金。

英特尔的成功转型，使格鲁夫的“战略拐点”概念广为人知。他对“战略拐点”的定义是一个企业生命周期中即将发生根本性变化的时刻。格鲁夫总结的管理要点是，当企业达到一定的增长速度时，所有人都会感到无法适应，公司的大局可能会因此陷入混乱。作为能够判断失败临界点的最高层经理，他的重要作用是及时发现全面失败即将开始的信号。

众所周知，摩尔和诺伊斯擅长技术，但格鲁夫最为人知的是他的管理才能。他在1983年将自己的管理思想整理并撰写成书《高产出管理》（*High Output Management*）。此外，他还撰写了《只有偏执狂才能生存》（*Only the Paranoid Survive*），这本书已经成为管理学经典。

格鲁夫是美国乃至全球最优秀的企业管理家之一，也是最好的企业管理导师。正是严格、高效的管理，使得英特尔从一家小公司变成了行业巨头。当格鲁夫卸任CEO时，公司的年营收从之前的19亿美元增长到了260亿美元。

当摩尔和格鲁夫一起管理英特尔公司时，一次著名的对话在商业历史上留下了深刻的印记，也是英特尔成就今日伟大的起点。那是在1985年的一天，49岁的英特尔总裁格鲁夫在办公室里与董事长兼首席执行官摩尔讨论着公司的困境。当时，英特尔面临着与廉价日本存储器产品的激烈竞争，开始摇摇欲坠，处于生死存亡之际。摩尔问道：“如果我们被替换，重新选择一位新总裁，你认为他会采取什么行动？”格鲁夫犹豫了一下，回答说：“放弃存储器的业务。”摩尔直视着格鲁夫说：“那为什么我们不自己动手？”

这次对话之后，英特尔公司决定彻底放弃半导体内存业务，将战略重心转移到微处理器上。1989年，英特尔推出了80486处理器，受到市场的欢迎。凭借它的出色表现，英特尔的业绩超过了所有的日本半导体公司。80486的问世，标志着英特尔结束了过渡期，成为一个标准的微处理器制造商，也使英特尔雄居全球半导体生产商之首。正是这次壮士断腕，把英特尔从死亡线给拉了回来，最终使得标有“英特尔”字样的微处理器能够被安装在世界上超过80%的个人计算机内。

这个决策是基于英特尔公司对市场趋势的深刻理解和敏锐洞察。尽管当时DRAM市场仍然有很大的需求，但竞争已经非常激烈，英特尔公司无法在这个领域获得持续的竞争优势。

滑稽的是，英特尔的“备胎”是日本人推动的。早在1969年，日本最大的电子计算器公司Busicom找到英特尔，希望他们能够设计一套包含ROM、RAM和CPU等12个芯片的方案，用于他们的新款计算器。Busicom公司派了三名工程师到圣克拉拉从事芯片设计工作。英特尔的工程师特德·霍夫（Ted Hoff）被派来帮助他们，但是霍夫认为Busicom的设计理念过于烦琐。

1969年末，在风景如画的塔希提岛上，正在度假的霍夫突发奇想，能不能将此前一直分离的核心存储器和逻辑存储器结合起来，做到同一块芯片上？他创新性地提出一个设想——使用一颗移位寄存器芯片、一颗ROM芯片、一颗RAM芯片和一颗CPU处理器芯片这4颗芯片来完成原来需要12颗芯片组成的系统，这样可以简化结构，降低生产成本。于是，他找到诺伊斯，诺伊斯的回答就一个字：“干。”

起初Busicom公司的工程师们对放弃他们的设计而支持霍夫的未经证实的建议没有兴趣。但霍夫在诺伊斯的支持下，开始了该项工作。很快，当时在英特尔公司担任研究工程师的斯坦利·马佐尔（Stanley Mazor）等人加入了他的行列，他们继续研究霍夫的想法，开发了一个简单的指令集，可以用大约2000个晶体管实现。1969年10月，霍夫、马佐尔和三位日本工程师与从日本来访的Busicom管理层会面，并描述了他们不同的方法。Busicom的经理们选择了霍夫的方法，霍夫说，部分原因是他们理解该芯片可以有超出计算器的各种应用。该项目被赋予了“4004”的内部名称。

1970年2月6日，英特尔与日方的Busicom签订了一份合同，要求英特尔在三年内供应六万套MCS-4计算器系统，日方预先支付了6万美元。到这年的年底，英特尔相继开发出了4001（DRAM）、4002（ROM）、4003（寄

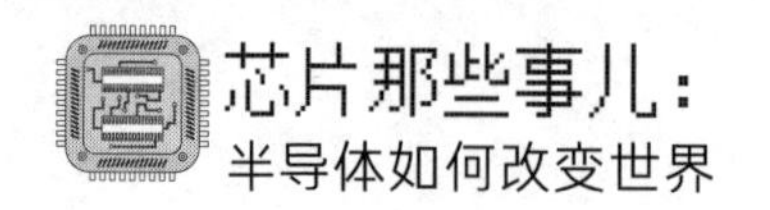

存器）和4004（微处理器CPU）四颗芯片。但由于量产过程中出现延误，日本公司要求在价格上打折扣。英特尔同意了，但同时附加了一个条件，即可以在除计算器以外的其他市场自由出售4004芯片。

4004需要与另外三颗芯片协同工作，只要改变保存在4002中的用户指令，就可以实现不同的功能。4004采用了10微米（μm）的制造工艺，内部集成了2250个晶体管，能够处理4位的数据，频率为108千赫（kHz），前端总线为0.74兆赫（MHz），每秒可执行6万次运算操作，当时售价为60美元。英特尔1971年11月15日宣布了4004处理器及其芯片集，这是芯片巨人第一个商业微处理器，如图4.3所示。就像当时的广告说的一样，Intel 4004微处理器是"一件划时代的作品"。摩尔将4004称为"人类历史上最具革新性的产品之一"。

图4.3　英特尔首款商用微处理器4004芯片

英特尔4004的推出正式拉开微处理器时代的序幕。自从英特尔开发出4004后，它就像装满燃料的火车一样，不停地开发出新款微处理器。

1974年4月，英特尔公司又推出了Intel 8080，它要比4004芯片快10倍。Intel 8080是一款8位处理器，主频为2兆赫，它采用6微米工艺制造，集成6000只晶体管，每秒运算29万次，拥有16位地址总线和8位数据总线，包含7个8位寄存器，支持16位寻址，同时它也包含一些输入输出端口，这也是一个相当成功的设计，有效解决了外部设备内存寻址能力不足的问题。这款芯片被广泛应用于各种控制系统和嵌入式系统中。采用8080处理器的Altair 8800，是最早的个人电脑型号之一。正是这款电脑，让当时一个名叫比尔·盖茨的年轻人如痴如醉地爱上了IT。

1978年6月，英特尔公司推出了8086微处理器，如图4.4所示。该微处理器主频为4.77兆赫，采用16位寄存器、16位数据总线和29000个3微米技术的晶体管。8086微处理器的推出标志着第三代微处理器的问世。该芯片的售价为360美元。然而，由于价格过于昂贵，当时大部分人都没有足够的财力购买使用此芯片的电脑。因此，英特尔在一年之后，推出了8086的简化版——8088，这是一款4.77兆赫的准16位微处理器。它在内部以16位运行，但支持8位数据总线，采用现有的8位设备控制芯片，同样包含29000个3微米技术的晶体管，它可以访问1MB内存地址。IBM公司于1981年生产的第一台电脑就使用了这种芯片。这也标志着x86架构和IBM PC兼容电脑的诞生。

图4.4　英特尔的8086微处理器

1985年10月，英特尔的80386微处理器问世，这标志着英特尔首次在x86处理器中实现了32位系统。同时，该款微处理器采用1.5微米工艺制造，首次采用高速缓存（外置）解决内存速度瓶颈问题，可配合使用80387数字辅助处理器增强浮点运算能力。初期推出的80386 DX处理器集成了大约27.5万个晶体管，工作频率为12.5兆赫。此后80386处理器逐步提高到20兆赫、25兆赫、33兆赫，直至最后的40兆赫。80386处理器在20世纪80年代中期到20世纪90年代中期的IBM PC兼容机中得到广泛应用。这些PC机被称为"80386电脑"或"386电脑"，有时也简称为"80386"或"386"。80386的广泛应用，将PC机从16位时代带入了32位时代，其强大的运算能力极大地扩展了PC机的应用领域，商业办公、科学计算、工程设计、多媒体处理等应用得到了迅速发展。尽管个人电脑的迅速发展使得80386处理器在20世纪末已经很少见，但在许多特殊领域，很多机器仍然长时间依赖80386处理器作为核心组件，这些领域包括嵌入式系统、工业计算机和航空航天等。因此，英特尔在相当长的一段时间内一直在生产80386处理器，直到2007年才停产。

80386的后续替代产品80486于1989年4月问世，80486又称为i486。从软件的角度来看，80486家族的指令集与80386非常相似，只增加了少量的指令。不过从硬件的角度来看，i486的结构有很大的突破。它内置资料快取芯片和多重管线，此外DX型还拥有一个浮点运算处理器。在最佳的条件下，80486的核心可以在一个时间周期内处理一个指令，速度约是80386的2倍。80486是英特尔首个突破100万个晶体管数量的芯片，前后投入了3亿美元，花了四年的时间开发，其拥有125万个晶体管。初代80486工作频率为25兆赫，采用1微米工艺，接着33兆赫的版本在1990年5月出现，然后50兆赫在1991年6月出现，采用0.8微米工艺。

1992年10月，英特尔宣布研制第五代微处理器系列——奔腾处理器。该微处理器在1993年3月横空出世，第一版的奔腾处理器采用0.8微米工艺制造，拥有310万个晶体管，频率有60兆赫和66兆赫两款。奔腾处理器的问世意味着英特尔的技术从微米时代逐步转向纳米时代，同时也开始着重打造处理器的品牌形象。然而，由于0.8微米工艺制造的奔腾处理器发热量较大，且后来被发现存在浮点运算器错误，英特尔因此遭受了重大打击，最终不得不召回有问题的处理器，召回成本高达4.75亿美元。不过自从解决掉这个麻烦后，英特尔持续改进奔腾处理器，使得它在处理器领域逐渐独霸武林。

英特尔公司之后的辉煌故事离不开另一个伟大的软件公司——微软。它们联合起来，组成了一个庞大的帝国生态体系，我们将在下一章继续讲述。

4.2

AMD与Intel的爱恨情仇

1969年，仙童公司的销售部主任杰瑞·桑德斯（Jerry Sanders）带走了一批人，在圣克拉拉成立了AMD公司（Advanced Micro Devices）。由于融资困难，桑德斯找到了英特尔公司的诺伊斯寻求帮助，最后拉来了155万美元投资。在此后的半个世纪里，AMD和英特尔成为一对欢喜冤家、一对难分难解的竞争对手。“本是同根生，相煎何太急”的故事演绎得淋漓尽致。

AMD的创始人桑德斯于1936年出生于芝加哥，他的父亲是一位电子工程师。桑德斯认为他的童年并不愉快，因为在他5岁时父母就离婚了。然而，桑德斯的学习成绩很好，他在高中成了最优生。桑德斯最早的梦想是进入好莱坞当演员，他对自己的外貌和身材很有自信。然而，最终他听从了祖父的建议，进入伊利诺伊州州立大学攻读工程学学位。1958年，桑德斯大学毕业后进入道格拉斯飞机制造公司工作。当时的桑德斯月薪500美元，他并没有什么远大的志向，只是想通过工作过上不错的生活。在一次工作中，他遇到了一位摩托罗拉的销售人员，却发现对方对产品一无所知，他觉得这样的人都可以当销售，那他也行。于是在1959年，他进入了摩托罗拉半导体部门担任销售，很快桑德斯就成了摩托罗拉年度最佳销售，从而引起了仙童半导体公司的注意。

1959年，桑德斯在和诺伊斯交流后加入了仙童公司。仙童公司的企业文化自由，不强调等级制度，重视结果。桑德斯逐渐在仙童公司成长起来。然而，1968年发生了一些变化。这一年，诺伊斯离开并创立了Intel公司，而仙童公司则由来自摩托罗拉的高管团队接管。桑德斯选择留在公司，他的目标职位是全球销售主管。桑德斯是最有力的几个竞争候选人之一，但由于不是当时首席执行官的亲信，且年轻缺乏经验（当时33岁），他最终不仅没有得到相应的晋升，反而失去了现有的工作。在获得4.5万美元的离职补偿后，桑德斯并没有闲着。作为与各大半导体买家客户都有紧密联系的销售专家，他很快被仙童技术专家约翰·凯里（John Carey）联系到，他们想邀请他担任领导角色，并创立一家新的半导体公司AMD。“硅谷牛仔”桑德斯在AMD担任了30多年的CEO（如图4.5所示），直到2002年退休。

相比于生活无忧无虑的富家公子Intel，创业初期的AMD仿佛寒门子弟般落魄。起初，AMD的所有成员都聚集在创始人之一约翰·凯里的家中办公。由于公司仅有八名员工，因此担任总裁的桑德斯也成了推销员。为了筹集资金，他四处奔波，受尽冷眼，以至于在回顾那段日子时，他总会说：“诺伊斯总是说英特尔只花了5分钟就筹集了500万美元，而我花了500万分钟只筹集了5万美元。这简直是残忍，但我坚持不懈。”

尽管过程艰辛，但AMD最终还是筹集了足够的启动资金，顺利开展业务。

图4.5 “硅谷牛仔”杰瑞·桑德斯（Jerry Sanders）

由于没有英特尔那样强大的技术背景，AMD一开始只能通过模仿销售低级产品。首款产品AM9300 4位移位寄存器就是这样诞生的。不过，自从具备生产能力后，AMD也开始尝试自主研发。1970年，AMD自主研发了首款AM2501逻辑计数器并取得了成功。

起初，AMD只是从重新设计仙童半导体的零件开始，并没有与Intel竞争的意图。由于AMD提供的产品速度和效率都很高，并且通过了军用标准，在当时刚刚兴起的计算机行业中占据了优势。当时的技术尚未成熟，各个公司的产品质量参差不齐，而符合军用标准的AMD成了客户的首选对象，从而逐渐成长起来。

模仿跟风策略让AMD初见成效，AMD后来又跟随着Intel的脚步。1971年AMD模仿Intel，也开始进入RAM存储器市场。AMD看到Intel推出的全球第一个微处理器颠覆计算机行业后，决定也跟风制造微处理器，1975年，AMD模仿Intel 8080，推出了自己的AM 9080微处理器，从名称上还压了Intel一头。

1978年，英特尔公司生产出了著名的16位8086处理器。这是历史上第一款x86处理器，后来成了个人计算机的标准平台，具有非常重要的意义。1981年，当时的行业领导者IBM公司为了尽快推出个人电脑（personal computer，PC）产品，没有采用自己研发的芯片，而是选择了英特尔的8086处理器。这给英特尔带来了巨大的商业机会，帮助它迅速扩大了市场份额。然而，为了成为IBM的合作伙伴，英特尔也付出了代价，同意将设计和代码开放给AMD，并允许AMD成为8086芯片的第二供应商。这给AMD带来了非常大的帮助。

IBM精心的“撮合”不仅帮助AMD存活下来，还迅速壮大，为日后与英特尔对抗积累了本钱。其实英特尔并不傻，也知道这是养虎为患。但是，在当时的情况下，面对强大的IBM，它只能妥协。

随着时间的推移，1982年，英特尔开发出了与8086完全兼容的第二代PC处理器80286，用在了IBM PC/AT上。AMD也于1982年底开始生产80286处理器，标记为AM286。这是真正意义上的第一个台式机处理器。为了击败Intel，AMD从设计入手，开始卷起处理器频率。当时，Intel的处理器频率在6～10兆赫范围内，而AMD则直接从8兆赫入手，甚至达到了20兆赫。AMD的野心显而易见——利用Intel的设计战胜Intel。这也开启了Intel与AMD之间的竞争。

1985年，IBM的挑战者开始出现，COMPAQ（康柏）公司制造出世界上第一台与IBM PC兼容的计算机。此后，兼容机厂商们像雨后春笋一样涌现出来。这些兼容机厂商为了与IBM PC兼容，基本上都采用了英特尔处理器。风水轮流转，英特尔开始对AMD翻脸。

1986年，英特尔上市。同年，为了不透露任何关于80386处理器的技术细节给AMD，英特尔开始毁约。因此，AMD在1987年以违约为由将Intel告上了法庭。Intel随即反告AMD侵权（涉及Intel的287 FPU）予以还击。此后，AMD再次控告Intel垄断市场，而Intel再次反诉AMD侵权（涉及AMD旗下的AM486 IP）。就这样，官司整整打了十年。

虽然AMD最终在法庭上胜诉，但是却在黄金时期错失了CPU的发展机会，结果被英特尔甩在了后面。不过，这也让AMD彻底认识到不能继续跟在别人后面亦步亦趋，只有自身强大才不会再受欺负。

但是，留给AMD的时间已经不多了。因为在1996年达成的一项协议中，虽然AMD获得了Intel x386和x486处理器系列的微代码授权，但并未获得下一代处理器的版权许可。因此，AMD必须抓紧时间推出产品。于是在1991年3月，AMD发布了基于Intel 386处理器核心的AM386，而在1993年4月，AMD又推出了自主研发的AM486。这两款产品都因其较高的性价比而受到了市场的欢迎。

1991年左右，英特尔推出了一句口号“Intel Inside”，翻译过来就是“英特尔的处理器就在里面”。这个口号的诞生，是因为当时英特尔面临着一个巨大的挑战。AMD公司研发出了性能相当不错的CPU，而且价格更便宜，英特尔逐渐失去了垄断地位。于是，公司决定策划一次前所未有的广告活动，让处理器在电脑中的地位更加突出，尤其是英特尔处理器的地位。于是，“Intel Inside”这个标志和口号应运而生。这个口号一经推出，大家都觉得应该买一台带有Intel处理器的电脑。

当时，有市场总监向格鲁夫提出了一项大规模的消费者市场营销计划，该计划的口号就是“Intel Inside”。虽然英特尔高层主管中大部分人认为这个计划是天方夜谭，但格鲁夫却大加赞赏并表示“太棒了，就这么干！”这一宣传攻势出其不意地成功了，将一个计算机的内部配件变成了一个无人不知的著名品牌。格鲁夫对这种针对消费者的营销策略给予了极高的热情，他亲自选定了“奔腾”（Pentium）的名称。“Pentium”其实是586的代名词。格鲁夫认为，公司应该为这款新的CPU注册新的商标，以保护公司的垄断地位。因此，586被重新命名为“Pentium”，但在工业界和学术界，人们仍然习惯性地将英特尔的处理器称为x86系列。不过无论如何，这个“奔腾”确实开启了英特尔的“奔腾”时代。关于英特尔的营销，其实很多人都低估了他们的实力。英特尔虽然不像可口可乐、麦当劳或耐克那样直接面对消费者，但他们的知名度却相当高。这一切都要归功于英特尔历史上这个最著名的营销计划。

为了推广这个口号，英特尔投入巨资启动了一轮整体营销计划。所有的合作伙伴，如联想、IBM等PC厂商和笔记本厂商，只要在广告中打上“Intel Inside”的标志，就可以与英特尔分摊广告费用。

这个口号后来还配合了一个耳熟能详的音效，就是那个经典的“灯，等灯等灯”。英特尔特地邀请了奥地利著名的电子音乐艺术家Walter Werzowa亲自创作了“灯，等灯等灯”的音效。每一个音符都是用木琴、马林巴琴等各种乐器合成的。据说每五分钟这五个音就在地球上被播放一次。这轮广告成了广告营销史上的一个经典。差不多在十年后的2000年，英特尔在一次全球品牌调研中成为了世界最知名品牌的第二位，仅次于可口可乐。对于一个工业品牌来说，这是非常不可思议的。

英特尔一度被戏称为“牙膏厂”，原因是AMD的产品不给力，英特尔也不愿意频繁推出新产品，所以就故意隐藏实力，像挤牙膏一样，一点一点地推出性能稍好的处理器。

看到英特尔给586微处理器起了新名字“奔腾”，AMD也给自己推出的第一个独立生产的x86级微处理器取名为K5，但却因性能不佳而迅速败下阵来。

就在英特尔认为AMD已无回旋余地的时候，AMD却出人意料地打了一场漂亮的反击战。1996年，AMD收购了半导体公司NexGen。1997年，在英特尔推出采用新接口的奔腾Ⅱ处理器之前，AMD成功推出了主打性价比并采用老接口的K6微处理器，如图4.6所示。在性能相近但价格更低廉的K6微处理器的吸引下，许多无法适应英特尔变化的客户纷纷转投AMD的阵营。对于这种情况，英特尔只能默默地吞下这个哑巴亏。

图4.6　AMD的K6微处理器

在新世纪到来前，AMD的K7处理器诞生了，这是AMD逐渐崭露头角的起点。面对AMD的强大冲击，英特尔再也不敢慢慢挤牙膏了，为回应挑战立即发布了奔腾Ⅲ处理器。这款处理器拥有高达950万个晶体管，频率从500兆赫起步，最终实现了历史性的突破，首次跨越了1吉赫的大关。

从2005年开始，英特尔就制定了一套名为“Tick-Tock”（钟摆计划）的反击策略，Tick和Tock是两张王牌，当出到Tick牌时，意味着采用了新的半导体工艺制程，当轮到Tock时，意味着微架构的革新。AMD被英特尔的“大钟摆”撞得晕头转向，在研发上疲于奔命，开始力不从心。

AMD原本把希望寄托于K10架构，希望它能成为挽救公司的救命稻草。然而事与愿违，K10架构最终成了压垮骆驼的最后一根稻草。2007年，AMD推出了以真四核作为招牌的羿龙系列，但是却因为一个重大的bug（错误）被浇了一个透心凉，电脑因为这个bug出现了报错和死机的情况。用户们除了更换CPU之外，没有其他解决方案可以选择。这个事件让AMD在CPU领域反击Intel的希望又一次破灭了。

AMD一边在CPU上挑战英特尔，另一边为丰富自己的羽翼，2006年AMD买下了当时显卡双雄之一的ATI公司，从此开始大举进军图形处理器（graphics processing unit，GPU）市场，谁料在GPU界也有位姓“英”

的劲敌等着它，那就是大名鼎鼎的显卡霸主——英伟达。

此时的AMD不仅转型成了一家同时拥有CPU和GPU研发能力的公司，同时也转嫁了原来ATI和英伟达之间的战火，将自己推到了夹在英特尔和英伟达中间进退维谷的状态。硬生生给自己加码，来了个“双英战AMD”。

当AMD接管ATI时，原来的ATI已经在与英伟达的竞争中处于劣势。此外，AMD和ATI这两个“A”的结合并未产生预期的“1+1>2”的效应，面对英伟达的GeForce系列显卡逐渐在中高端市场占据主导地位，AMD只能望洋兴叹。

此时，AMD在CPU和GPU领域都遭受了挫折，需要为之前的大规模收购买单，而2008年的经济危机让资金紧张的AMD陷入更加困难的境地。最终，AMD为了生存不得不采取变卖资产的手段。2008年，AMD以低于成本的价格卖出了手持设备部门，从而错失了手机市场的巨大潜力。相反，高通在这场交易中成为赢家，仅用6400万美元就收购了该部门，后来推出的Adreno GPU系列不仅节省了大量研发成本，还巩固了其在手机GPU市场的领先地位。

然而，出售手持设备部门的收入对于AMD的困境来说只是杯水车薪。同年，AMD还决定出售自己的晶圆厂。通过采取变卖资产的决策和实施裁员，AMD勉强度过了这场经济危机。

AMD被网友戏称为农业机械开发商。这是怎么回事呢？原来AMD不光是advanced micro devices（超级微型设备）的首字母缩写，恰巧也是agriculture machine developers（农业机械开发商）的首字母缩写。事实上，美国还真有一家缩写为ADM的油籽、玉米和小麦加工企业。因此在关注AMD（超微）的粉丝眼中自然也就加上了一层与农业相关的滤镜。而著名的“手磨显卡”事件更是增添了网友们的乐趣。

这一切还得从2010年那个冬天说起，当时AMD憋了一年多终于曝出了要发新款HD6970显卡的消息，结果因为某些不为人知的原因，推迟了一个月才发布。本来这也就是个普通的小插曲，时间久了大家也就忘了。结果有一天，一位好奇又淘气的网友拆开散热器后发现里面好像磨掉了一个角，他开始还觉得自己运气太好中奖了，后来发现大家都是这样。原来是因为显卡的散热器和PCB板（printed circuit board，印刷电路板）不配套，不磨掉一个角就装不上散热器，结果造成了每一枚HD6970都是独家定制的乌龙事件。于是大家纷纷脑补了AMD上到CEO下到员工人手一块磨刀石的形象，网友们便把“农企”和AMD画上了等号。不过，AMD凭借一系列朴实的做法收获了网友们别样的喜爱。

三十年河东，三十年河西。渐渐地，AMD迎头赶上。2017年，AMD推出了第一代Ryzen（锐龙）系列处理器，Ryzen 1000处理器采用了Zen架构及14纳米工艺。锐龙CPU性能飙升，价格极低，获得市场的一致好评。这让英特尔措手不及，疲于应对。从Zen架构开始，AMD按照自己的步伐，稳步进行更新换代。接着，AMD的Zen+架构产品采用了12纳米工艺，显示出即将超越的迹象。虽然这并非真正的制程节点，但英特尔在制程工艺上的领先优势已不再明显。短短不到两年时间，PC微处理器市场格局大变，AMD和Intel的市场份额几乎相同，两家公司又重新回到同一起跑线。

2017年，由加密货币的繁荣带动的挖矿需求为英伟达带来了大量的矿机显卡订单。英伟达早就看中了人工智能，并通过积极布局，在数据中心、游戏和汽车业务上取得了强劲增长。这些因素为英伟达带来了2017年全年营收增长近40%和利润增长将近2倍的出色业绩。一边是“翻身农奴把歌唱”的“农企”，另一边是后起之秀英伟达的业务扩张。这次，英特尔被夹在了中间，陷入了腹背受敌的境地。

2017年底，英特尔宣布与AMD建立合作伙伴关系，以创建具有RX Vega M图形的新型第8代移动芯片。这是这对“老冤家”继1985年合作崩盘之后的首次合作。AMD的曲折经历让这个合作自带流量，尽管英特尔已经尽量低调地宣布了这个合作消息，但它仍然在圈内引起了不小的轰动。英特尔找到AMD的原因，不仅仅是为了联手对抗英伟达，更是为了两家一直努力的同一个目标——融合显卡。随着AMD的再次崛起，英特尔从AMD身上看到了自己欠缺的整合能力和GPU实力。当这个时机成熟时，两家公司放下恩怨，向着同一个方向前进。

2018年，英特尔推出了Kaby Lake G，不出大家意料，这款融合了英特尔第八代4核心中央处理器（CPU）和AMD Radeon RX Vega M图形处理器（GPU）的移动芯片因继承了两家公司所长而获得了用户的认可。看到AMD实现成功逆转，网友们纷纷大赞“AMD YES！”

不过尽管有合作，但别忘了在CPU领域，英特尔和AMD之间的竞争可是丝毫没有缓和的迹象，谁也不肯轻易投降。2019年，AMD最终在处理器的性能和工艺制程上实现了反超，再次证明了原地踏步就会退步的道理。AMD推出了基于Zen 2架构的Ryzen 3000系列处理器，这些微处理器采用了台积电的

7纳米工艺制造。这无疑是一场胜利，既是AMD的胜利，也是台积电的胜利。即使英特尔极力为自己在某个制程节点上的技术领先进行辩解，也无法掩盖AMD和台积电的光芒，特别是AMD在短短几年里实现大翻盘的事实。后来，英特尔也决定寻求台积电代工，这从侧面说明了双方目前所处的地位。

4.3

用电脑设计电脑

进入大规模、超大规模集成电路时代，芯片上动辄数万、上百万个晶体管，此时集成电路设计光由人手工完成变得非常困难。于是，如何利用自动化的IC设计工具来处理日益复杂的电路设计成为一个关键议题，也就是需要设计合理的电脑软件，让电脑来帮助设计集成电路芯片，然后再用于电脑等需要芯片的场合。这称为电子设计自动化，即electronic design automation，简称EDA。

在集成电路设计自动化方面作出重要贡献的是加州理工学院（California Institute of Technology）的卡沃·米德（Carver Mead）教授，他被誉为VLSI芯片结构化定制设计方法学之父，如图4.7所示。1996年，卡沃·米德因对“VLSI集成电路结构创新”的杰出贡献荣获“IEEE冯诺依曼奖（IEEE John von Neumann Medal）”。VLSI集成电路系统设计方法使得工程师们能够将数以万计的晶体管集成到一个小小的芯片上。这一技术极大地提高了集成电路技术，并以此推动了计算机处理能力的几何级增长。这一创新对集成电路产业的发展产生了极大的推动作用。

1934年5月1日，卡沃·米德在加利福尼亚州贝克斯菲尔德（Bakersfield）出生。那时，大萧条（the great depression）的阴霾还未完全散去。小学时候，他所在的学校只有二十几个学生，两个老师。升上初中后，他对电气产生了浓厚的兴趣，自己动手做各种实验。高中毕业后，他顺利进入了加州理工学院，在那里，他一步步攀登上了学位的高峰：电气工程学士（1956年）、电气工程硕士（1957年）和电气工程博士（1960年）。毕业后，他选择留在加州理工学院任教。

图4.7　VLSI芯片结构化定制设计方法学之父：
卡沃·米德（Carver Mead）教授

就在博士毕业那一年，卡沃·米德参加了加州理工学院为仙童半导体举办的一次招聘活动，并在那里结识了他的校友戈登·摩尔，摩尔是在1954年获得加州理工学院的物理化学博士学位。两人一拍即合，迅速成了好朋友。从1968年英特尔创立伊始，米德就成为英特尔的签约咨询顾问，每周都要去一趟如日中天的硅谷。而摩尔则慷慨地允许米德利用英特尔的工厂来制造学生设计的芯片。这种特权可不是什么人都能拥有的，足够让其他大学羡慕不已。

1969年，米德提出了一个让百万个晶体管在一枚芯片上同时工作的伟大想法。他想要制造出复杂的芯片，让百万晶体管在里面各司其职，发挥不同的功能。半导体的同行们看了都直摇头，觉得这只是米德的一场科学幻想，没有科学依据。面对外界的否定，米德并没有浪费口水去解释，而是默默地带着一帮志同道合的朋友回到实验室，用接下来的十年证明他的设想。

早在20世纪70年代初期，米德教授就投入了Si compiler的研究，这是电路模拟和布局图自动化的起源，并催生了现在的EDA工具产业。

米德教授于1970年在加州理工学院开设了VLSI课程。在课堂上，他将学生设计的各种IC使用统一的掩模版手动绘制出布局图，并最终完成硅片的制作。第一节课米德就说："这门课可不是你们平时那种轻松的课程。你们要设计一个MOS电路，然后在英特尔的工厂完成制造。如果电路有效，你就获得学分，如果无效，那就不及格。"结果全班三分之二的同学退选了这门课，到第二节课时，只剩九位同学咬牙坚持。在20世纪70年代初那个手工设计的年代，芯片制造可是个既烦琐又昂贵的活儿。工程师们辛辛苦苦绘制出电路的每一层图案后，再将图案转移到光刻胶上，然后再切割、剥离出反向图案。这个反向图案再被拿去拍照、缩小后，才能变成制造芯片的掩模版。而米德设计了个简单实用的程序，可以把芯片设计图案编码后输出到Gerber plotter上，这可是当时唯一一个能生成高度精确复杂几何图案的设备。米德的程序不仅准确度高，而且省去了大量人力。

米德要求每一位学生必须设计一个动态移位寄存器，这是数字电路里把信息从一个位置移到另一个位置的重要元件。1971年课程结束时，九位同学完成了八个电路设计，其中两位更是连婚都结了，直接合作共同设计了一个。米德教授把这些设计整合到一起搞了个“多项目芯片”（multi-project chip），这应该是全球首次采用MPW（multi-project wafer，多项目晶圆）模式来生产芯片，这种流片方式可以共同分摊费用，费用就由所有参加多项目晶圆的项目按照各自所占的芯片面积分摊，极大地降低了实验成本。这就像我们都想吃巧克力，但是我们没有必要每个人都去买一盒，可以只买来一盒分着吃，然后按照各人吃了多少付钱。这种方式至今仍在使用，尤其是用于设计开发阶段的实验、测试。米德教授随后安排在硅谷的掩模供应商那里制作掩模，最后交给英特尔的员工制造芯片。1972年1月，每位同学都拿到了一块芯片，并在实验室进行了电学测试，竟然全都工作正常！此后这门课程的报名人数一年比一年多。

米德教授与琳・康维（Lynn Conway）于1979年合著的*Introduction to VLSI Systems*（超大规模集成电路系统引论）更是IC设计者手中的圣经。

米德教授还在1979年预测了未来半导体产业将由大量的IC设计公司（无工厂芯片商，即fabless）和较少数量的晶圆厂组成。这与同时期张忠谋先生在德州仪器内部提出的foundry（代工厂）概念不谋而合。

现在的半导体行业呈现了三足鼎立的态势，即设计业、制造业、封测业三业分离。

一块芯片的诞生首先是从客户提出需求开始，譬如客户需要电脑里的CPU、存储芯片，抑或是智能手机芯片等。然后芯片设计公司或者IDM（integrated design and manufacture，集成设计制造）公司里的设计部门针对客户需求，提出设计方案。工程师在芯片设计之初，首先会作芯片的需求分析、完成产品规格定义，以确定设计的整体方向。在这个起始阶段，往往需要考虑一些宏观的因素，比如这个芯片的成本控制、是否功耗敏感、芯片需支持哪些连接方式、系统需遵循什么样的安全级别，然后开始系统设计。基于前期的规格定义，这一步明确芯片架构、业务模块、供电等系统级设计。系统设计需综合考虑芯片的系统交互、功能、功耗、性能、成本、安全等因素，同时设计之初就需要考虑后期的维护及测试需求，提供可测性设计。接下来是前端设计，在此阶段集成电路设计人员根据上一步的系统设计方案，针对各模块开展具体的电路设计，使用诸如Verilog或者VHDL这样的硬件描述语言对具体的电路实现进行RTL级别（register transfer level，寄存器转换级）的代码描述。代码生成后，通过仿真验证来反复检验代码设计正确与否。之后，再用逻辑综合工具把RTL级的代码转换成门级网表，并确保电路在时序、面积等参数上达到标准。值得注意的是，整个设计流程是一个不断迭代的过程，任何一步不满足要求都要重新修改之前的设计。最后进行后端设计，在此阶段先基于网表，对电路进行布局和绕线，再对布线的版图进行包括设计规则检查在内的各种验证。同样，后端设计也是一个迭代的过程，验证不满足要求就必须重复之前的步骤，直至完全满足要求，生成最终的GDS（geometry data standard，几何数据标准）版图。

设计业的最终产品就是各种版图，版图可以说是设计业和制造业之间的桥梁。根据芯片的复杂程度，所需的掩模版数量也不同，高端芯片往往需要几十块不同的掩模版。有了版图就可以制备掩模版，用于集成电路工艺中的光刻工艺环节。

4.4

只做“表面文章”的集成电路工艺

在制造业中是如何“点石成金”的呢？首先需要的原材料是石英砂，然后依次制备工业硅、三氯硅烷、多晶硅，再由多晶硅通过直拉法或者区熔法制备单晶硅锭，硅锭再被切割成不同厚度的硅晶圆（wafer）。这一步骤往往由专门的晶圆制造公司来完成。代工厂往往直接采购晶圆用于集成电路芯片的制备。集成电路的制备是典型的平面工艺，需要不断在衬底表面沉积薄膜，然后借助光刻再对薄膜进行刻蚀或者离子注入掺杂处理，这些步骤伴随着每一层薄膜而不断循环使用，直至完成最后的钝化保护层。所以说集成电路工艺喜欢做“表面文章”。

集成电路工艺做“表面文章”时，要求还很高。第一个要求就是必须在净化间里制备。你肯定听说过PM2.5的危害，但在净化间里，连PM0.5都是不能容忍的，因此净化间也称为无尘室。净化间里面的空气每分钟就过滤10次，比一般的手术室还要干净几十倍。生产芯片的净化间不光要求厂房内没有细菌，还要求无静电释放、无灰尘、无有机物沾污、无金属颗粒沾污、无有害气体等。而且更夸张的是净化间不是一个实验室大小，而是有三个足球场大的面积，可见芯片生产要求之高。此外，作为主角的硅的纯度要在99.999999999%（11个9）。生产芯片需要用到超高纯度的化学溶液、化学气体。就连用到的水也是有极高要求的。芯片制造过程中需要不断地清洗硅片，要用到大量的水。这里的水必须是去离子水（de-ionized water，DI water），为了尽量降低水对集成电路造成的沾污影响，要求去离子水中不能有颗粒、细菌、硅土、溶解氧、溶解离子、有机材料等。用于硅片加工的去离子水也被称为18兆欧水，因为水中离子被大量去除，它的电阻率要在18MΩ·cm以上。水中的细菌可以通过紫外灯来杀灭。此外，净化间里一些附属物件，如笔、纸张、存储柜等也是特供的。对进入净化间的任何物品必须在缓冲间内对外部表面用消毒剂消毒灭菌，然后经物流缓冲间、传递窗1小时以上，经过无菌空气吹干后方可送入净化间。

尽管采取了上述措施，各种沾污还是不可避免的。而且这些沾污的来源还非常广泛，如图4.8所示，主要有人、生产设备、工艺本身等。在这些来源中，占比最大的就是人，这是因为人每天上下班都需要进出净化间，从而带来了外界的颗粒和有机物沾污，这些沾污来源于皮肤、衣物、头发和头发用品等。因此人在进入净化间之前必须穿净化服。净化服是高技术膜纺织品或密织的聚酯织物，它对大于等于0.1微米的颗粒具有99.999%的过滤级别。要求净化服能对身体产生的颗粒进行抑制、零静电积累，同时要求无化学和生物残余物的释放。

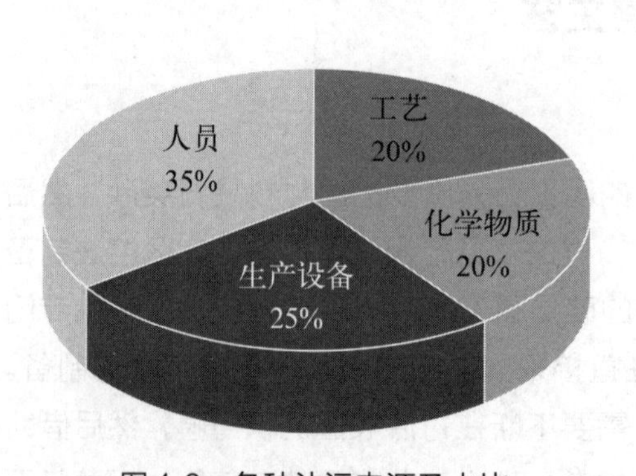

图4.8　各种沾污来源及占比

工作人员进入净化间前一定不能化妆、戴手表和戒指等配饰，必须穿好净化服和专用鞋子，戴好帽子和手套，只露出眼睛，全副武装后才能进入。穿好净化服后，还需通过风淋室（air shower）才能进入净化间。风淋室是进入净化间所必需的通道，可以减少进出净化间所带来的污染问题。经高效过滤器过滤后的洁净气流由可旋转喷嘴从各个方向喷射至身上，从而有效而迅速地清除颗粒等沾污。据统计，人类活动释放的颗粒如表4.1所示。这要求在净化间必须又轻又慢地进行必要的走动，不可在净化间跑动、跳跃，更不能吃东西等。

表4.1　人类活动释放的颗粒数

颗粒来源	每分钟产生大于0.3微米的平均颗粒数
静止（静坐或站立）	10万
移动头、手臂、脖子、身体	50万
以2千米每小时的速度步行	500万
以3.5千米每小时的速度步行	750万
最干净的皮肤（每平方米）	1亿

芯片的前道工序往往有几百道步骤，但主要的工艺有制备薄膜、光刻、刻蚀、离子注入、抛光。下面分别简单介绍下这几种核心工艺。

（1）制备薄膜

薄膜淀积是芯片制造中一个至关重要的工艺步骤，通过淀积工艺可以在硅片表面生长各种导电薄膜和绝缘薄膜。那么什么是薄膜呢？它指的是厚度远远小于长度和宽度的一层很薄的膜，如图4.9所示为氧化硅薄膜。半导体制造中的薄膜淀积是指任何在硅片衬底上用化学方法或物理方法淀积一层膜的工艺。常见的薄膜有二氧化硅薄膜（SiO_2）、氮化硅薄膜（Si_3N_4）、多晶硅薄膜以及金属薄膜（Cu、Al、W等）。

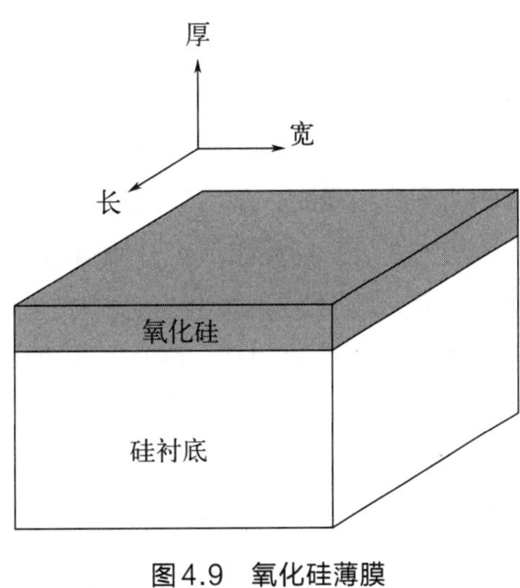

图4.9　氧化硅薄膜

二氧化硅被称为上帝赋予人类的礼物，它在集成电路中有很大的用武之地，这归功于它是一种良好的绝缘介质。二氧化硅薄膜可以直接通过氧化（oxidation）工艺制备，即向硅衬底通入氧气或水蒸气等氧源，让它们在高温下发生化学反应生成二氧化硅，这种热生长的二氧化硅能紧紧地黏附在硅衬底上，具有优良的介质特性。此外，二氧化硅结构致密，能够有效隔绝空气中潮气和沾污的侵扰，起到保护下面结构的目的。这个优点也是硅能够取代早期的锗并成为现在主流半导体的主要原因之一。

薄膜制备的工艺手段还有很多，既有基于物理方法的物理气相淀积（physical vapor deposition，PVD）和旋涂玻璃（spin-on glass，SOG）或旋涂电介质（spin-on dielectric，SOD），又有基于化学方法的化学气相淀积（chemical vapor deposition，CVD）。其中，物理气相淀积又分为蒸发（evaporation）和溅射（sputtering），化学气相淀积又分为常压化学气相淀积（atmospheric pressure chemical vapor deposition，APCVD）、低压化学气相淀积（low pressure chemical vapor deposition，LPCVD）、等离子增强化学气相淀积（plasma enhanced chemical vapor deposition，PECVD）、高密度等离子体化学气相淀积（high density plasma chemical vapor deposition，HDPCVD）以及外延（epitaxy）等。

蒸发和溅射两种工艺主要用来做金属薄膜。蒸发是最简单的一种金属薄膜淀积工艺。首先将待蒸发的金属块（如铝）放进坩埚，然后在真空系统中加热金属块，并使之蒸发变成气态的原子，此后蒸气流遇到较冷的衬底，便以固体形式凝结沉积在衬底表面。溅射类似于飞驰的汽车开过土坑后溅起尘土导致尘土飞扬，或者子弹打在墙上引起碎块四处飞溅。在半导体溅射工艺中，高能粒子首先被加速，再撞击高纯度靶材料固体，从靶材中撞击出原子，这些被撞击出的原子穿过真空，最后淀积在硅片上。旋涂法可以说是一种最简单直接的沉积薄膜方法，一般用来沉积介质薄膜。首先将待沉积薄膜制成液状，然后滴在硅片表面，利用离心力将液体甩均匀，再进行固化，就得到了所需的薄膜。旋涂法具有工艺条件温和、操作控制简单等优势，是一种高性价比的沉积薄膜方法。

化学气相淀积是通过气体混合的化学反应在硅片表面淀积一层固体薄膜的工艺。其中APCVD是在常压下发生的化学气相淀积工艺，主要用来沉积二氧化硅和掺杂的氧化硅。与APCVD相比，LPCVD系统需要一定的真空度，这种工艺方法有更少的颗粒沾污、更高的产量及更好的薄膜性能（高纯度、高均匀性、较好的台阶覆盖能力），因此应用更为广泛。除了用于淀积二氧化硅外，还可以淀积氮化硅、多晶硅等。PECVD则需要用到等离子体，在CVD工艺中引入等离子体，可以容许更低的工艺温度（250～450℃），获得更高的淀积速率。等离子体（plasma）又叫作电浆，可以形象地理解为各种带电粒子混在一起构成的浆糊。它是由部分电子被剥夺后的原子及原子团被电离后产生的正负离子组成的离子化气体状物质，它被认为是除固、液、气外，物质存在的第四态。在自然界，火焰、太阳都会产生等离子体，在大气层中也存在一些奇异多彩的等离子体现象，如球状闪电、极光等。在日常生活中，还出现了等离子体电视。HDPCVD工艺在低压下制造出高密度的等离子体，并推动等离子体在低压下以高密度混合气体的形式向硅片表面做定向运动，然后淀积薄膜。它主要用于沉积高深宽比（深度：宽度）的沟槽。外延是在单晶衬底上淀积一层薄的单晶层，新淀积的这层称为外延层。由于外延工艺可以很好地控制薄膜厚度和掺杂浓度，而这些都与硅片衬底无关，这就为器件设计者在优化器件性能方面提供了极大的便利性。

（2）光刻

光刻（photolithography）是集成电路制备流程中最核心、最关键的一项工艺，光刻的分辨率直接决定了器件的特征尺寸，光刻机的成本非常高昂，光刻区是晶圆制备公司中唯一呈现“黄光区”的区域，这一切使得光刻在集成电路工艺的地位十分突出。

光刻区是集成电路制造公司里最容易识别的一块区域，工程师找到光刻区易如反掌。因为光刻区呈现黄色，又称为黄光区。为什么要搞成黄光区呢？这是因为需要将白光中波长较短的紫光那一段过滤掉，只保留波长较长的黄光等，这样就避免了白光中的紫光对光刻工艺环节中用到的光刻胶曝光，这种无差别地对表面所有光刻胶曝光的后果将是灾难性的。光刻胶必须留到光刻机里，透过掩模版进行差别化的紫外曝光才行。光刻的本质目的就是在掩模版的帮助下，借助于光刻机中的紫外光，将掩模版上的图案转移到硅片表面的光刻胶上。光刻虽然重要，但它只是起到桥梁作用，得到的光刻胶图案将作为局部保护材料，进行后续的刻蚀或离子注入工艺。

光刻就好比将图案从图纸转移到石头上。不过这里的图纸称为掩模版

（photomask/reticle），这里的石头就是硅片。这就好比我们用小刀去雕刻东西，往往用精细的小刀才能刻出细微的图形。在光刻领域，用紫外光去雕刻，可以在硅片上刻出纳米量级的图案。

光刻的思想来源于历史悠久的印刷技术，所不同的是印刷通过墨水在纸上产生光反射率的变化来记录信息，而光刻则采用紫外光与光刻胶的光化学反应来实现复制信息。印刷技术最早起源于我国汉朝晚期，后经宋朝毕昇的改良，将固定的雕版印刷改造成活字印刷。现代意义上的光刻起始于1798年阿罗约·塞内费德勒（Alois Senefedler）在德国慕尼黑的发明。塞内费德勒是一位才华横溢的演员和剧作家，希望通过出售他的剧本赚钱，但是印刷成本太高，他无法负担出版这些剧本的费用，而出版商又不愿意与他合作，所以他决定自己出版戏剧。起初，他想从铜、钢和锌板中复制文字，但这种方法似乎太昂贵了。后来有一天，他的母亲要他记下洗涤清单，由于他没有任何笔和纸，他将清单记在石头上。他最终想到了蚀刻石头的方法来减轻出版剧本的负担。他在房子周围发现的石头上使用硝酸进行蚀刻，这就是平面印刷的开始。这种在石头上进行刻蚀画图的技术就被称为石印术（lithography）。

光刻的本质是把掩模版上的电路结构图形复制到硅片表面的光刻胶（photoresist，PR）上。在光刻机中，紫外光透过掩模版上的部分区域，使得部分光刻胶在化学溶液中的溶解特性发生变化，从而在显影阶段去除部分光刻胶，达到把图形转移到硅片表面光刻胶上的目的。其原理如图4.10所示。掩模版上衬底是石英，它可以允许紫外光透过，黑色区域代表金属铬，它会阻挡紫外光通过。光刻胶分为正胶和负胶：正胶被紫外光照射后发生光化学反应，在显影液中软化并可溶解在其中；而负胶则相反，被紫外光照射后因交联、硬化，在显影液里会变得难以溶解。如果采用正胶，得到的胶图案会和掩模版上的图案保持一致，称为正性光刻［如图4.10（a）所示］。如果采用负胶，得到的胶图案和掩模版上的图案则相反，称为负性光刻［如图4.10（b）所示］。不管正胶还是负胶，最后经过显影后都得到了光刻胶图案。

正胶的分辨率一般要显著高于负胶的分辨率。这是因为负胶虽然有良好的黏附能力和阻挡作用、感光速度快的优点，但是在显影阶段容易变形和膨胀，所以只能达到2微米的分辨率。高端芯片制造一般都采用正胶。

光刻技术类似于照片的洗印技术，光刻胶相当于相纸上的感光材料，掩模版相当于相片底片。

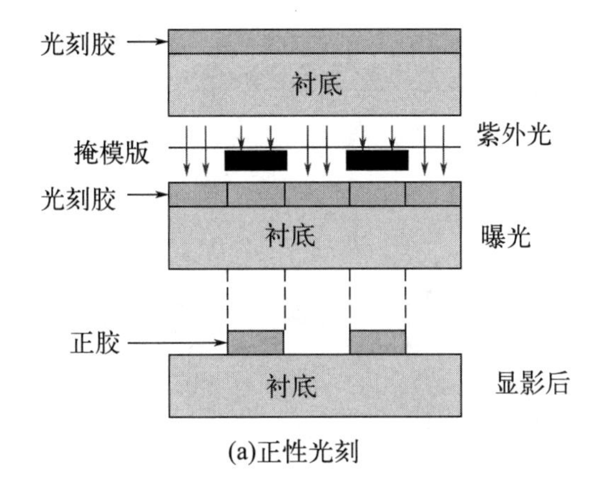

(a)正性光刻

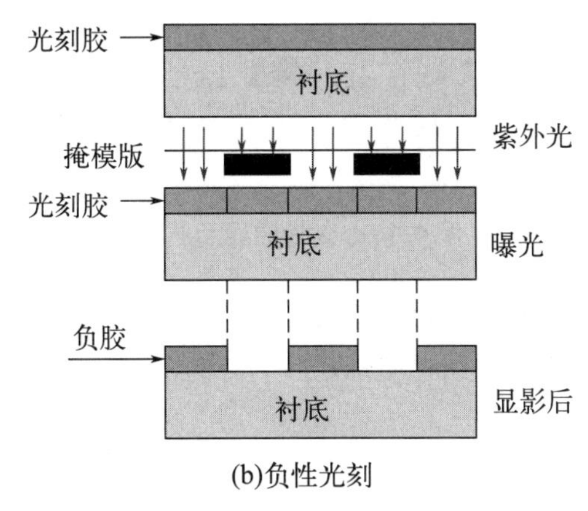

(b)负性光刻

图4.10　光刻原理示意图

（3）刻蚀

刻蚀工艺在净化间的刻蚀区进行。刻蚀的目的是把光刻胶的图案进一步地转移到下面的薄膜上，没有被光刻胶保护的区域将会被刻蚀掉，从而得到薄膜的图案结构。刻蚀又可分为湿法刻蚀和干法刻蚀。现代集成电路工艺往往较多地采用干法刻蚀，因为它的刻蚀精度更高。

刻蚀是采用化学或物理方法从硅片表面去除不需要的材料的过程。刻蚀往往在光刻工艺之后进行，它的目标是在涂胶的硅片上正确地复制掩模图形，将图形转移到刻蚀薄膜上，如图4.11所示。光刻胶在刻蚀中不会受到刻蚀源显著侵蚀，它起到掩蔽膜的作用，用来在刻蚀中保护硅片上无需刻蚀区域而选择性地刻蚀掉未被光刻胶保护的区域。

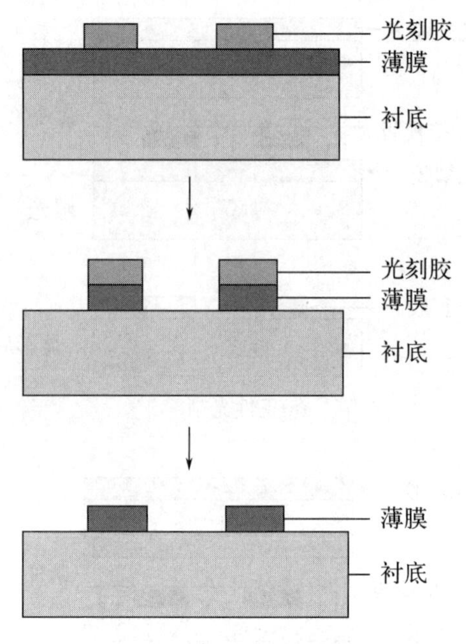

图4.11　刻蚀原理示意图

刻蚀工艺对图形质量的好坏至关重要，如果材料被刻蚀掉后才发现图形质量有问题，就无法再返工，所谓覆水难收，此时的硅片将成为废片。

（4）离子注入

离子注入是一种向硅衬底中注入可控制数量的杂质，以改变其电学性能的方法。离子注入已经成为主流的掺杂手段，借助离子注入机可将常见的掺杂元素，如硼、磷、砷等掺杂到硅片中。离子注入往往是在局部掺杂，从而实现局部改变半导体导电性质的目的，所以也需要借助光刻工艺得到保护层的图案结构，虽然一起打入离子，但打入保护层的离子最后会随着保护层的刻蚀而灰飞烟灭，从而实现局部掺杂的目的。

离子注入工艺首先将被掺杂的杂质原子或分子离子化，经磁场选择和电场加速到一定的能量，形成一定电流的离子束，然后再被打到硅晶圆内部去。杂质被注入后，与硅原子多次碰撞后能量逐渐被消耗，在硅片内移动到一定距离后就会停在某一位置。离子注入是一种物理过程，即不发生化学反应。这个过程就像射击一样，离子注入机就是枪，被注入杂质就是子弹，离子注入的过程就像用枪打靶一样，将杂质打入到硅晶圆中。离子注入的示意图如图4.12所示。该图是制备CMOS器件中的一个工艺环节——制备N型MOS管的源区和漏区。光刻胶下方的USG表示undoped silicate glass，即未掺杂的硅玻璃，它可以作为浅槽隔离（shallow trench isolation，STI）的材料，用来隔离不同的晶体管。在STI层上方通过光刻得到光刻胶图案，然后实施离子注入，可以实现在设计的地方向硅中注入杂质，图中使用的是磷离子，n^+则表示重掺杂，即注入的磷离子浓度较高。

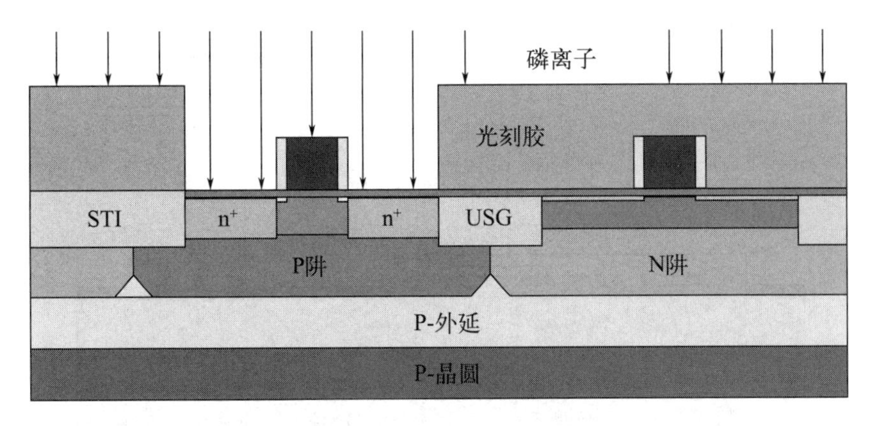

图4.12 离子注入工艺示意图

（5）抛光

随着芯片复杂度的提高，需要增加金属互连线的层数才能满足布线的需求。多层金属互连技术早在20世纪70年代就出现了，该技术允许芯片的垂直空间得以充分利用，并提高了器件的集成度，但是更多层的加入使硅片表面变得更加不平整。硅片表面起伏成为亚微米图形制作的不利因素，不平整的表面难以进行光刻工艺，完成图形制作，因为它受到光学光刻中步进透镜焦距深度的限制。因此，必须在薄膜沉积后进行相应的硅片表面平坦化处理。

业界先后开发出了多种平坦化技术来减少表面起伏问题。早期的技术有反刻、玻璃回流和旋涂膜层，这些都是属于局部平坦化方案，效果不是很理想。

直到20世纪80年代末，IBM公司将化学机械平坦化（chemical mechanical planarization，CMP）技术进行发展并应用于硅片表面的平坦化处理，该技术也称为化学机械抛光（chemical mechanical polishing，CMP）。

化学机械抛光是一种表面全局平坦化技术，它通过硅片和一个抛光头之间的相对运动对硅片表面进行平坦化处理，在硅片和抛光头之间有磨料，并同时施加压力。如图4.13所示，由亚微米或纳米磨粒和化学溶液组成的磨料在硅片表面和抛光垫之间流动，磨料在抛光垫的传输和离心力的作用下会均匀分布在抛光垫上，从而在硅片和抛光垫之间形成一层研磨液体薄膜。磨料中的化学成分与硅片表面材料发生化学反应，将不溶的物质转化成易溶的物质，然后通过磨料中磨粒的微机械摩擦作用将这些反应生成物从硅片表面移除，融入流动的液体中带走。

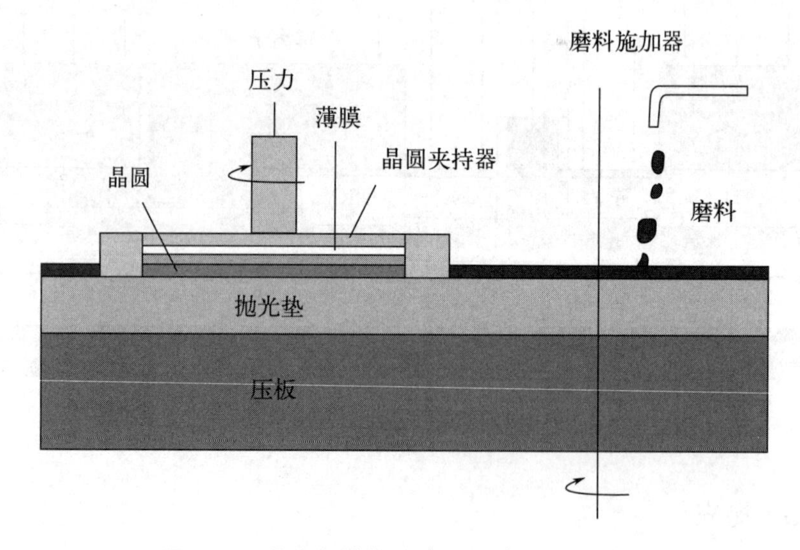

图4.13　化学机械抛光（CMP）原理示意图

化学机械抛光过程中，化学侵蚀与机械研磨反复交替进行，协同作用，“兄弟同心，其利断金”，最终将所需研磨层铲除，实现硅片表面全局平坦化。化学机械抛光工艺和日常生活中的刷牙非常相似。所用的磨料相当于牙膏，牙膏里的化学物质杀死细菌，去除牙垢。牙膏里也含有磨粒，在刷牙过程中，颗粒会去除牙齿表面不需要的物质。用力刷牙则对应CMP中的机械作用。

经过上述几种工艺的不断重复，结合无数次清洗，在硅片上逐层加工，最后形成密集的晶体管和它们间的连线，从而完成了前道工序。再往下便是后道工序阶段了，在这一阶段，之前一同经历水深（不断清洗）火热（高温工艺）、出生入死的兄弟被无情地分隔开。划片后先进行测试，合格的才有资格被封装。封装的主要作用有两个：一个是让芯片和外部连接提供电接触，另一个是保护芯片免受外界环境的污染。封装完成后还要再次进行成品测试，合格后就可以交付客户使用了。一颗融合人类最高智慧结晶的芯片就这样诞生了！

4.5

个人电脑谁主沉浮

大规模集成电路（LSI）和超大规模集成电路（VLSI）的发明标志着电子设备和计算机技术的重大进步。这一技术改变了我们生活的许多方面，从通信到医疗，从工作到娱乐，从教育到商业。

在电子通信领域，大规模集成电路的应用使得传真机变得更加高效和省电，传真机成为一种普及的商务工具。在娱乐领域，超大规模集成电路的应用使得游戏机的体积更小、画面更精细，并增加了更多的功能和游戏选择；随身听也是超大规模集成电路的重要应用之一，人们可以随时随地享受音乐。在家庭电器领域，大规模集成电路的应用使得彩电变得更薄、更轻便，观看高质量图像的体验得到了质的提升；洗衣机变得更加智能和自动化，例如自动调节水温和洗涤时间，减轻了人们的家务负担。在医疗领域，心脏起搏器的设计和制造离不开超大规模集成电路的应用，这一技术可以为患有心律不齐的患者提供持久的心脏支持；超大规模集成电路的应用使得血糖仪变得更加精准、便携和易于使用，糖尿病患者可以随时监测血糖水平。在商业领域，大规模集成电路的应用使得ATM机的速度更快、更可靠，使得人们能够更加便捷地办理银行业务；大规模集成电路的应用使得条码扫描器快速而可靠地读取条形码，提高了商业流程的效率。

在这些变革中最重要的莫过于个人电脑（personal computer，PC）的推出，因为这是一个可以广泛应用于各行各业的基础性工具。

1971年，英特尔发布了第一个微处理器。在此之后，集成电路技术的发展推动了更小、更快、更便宜的微处理器出现，使得PC变得更为普及，成为人们工作和娱乐的重要工具。1979年6月，英特尔为IBM定制了一款新型处理器——Intel 8088处理器，并计划和微软展开合作助力IBM推出第一款个人电脑，该电脑运行微软的MS-DOS系统。

不负众望，IBM公司在1981年8月12日推出了世界上第一台个人电脑——IBM 5150，也被称作IBM PC或IBM PC 5150（如图4.14所示），由此开启了人类的个人电脑时代。从IBM PC机开始，PC真正走进了人们的工作和生活，它标志着计算机应用普及时代的开始，也标志着PC消费驱动芯片技术创新和产业发展的时代开启。当然，在IBM推出IBM 5150之前，也有一些个人电脑产品，但如果从大众对现代PC的认知以及商业上的成功的角度看，那么非IBM 5150莫属。IBM 5150的发布对个人电脑的历史产生了深远影响。这款电脑的最大特点是其开放性架构以及附带的技术参考手册。IBM 5150的成功促进了软件和硬件的发展，IBM PC的设计和架构也成了后来广泛使用的标准，例如IBM PC兼容机和微软的操作系统MS-DOS。

图4.14　世界上第一台个人电脑——IBM 5150

IBM 5150采用了当时的先进技术，包括Intel 8088处理器（4.77兆赫）、16KB的内存（可扩展到256KB）、一个单盘驱动器和一个彩色图形显示器。它还引入了IBM PC兼容性标准，使得其他公司能够生产与之兼容的硬件和软件。

随着时间的推移，IBM不断改进和更新他们的个人电脑产品线，推出了更强大、功能更丰富的机型，如IBM PC XT和IBM PC AT。PC AT采用了Intel 80286处理器，运行速度比PC XT快得多，达到了6兆赫。它还拥有更大的内存容量和更高的图形分辨率，使得图形界面操作更加流畅。PC AT的发布标志着个人电脑性能的显著提升，为新的应用奠定了基础。

随着竞争的加剧，其他公司也开始生产IBM兼容机，并开发适用于IBM PC的软件。这种IBM PC兼容性成了个人电脑市场的关键。用户可以更换硬件和软件，选择适合自己需求的组件，使得个人电脑变得更加灵活和可定制化。

IBM继续推出新的个人电脑产品，不断提升性能和功能。通过引入更快速的处理器、增加存储容量、改善图形和音频性能，以及推出更先进的操作系统和应用软件等措施，推动了个人电脑技术的发展，并深刻影响了人们的生活和工作方式。

尽管IBM在个人电脑领域是第一个“吃螃蟹的人”，但却不是“笑到最后的那个人”。20世纪80年代中后期，随着苹果电脑的流行及其他兼容机厂商的蚕食，IBM的个人电脑逐渐失去了市场份额，面临前所未有的压力。在这个关键时刻，IBM采取了多种策略来应对挑战：将研发、生产分开；削减成本；寻找新的业务方向。最终，IBM成功将精力集中到商用电脑领域，并推出多款知名产品，如大型机（mainframe）IBM System/390和AS/400等。这些产品带动了企业信息技术的高速发展，也证明了IBM能够通过创意和开拓精神在不同领域创造惊人的成果。

早在1964年，IBM就发布了大型机产品系列IBM System/360，这是非常成功的一款产品。IBM上下做出了近乎狂热的承诺，才能够成功推出这一系列非凡的机器和软件。公司斥资50亿美元（相当于现在的约400亿美元）来开发System/360，这笔费用在当时甚至超过了IBM一年的收入。为了完成这个项目，IBM最终雇佣了7万多名新员工。每个IBM员工都认为，如果失败，就意味着IBM的末日。在许多情况下，工程、制造、销售和其他部门的员工每周都要工作100个小时。工程师们甚至将帆布床搬到了办公室，以便能够更专注于工作。当IBM CEO小沃森顺道查看编程方面的进展时，一名工程师甚至吼他出去，以便能够更专心地工作。堂堂的IBM CEO赶忙退了出去。小沃森后来描述了System/360开发的经过：“采用了一种名为‘摩擦式互动’（abrasive interaction）的管理手法。这意味着迫使大家交换位置，从小型计算机部门抽出顶级工程师，让他成为大型计算机部门中最优秀开发团队的负责人。”

1964年4月7日，纽约市中央车站的一列火车将记者们送到波基普西，小沃森在此正式公布了System/360。正如小沃森在波基普西的新闻发布会上宣布的，这是“该公司历史上最重要的产品公告”。System/360的核心功能当然是兼容性。一个日益庞大的数据中心可以安装一台小型360计算机，然后升级到更庞大的计算机，无须重写软件或更换外设。一旦人们熟悉了系统，就不必再学习更多内容来升级系统。选择360这个名称是表示360度这个概念，即涵盖一切。在System/360宣布后的头一个月，全球客户订购数量超过10

万台。

当时，IBM表示这款System/360产品的中央处理器中包含19套高速计算与内存组合。在此基础上，超过40种外部设备负责存储信息并以双向方式将数据与该计算机进行交互。其内置通信功能使System/360能够通过远程终端加以操控，无须考虑距离因素。在相关程序的支持下，System/360能够自行完成活动调度，从而以一刻不停的方式处理计算任务，这就使得系统资源得到了充分利用。Model 30是System/360系列当中体积最小的机型，发布于1965年，这台设备的首位买家为麦克唐纳飞机公司。System/360 Model 91是当时IBM所推出的最为强大的计算机，它能够在1秒当中完成1660万次加法运算，1968年美国宇航局戈达德太空飞行中心购置了一台这样的设备。美国宇航局载人航天器中心（现已更名为林登·约翰逊航天中心）的IBM计算和数据处理系统，其职责在于直接收集、处理并发送阿波罗计划各个阶段所涉及的关键性控制信息。这台实时复合计算机运行速度非常之快，从接收计算问题到解决计算问题之间几乎不需要时间间隔。最初充当实时复合计算机的是IBM的7094-11机型，后来又被替换为IBM System/360 Model 75J大型机。

1970年，IBM推出了System/370，进一步巩固了其在商业计算历史上的地位。IBM表示在该系列设备的颠峰时期，有时候客户需要等待两年才能拿到自己心仪的计算机产品。当时一台主内存为768000字节的System/370 Model 155机型每月的租金为47985美元，购买价格则达到惊人的2248550美元。而主内存为100万字节的Model 165机型每月租金通常为98715美元，采购费用更是高达4674160美元。20世纪70年代的应用程序开始涉及更多编程工作、远程计算、信息管理以及远程处理网络等，旨在通过一套集中式计算机数据为身处不同位置的人们提供帮助，因此IBM的大型机需求强劲。

1985年，IBM发布了Enterprise System/3090，配备超过100万比特容量的内存芯片，其突出特性在于提供IBM所谓“热传导模块”以加快芯片与芯片之间的通信速度。一部分名为“矢量设备”的3090机型则在设计思路上偏向为涉及大量相关数据元素的迭代或重复类逻辑与浮点运算提供更为出色的计算性能表现，这些规模更为庞大的设备在价格上突破了500万美元大关。

1990年，IBM推出了System/390（如图4.15所示），让大型机再一次迎来颠覆性革新。这款System/390设备加入了IBM的高速光纤大型机通道架构。IBM表示System/390搭载超密集型电路及电路封装技术，能够带来更高性能表现、针对敏感数据的集成化加密/解密、超级计算能力扩展以及两倍于前代的处理器内存。同样值得注意的是，IBM也在着力强调当时广泛运行在System/370架构之上的程序及应用能够在几乎甚至完全无须进行修改的前提下登录新机型。这台设备的水冷机型的价格在245万美元到2280万美元之间。

图4.15 IBM的System/390大型机

我们再来看看IBM的竞争者——苹果电脑的发展历程。苹果电脑是苹果公司研发并上市的一款产品。苹果公司最初名为苹果电脑公司（Apple Computer Inc.），由史蒂夫·乔布斯（Steve Jobs）、史蒂夫·沃兹尼亚克（Steve Wozniak）和罗纳德·韦恩（Ronald Wayne）于1976年创立，同年他们开发了Apple Ⅰ电脑并开始销售。

乔布斯和沃兹尼亚克于1971年经朋友介绍相识。1976年，乔布斯成功说服沃兹尼亚克组装电脑并进行销售。他们的另一位朋友韦恩也加入了创业团队。韦恩设计了苹果最早的徽标，使用了牛顿坐在树下被苹果砸中的形象，并在飘带上标注了公司名称。同年5月，乔布斯与一家本地电脑商店The Byte Shop

进行洽谈，店主保罗·泰瑞尔（Paul Terrell）表示电脑完全装配好他才会感兴趣。泰瑞尔考虑得更长远，他想订购50部电脑，并在交货时支付每部500美元。为了筹备资金，乔布斯出售了自己各种值钱的东西，例如他的计算机和大众面包车。他去大型电子零件分销商Cramer Electronics订购零件，店铺的信用部经理询问他如何结账，他说："我有一份Byte Shop向我订50部电脑的订单，付款条件是货到付款，如果你给我30天付款期，我可以在付款期限内把电脑装配好，送货给泰瑞尔后再付清账款。"惊讶于乔布斯的坚韧，经理致电正在出席IEEE电脑讨论会的泰瑞尔进行确认，泰瑞尔向经理确认订单并说如果乔布斯送货给他的话，他肯定有足够的钱付款。乔布斯等人日夜不停地装配和进行马拉松式的测试，终于在期限前送货给泰瑞尔。泰瑞尔也如当初承诺，付钱给乔布斯，使他付清零件的账单，而且有一笔可观的盈余。

这部后来被命名为Apple Ⅰ的电脑有几个显著的特点。当时大多数的电脑没有显示器，而Apple Ⅰ则以电视作为显示器。虽然只能缓慢地每秒显示60字，但已是一种进步。此外，主机的ROM包括了引导代码，这使它更容易启动。最后，在泰瑞尔的坚持下，沃兹尼亚克也设计了一个用于装载和存储程序的卡式磁带接口，以1200位/秒的速度运行。虽然Apple Ⅰ的设计相当简单，但它仍然是一件杰作，而且比其他同等级的主机所用的零件少，沃兹尼亚克因此赢得了设计大师的名誉。最终，Apple Ⅰ一共生产了200部。

1977年，沃兹尼亚克成功设计出比Apple Ⅰ更先进的Apple Ⅱ。乔布斯想扩大公司规模并打算向银行贷款，但韦恩因为四年前冒险投资失败导致的心理阴影而退出了。当时的苹果电脑缺乏资金来源，乔布斯最后遇到麦克·马库拉（Mike Markkula），马库拉注资9.2万美元并和乔布斯联合签署了25万美元的银行贷款。4月，Apple Ⅱ在首届西岸电脑展览会（West Coast Computer Fair）首次面世。

Apple Ⅱ与Apple Ⅰ的区别包括重新设计的显示界面，把显示处理核心整合到存储器中，这不仅有助于显示简单的文字，还可以显示图像，甚至有彩色显示。而且有一个改良的外壳和键盘。升级版机型Apple Ⅱ大获成功，迅速占据了个人计算机市场。Apple Ⅱ在电脑界被广泛誉为缔造家庭电脑市场的产品，到20世纪80年代已售出数以百万部计。Apple Ⅱ家族产生了大量不同的型号，包括Apple Ⅱe和Ⅱgs，这两款电脑直到20世纪90年代末仍能在许多学校见到。在五年之内该公司就进入了世界公司五百强，而且比历史上任何公司创造的百万富翁更多。

然而好景不长，1981年IBM推出了IBM PC，其销量迅速超过了苹果。为了夺回市场份额，苹果在1983年推出了具有GUI（graphical user interface，图形用户界面）的Apple Lisa。据说，Lisa是以乔布斯的女儿的名字命名的，但苹果并未对此发表任何言论。Lisa是一款具有划时代意义的电脑，可以说没有Lisa就没有Macintosh，因为在Macintosh的开发早期，很多系统软件都是在Lisa上设计的。现在我们操作电脑时习以为常的双击、拖拽都是苹果的原创。Lisa具有16位CPU、鼠标、硬盘以及支持图形用户界面和多任务的操作系统，并随机捆绑了7个商用软件。但是，过于昂贵的价格（近1万美元）和缺少软件开发商的支持，使苹果再次失去了获得企业市场份额的机会，Lisa在1986年被终止生产。

在这之前，苹果电脑公司内部的另一个团队正在开发一种大众能够负担得起的、易于使用的电脑。这个项目最初由杰夫•拉斯金（Jef Raskin）构想，他以自己最喜欢的苹果——McIntosh进行了命名，这便是Macintosh的由来。McIntosh是加拿大的一种苹果，红绿相间，味酸肉嫩。1984年，苹果公司推出了革命性的Macintosh电脑。最初的Macintosh不仅仅是一台电脑，它更像一个宣言，表明现在每个人都可以拥有计算机。尽管当时很多人都不知道如何使用计算机，但这不是问题。亲切的问候语、像真的文件夹一样的文件夹、可以扔东西的垃圾篓，这些直观且易于理解的图形界面，轻点鼠标就可以完成一些当时认为不可思议的事情。

Macintosh上市初期非常成功，但后来由于电脑性能较低且缺乏应用软件，销售量出现了下滑。乔布斯就是在这时离开苹果公司的，至于后来乔布斯因缘际会之下回到苹果公司担任CEO并推出iPhone的故事，我们将在后面的章节中继续讲述。

4.6

德州仪器的“我说你拼”和DSP芯片

德州仪器1978年推出了第一款单芯片语音合成器，应用于手持式教育玩具“我说你拼”（Speak & Spell）上，如图4.16所示。“我说你拼”是第一款旨在帮助孩子使用语音合成器学习拼写200多个常见易错单词的教育玩具。当时，谁能想到，这个儿童玩具竟成就了德州仪器的DSP（digital signal processing，数字信号处理器）王国。

图4.16　德州仪器手持式教育玩具Speak & Spell

在Speak & Spell出现之前，除了开发它的四位工程师，几乎没人认为它值得推出。德州仪器的管理层觉得它毫无价值。当这四位工程师向全国的拼写教育专家描述这个产品时，他们得到的建议是放弃它。当他们试图推销它时，家长们对此不屑一顾。设计这款产品的工程师们在开发过程中却玩得很开心，以至于他们忘了向德州仪器的管理层汇报经费开支情况。幸运的是，经费还在德州仪器的预算范围内。研发资金并不容易申请，因为产品的风险太高，潜在回报太低。但德州仪器的工程师们当时还有一个为“疯狂的想法”提供资金的来源。拼写设备的风险非常高，“疯狂的想法”计划是最后的选择。他们需要做的就是说服一位德州仪器高级技术专家来支持它。幸运的是，其中一位工程师找到了保罗·布里德洛夫（Paul Breedlove）来支持其提议，团队得到了25000美元。

布里德洛夫有一个正在学习拼写的女儿，他想到教数学和教拼写有相似之处，数学是提出方程让学生解，拼写则是说出单词让学生拼写，只是工具不同，因为单词需要大声朗读。这显然需要将存储的单词转换为可听语音的技术。这种技术当时存在，但成本高昂，不适合消费市场。然而，曾在德州仪器语音研究实验室工作的布里德洛夫知道，该实验室的人或其他学者即将创造不那么昂贵的语音合成技术。另一个问题是拼写工具的语音合成功能需要大量的存储空间。

他们于1977年初开始工作。他们的设计需要三个新的芯片：一个控制器、“巨大的”ROM和一个单芯片语音合成器。Speak & Spell最终包含两个128KB的ROM芯片。

当Speak & Spell在1978年上市时，它立即受到唯一真正重要的“选民”——孩子们的欢迎。它似乎是帮助儿童学习拼写的有效手段。

Speak & Spell中的合成器芯片运行数字信号处理逻辑，尽管它本身不是DSP，德州仪器公司直到1983年才生产出第一个DSP芯片，但是在Speak & Spell中实现DSP逻辑是一个非常重要的突破，这也帮助德州仪器在DSP领域取得了领先地位，并在几十年后继续保持领先地位。

面对席卷全球的个人桌面电脑风潮，德州仪器也挣扎了一下，抢先推出了16位处理器TMS9900，但因为缺乏可兼容的外围芯片和软件而失败。德州仪器不敌英特尔，其全球半导体市场份额在过去十年里从30%跌至只剩5%左右。为了削减成本，在1980年到1982年间甚至裁减了1万名员工。最后壮士断腕，选择离开微处理器业务，放弃了在PC市场“泥足深陷”。德州仪器大刀阔斧地出手了国防、打印机、电脑、DRAM等一系列业务。微处理器业务的“滑铁卢”让德州仪器退出肥美的PC市场，却也意外地为其开启了移动芯片的大门。在20世纪90年代末到21世纪初，德州仪器集中在移动领域发力，将业务聚焦在数字信号处理和模拟芯片领域，并说服诺基亚采用了其DSP产品。在那个诺基亚红透半边天的2G时代，德州仪器也通过与其合作，迅速成长为全球最大的手机芯片供应商。广泛流行的塞班系统采用的也是德州仪器的处理器。

4.7

亚洲的追赶之路

全球半导体产业自1947年第一颗晶体管诞生至今，经历过三次较大规模的地域性转移。1950年到1990年，由美国转移到日本。1990年到2000年，由美国、日本转移到韩国、中国台湾地区。2010年至今，正在进行中的由全球转移至中国。

（1）日本

美国是半导体的发源地，但这东西怎么就漂洋过海，跑日本去了呢？这可离不开一个叫深井大的日本人的功劳。

1950年，日本东通工株式会社的深井大在杂志上看到了贝尔实验室发明的晶体管，觉得这个东西挺有意思。两年后，他去美国进行商务考察，早把有意思的晶体管这事儿给忘了。不过，一个朋友主动上门，跟他说："你知道吗，美国西方电气公司愿意把他们的晶体管专利授权给别人，你要不要试试？"

晶体管技术虽然是贝尔实验室搞的，但当时专利在贝尔实验室母公司西方电气手里。贝尔实验室为了推广晶体管，专利授权费只要2.5万美元。深井大一听，一拍脑袋：对啊，晶体管！怎么把这个给忘了！美国人当时主要是把晶体管用在助听器上，这能有多大市场，我深井大要把晶体管用在收音机上，肯定赚个盆满钵满。

于是深井大毫不犹豫掏了2.5万美元，把晶体管技术引进到了日本。1955年，他们发布了第一款用晶体管做的袖珍收音机TR-55，还给自家的收音机搞了一个品牌叫"索尼"。没错，日本东通工株式会社就是后来索尼的前身。深井大的袖珍收音机显然是大卖特卖，1958年深井大干脆把公司名字改为"索尼"。

但是，把晶体管用在收音机上这个创意显然是很容易被抄袭的，这个时期美国和日本的晶体管收音机数不胜数，价格战打得飞起。于是索尼不再恋战，开始琢磨短波和调频收音机，这就需要短波和高频晶体管。索尼技术负责人江崎玲于奈在1958年8月研发出来"隧道二极管"。这种二极管是可以高速切换的半导体，利用量子隧穿效应，其切换速度可达到微波频率的范围。隧道二极管常用于频率转换器和侦测器上，由于隧道二极管负微分电阻的特性，其也可应用于高频振荡电路、放大器以及开关电路的迟滞。这种晶体管开关特性好、速度快、工作频率高，是人类进入电子时代后的一项重大发明。1973年，江崎玲于奈和布赖恩·约瑟夫森因为发现半导体中的量子隧穿效应而获得诺贝尔物理学奖，这种晶体管也被称为"江崎二极管"。值得一提的是罗伯特·诺伊斯在为威廉·肖克利工作时也有关于隧道二极管的想法，但没有继续进行研究，他与诺贝尔奖失之交臂。

江崎二极管的发明让索尼尝到了技术驱动的甜头，同时也让索尼意识到基础研究对于公司在半导体行业发展的重要性。于是，1960年成立了索尼研究所，围绕半导体及其周边科学搞前沿研究，目标直指10到20年后的半导体趋势。1974年，索尼研究所攻克了CCD（charge coupled device，电荷耦合器件）技术，奠定了索尼此后三十年“图像之王”的技术基础。

在政府补贴的刺激下，日本晶体管得到了迅速发展，1959年，包括索尼、NEC、东芝、三洋在内的企业一年就生产了8650万只晶体管，这一规模已经超过了技术发源地美国。1960年，在美国刚发明集成电路不久，日本就利用逆向工程的方式研发了日本第一块集成电路。

NEC是日本引进美国半导体技术的另一家公司。1962年，NEC公司从仙童半导体公司以技术授权的方式学会了集成电路的批量制造工艺。在此之前，NEC一年的芯片产量只有50块，但在1962年，产量激增至1.18万块，到1965年更是达到了5万块。在日本政府主导下，NEC又将技术开放给了三菱、京都电气等公司，从此日本芯片产业正式起航。

与此同时，日本的日立与美国的无线电公司、东芝公司与美国通用电气公司等都签订了技术转让协议。1968年，索尼与德州仪器经过四年的谈判后成立了合资公司，并在协议中规定德州仪器必须在合资公司成立三年后向日本公开与集成电路工艺相关的专利。由此可以看出，从20世纪60年代开始，日本的公司纷纷以“市场换技术”的方式从美国进行技术转移。

此外，日本政府也通过法案的形式促进了“市场换技术”的实现。1957年，日本颁布了《电子工业振兴临时措施法》，限制外资进入，保护本国市场，支持日本企业积极学习美国先进技术，发展本国的半导体产业。换句话说，如果外国企业不搞合资或技术转让，就无法进入日本市场。这个模式在20世纪70年代成了日本的“举国模式”，日本为此建立了一套“官、产、学、研”一体化的产业发展制度。

而美国愿意向日本转让技术的原因也与当时的世界环境有关。20世纪50年代，美国开始逐步扶持日本并主动进行技术转移，特别是劳动密集型的半导体装配产业和部分资金密集型的芯片制造业。

反观日本，也并没有完全采取“拿来主义”的政策，而是将半导体与家电产业相结合，借助家电产业的蓬勃发展来反哺自己的半导体产业。另一方面，为了不在技术上受制于人，日本在拿到技术后不断进行改良和产业体系升级。

20世纪70年代中期，日本的本土半导体企业遭受了两个重大事件的冲击。首先是日本于1975年和1976年在美国的压力下被迫开放其国内的计算机和半导体市场。其次，IBM公司开发了一款名为未来系统（future system，F/S）

的新型高性能计算机，其中采用了一种远远超越日本技术水平的1MB动态随机存储器。

鉴于集成电路在微电子技术发展中的重要性，日本企业界和政府一致将其视为具有至关重要的战略地位。因此，必须尽早自主发展这项技术。1974年，日本政府批准了“VLSI超大规模集成电路计划”。在1976年至1979年期间，日本政府引导并启动了一项具有里程碑意义的项目，即超大规模集成电路的共同组合技术创新行动项目。该项目由日本通产省主导，以日立、三菱、富士通、东芝和NEC五大公司为核心，联合了日本通产省的电气技术实验室、日本工业技术研究院电子综合研究所和计算机综合研究所。该项目总投资达到720亿日元，旨在突破半导体产业的核心共性技术，重点研究DRAM存储器。为什么选择DRAM呢？这是因为在20世纪70年代，DRAM是半导体中市场最大的产品，即使是英特尔在那个时期也是从DRAM中获得了最大头的收入。

日本的VLSI技术研究所几乎覆盖了设计和生产DRAM的全产业链。第一研究室设在日立，负责研究电子束扫描装置和微缩投影紫外线曝光装置；第二研究室设在富士通，负责研制可变尺寸矩形电子束装置；第三研究室设在东芝，负责研究电子束扫描装置与制版复印装置；第四研究所设在电气综合研究所，负责对硅材料进行技术开发；第五研究室设在三菱电机，负责开发集成电路工艺技术与最关键的投影曝光装置；第六研究室设在NEC，负责进行集成电路产品的封装设计、测试、评估。由此可见，日本在研究DRAM的时候，对上游的设备、材料以及生产工艺这些关键技术是志在必得的。

VLSI项目是日本“官、产、学、研”一体化的重要实践，将平时互相竞争的五家计算机公司以及通产省所属的电子技术综合研究所的研究人才集中起来进行研究工作，这不仅集中了人才优势，而且促进了平时在技术上互不通气的计算机公司之间的相互交流和相互启发，推动了全国半导体和集成电路技术水平的提高，为日本半导体企业的进一步发展提供了平台。这使得日本在微电子领域的技术水平能够与美国并驾齐驱。在项目实施的四年内，共取得了约1000多项专利，大幅度提升了企业的VLSI制作技术水平，使得日本公司抢占了大量VLSI芯片市场。

同时，政府在政策方面也给予了大力支持，并用关税壁垒和贸易保护政策为半导体产业保驾护航。日本在1971年、1978年分别颁布了《特定电子工业及特定机械工业振兴临时措施法》和《特定机械情报产业振兴临时措施法》，进一步巩固了以半导体为核心的日本信息产业的发展。从1970年开始，日本半导体产业迎来了飞速发展的“黄金15年”。在这期间，该产业的产值增加了5倍，出口量更是增加了惊人的11倍。

日本举国搞DRAM成绩斐然。到1980年的时候，日本最差的DRAM公司做出来的产品不合格率仅是美国最好的公司做出来的六分之一。日本国产化率超过70%，占全球DRAM市场的80%。到1982年，日本成为全球最大的DRAM生产国。1985年，NEC成为全球半导体销售冠军，并在此后的七年连续卫冕。

（2）韩国

1959年，LG公司的前身“金星社”研制并生产出了韩国的第一台真空管收音机，这被认为是韩国半导体产业的起点。然而，当时的韩国并不具备自主生产能力，只能对进口元器件进行组装。

韩国的半导体产业起步较晚。1969年，当日本的NEC、三菱已经在批量生产集成电路时，韩国的三星还只是一家经营化肥、纺织、制糖的传统公司。

从20世纪60年代中期开始，美国公司如仙童半导体和摩托罗拉等开始更多地投资于东南亚等拥有低成本劳动力的国家，以降低生产成本。韩国从这一趋势中获益，但这仅限于经济层面。对于这些美国投资者的子公司来说，韩国只是一个“飞地”，对韩国的技术进步没有任何帮助，“他们只是专门从事简单的晶体管和集成电路的组装，用于出口，而所需的材料和生产设备都是进口的”。到了20世纪70年代，日本半导体公司如三洋和东芝也开始在韩国投资。然而，直到20世纪80年代初，韩国半导体工业的发展仍然非常有限，韩国只是一个简单的、劳动力密集的组装基地。

随着20世纪70年代外部环境的变化以及韩国工资水平的提高，韩国轻工业产品的出口比例大幅下降，外债也上升到危险的水平，对韩国经济造成了威胁。为了解决这个问题，韩国政府在1973年宣布了“重工业促进计划”，旨在通过发展重工业和化学工业来建立一个自给自足的经济。1975年，韩国政府公布了扶持半导体产业的六年计划，强调实现电子配件及半导体生产的本土化。此外，韩国政府还组织了“官民一体”的DRAM共同开发项目，通过政府的投资来发展DRAM产业。

在半导体产业化的过程中，韩国政府推动了“政府+大财团”的经济发展模式，并促进了“资金+技术+人才”的高效融合。在此过程中，韩国政府还将大型的航空、钢铁等巨头企业私有化，分配给大财团，并向大财团提供被称为“特惠”的措施。

20世纪80年代，韩国的工业发展得益于“重工业促进计划”。由于大量资源集中在少数财团手中，他们得以迅速进入资本密集型的DRAM生产领域，并最终克服了生产初期巨大的财务损失。

1983年是韩国半导体产业的历史转折点。韩国财团的进入让半导体行业进入超大规模集成电路生产时代，这些企业包括三星、金星社以及现代公司（后改名为海力士半导体，并被SK集团收购）等。这实现了韩国工业的质变——从简单的装配生产到精密的晶圆加工生产。20世纪80年代，三星和现代的财团都在寻找未来的商业领域，最终他们的目标是从工业基地转型为更具高科技导向的产业。当三星决定通过其电子业务进入大规模集成电路芯片生产时，现代决定将芯片生产作为其实现电子产业多样化的一个途径。而随后金星社的加入，让韩国最大的三家财团均参与VLSI生产。

前三星集团首席执行官李秉哲在1983年2月决定对内存芯片生产进行大规模投资。这被认为是一个非常大胆的决定。因为当时韩国仍是一个简单的装配生产基地，1983年，整个半导体生产中晶圆加工的份额也仅为4.3%。三星为此制定了一个详细的计划，根据这个计划，三星全部半导体产品中大约50%应该是DRAM。通过对精心挑选的DRAM领域重点关注，实现规模经济和低成本的竞争力。

1983年，三星在京畿道器兴地区建成首个芯片厂，并开始了接下来的一系列动作。三星首先向当时遇到资金问题的美光公司购买64KB DRAM技术，加工工艺则从日本夏普公司获得，此外，三星还取得了夏普“互补金属氧化物半导体工艺”的许可协议。在此过程中，三星等韩国公司已逐渐熟悉渐进式工艺创新，加上这些公司逆向工程方面的长期经验，韩国的半导体产业进入了发展的快车道。在选择DRAM作为主要产品后不久，三星于1983年11月成功研发了64KB DRAM。从技术上讲，韩国半导体行业实现了从相对简单的LSI技术到尖端的VLSI技术的重大飞跃。由此，1983年标志着韩国VLSI芯片时代的开始。

随后，三星于1984年成立了一家现代化的芯片工厂，用于批量生产64KB DRAM。1984年秋季首次将其出口到美国。1985年成功开发了1MB DRAM，并取得了英特尔“微处理器技术”的许可协议。

此后三星在DRAM上不断投入，韩国政府也全力配合。由韩国电子通信研究所牵头，联合三星、LG、现代与韩国六所大学，“官产学”一起对4MB DRAM进行技术攻关。该项目持续三年，研发费用达1.1亿美元，韩国政府承担了57%。随后韩国政府还推动了16MB/64MB DRAM的合作开发项目。

1983年至1987年间实施的“半导体工业振兴计划”中，韩国政府共投入了3.46亿美元的贷款，并激发了20亿美元的私人投资，这大力促进了韩国半导体产业的发展。

1987年，世界半导体市场还出现另一个机会，这源自美国和日本之间的半导体贸易冲突。日本首先宣布对外国半导体生产商实施半导体贸易协定，美国政府则于1987年3月宣布了对含日本芯片的日本产品征收反倾销税等报复措施。最终日本承诺通过减少DRAM产量来提高芯片价格。但当时美国计算机行业需求增长导致全球市场上256KB DRAM的严重短缺，这为韩国256KB DRAM生产商提供了重要的机遇。

此后韩国一直在赶超。1988年，三星完成4M DRAM芯片设计时，研发速度比日本晚6个月。随后韩国开始疯狂扩张，三星又趁着日本经济泡沫破裂，东芝、NEC等巨头大幅降低半导体投资的时机，加大投资，并引进日本技术人员。1990年开始，三星建立了26个研发中心，LG建立了18个，现代建立了14个，在芯片领域的研发投入从1980年的850万美元飙升到1994年的9亿美元。三星在1992年开发出世界第一个64MB DRAM，一举超过日本NEC，成为世界上最大的DRAM制造商。

三星以其“逆周期投资”策略而闻名，有人称之为“赌徒”。然而，专业人士认为三星这样做有它的本钱。半导体产业每年需要大量的资本支出，用于设备和技术的开发。由于三星是一家综合性公司，即使某一领域市场低迷，它也可以通过其他业务部门注入资金。这使得三星逐渐成为半导体产业的巨头。

例如，当三星在1984年推出64KB DRAM时，全球半导体行业正处于低潮期，内存价格从每片4美元暴跌至每片30美分，而三星当时的生产成本是每片1.3美元，这意味着每卖出一片内存就会亏损1美元。在这个低迷的市场环境下，英特尔退出了DRAM行业，NEC等日本企业大幅削减了资本开支。然而，三星却逆周期投资，继续扩大产能，并开发更大容量的DRAM。到1986年底，三星半导体累计亏损达到了3亿美元。随后，转机随即到来。1987年，日美半导体协议的签署使得DRAM内存价格回升，三星电子也为全球半导体市场的需求补缺，三星电子开始盈利，成功地从逆势中挺了过来。

（3）中国台湾

中国台湾半导体的崛起，源于一碗豆浆。1974年2月7日上午，几位务实的经济官员在台北街头的一家豆浆店内共进早餐，边吃边探讨台湾地区未来30年的发展方向。当时台湾经济刚刚腾飞，却遭遇了全球石油危机，脆弱的经济受到严重冲击，只能依靠大规模基础建设（如铁路和公路）来维持经济发展。当时，豆浆店内职位最高的是经济部门的负责人孙运璿，如图4.17所示。就在喝这顿豆浆的前一年，他刚刚主导创办了工业技术研究院，该研究院后来成为台湾地区半导体的摇篮。另一位关键人物是潘文渊，他在上海交通大学毕业后前往美国攻读博士学位，并留在美国工作，后入选美国科学院院士，当时担任美国无线电公司（Radio Corporation of America，RCA）研究室主任。

图4.17　前台湾地区经济部门负责人孙运璿

潘文渊建议孙运璿，未来科技的大方向只有一个，那就是电子领域。谁能够抓住这个领域，谁就能够掌握未来，而电子领域最核心的部件是集成电路。现在看来，这是一个无比正确的选择，但在当时并不容易作出决定。毕竟半导体行业需要巨大的投资，耗费大量时间，而且无法保证未来的发展前景。因此，当时有很多人反对发展半导体芯片。然而，孙运璿顶住了压力，坚定了发展方向。随后，台湾出台了集成电路计划，将宝岛的未来赌在了这个领域。

虽然故事的开端颇具传奇色彩，但想要进入半导体行业并不是那么容易的。回顾20世纪半导体制造的发展历程，我们会发现除了美国，全世界只有东亚的几个国家和地区成功发展了起来。为什么会这样呢？半导体行业是典型的资本密集型行业，与纺织、电子代工等轻工业项目相比，它前期需要投入的资金巨大，回报慢且风险大，投资甚至有可能打水漂。东亚能够在20世纪后半段成为半导体行业的主战场，离不开政府强有力的支持，日本、韩国的发展皆是如此。当时台湾地区开始实现经济的初步起飞。从1951年到1985年，台湾地区的GDP年复合增长率达到12%，外汇储备也仅次于日本。这为台湾地区打下了坚实的经济基础。

在“豆浆会”之后，潘文渊与美国无线电公司商谈关键技术授权问题，台湾地区转年花费350万美元引进了美国无线电公司的半导体技术，并进行了一系列涉及芯片设计、制造和封测的人才交流培训计划。其中一位前往美国进行培训的技术人员蔡明介后来成了联发科（MediaTek）的董事长。这一批培训的硕士和博士平均年龄为28岁。他们学成回到台湾后，立即在新竹半导体产业园区的示范工厂进行生产，很快就超过了他们的老师——美国无线电公司。

1977年，台湾地区建立了第一座半导体芯片工厂。20世纪80年代，又投入5亿新台币建立了联华电子，并在1984年投资7000万美元进行大型集成电路的研发。当然，单纯依靠资金投入是不够的，台湾地区半导体的崛起离不开一批顶级海归华裔工程师。可以毫不夸张地说，半导体产业的发展离不开华人的贡献。

台湾地区半导体行业的起步离不开曾任RCA研究室主任的潘文渊与美国的联系，而能够腾飞则离不开曾为德州仪器三号人物的张忠谋，他当时是美国德州仪器公司的资深副总裁。张忠谋毕业于麻省理工学院，27岁即加入德州仪器，有着非常深厚的半导体技术积累。1985年，张忠谋赴台担任工研院院长，并兼任联华电子董事长。1987年，已经55岁的张忠谋创立了台湾积体电路制造公司，简称“台积电”（TSMC）。张忠谋被誉为“芯片大王”、台湾“半导体教父”，如图4.18所示。当时，台积电几乎是从零开始与大公司竞争，因此张忠谋思考台积电的优势是什么。他觉得台积电的芯片制造良率高，而劳动力成本又低，因此选择了代工的模式发展公司。

图4.18 “芯片大王”、台湾“半导体教父”张忠谋

当时全球很多芯片公司都是IDM（integrated design and manufacture）模式，即从芯片的设计、制造到封装一条龙都是自己做，是自给自足的半导体垂直整合型公司。这种模式投资巨大，门槛极高，英特尔、三星等公司采用的是这种模式。台积电没有采取这种模式，而是颠覆规则，专注于制造这个环节，把自己定位为全球各大芯片公司的晶圆代工厂，这种模式叫作foundry（代工）。

目前在半导体行业，无晶圆厂模式（fabless）基本上成了一种趋势。无晶圆厂模式简单来说就是只负责芯片的设计部分，而后续的生产工作则委托给其他公司进行，例如苹果、高通等公司都采用这种模式。采用无晶圆厂模式可以省去研发先进工艺的成本，同时还可以避免因工艺研发失败而造成的损失，而无晶圆厂设计公司必然需要代工厂帮助它们生产芯片。依靠“代工”这种创新模式，台积电能够比其他芯片公司更加专注于先进工艺的研发，只需要一个机会就可以疯狂成长。

有了资金支持和人才回归，台湾地区的半导体行业已经万事俱备，然而，没想到美国还借给他们一股东风——美日半导体争端，而韩国和中国台湾的半导体企业正具备填补市场空白的能力。

“天赐良缘”，此时美国公司主攻CPU等逻辑芯片，与之前的存储芯片不同，CPU更适合将芯片的制造和封装环节外包给台积电这样的代工厂。大家发现，独立生产逻辑芯片可以提高效率并降低成本。首先，以IBM为首的美国大公司将制造专利授权给了台积电，从而弥补了台湾地区在核心技术方面的短板。接着，1988年，英特尔向台积电提供了代工大订单，并派人到台积电指导200多个工艺步骤，这表明英特尔承认并认可了代工这一全新模式。

得益于这样的历史机遇，台湾地区的半导体产业迅速发展，并成为全球半导体产业链不可或缺的重要部分。

芯 片 那 些 事 儿：
半导体如何改变世界

第五章

“大唐盛世”

特大规模和巨大规模集成电路时代

1993年，随着集成了1000万个晶体管的16M FLASH和256M DRAM的研制成功，我们进入了特大规模集成电路ULSI（ultra large scale integration）时代。特大规模集成电路的集成组件数在10^7 ~ 10^9个之间。1994年，集成数十亿个元件的1G DRAM的研制成功，标志着人类进入了巨大规模集成电路GSI（giga scale integration）时代，巨大规模集成电路的集成组件数在十亿（10^9）以上。晶体管数量达到了鼎盛的“唐朝”时期。

5.1
Wintel帝国

在个人电脑产业初期，IBM作为老大，表现出了惊人的控制欲望，这个蓝色巨人深谙其道，它通过制订产业标准来控制整个PC产业。在发布第一代PC之后的第二年，IBM明确了PC的设计标准，将自己制造的PC称为原装机，将其他厂商制造的电脑则称为兼容机。在这个蓝色巨人眼里，微处理器只不过是几个小微企业之间的游戏而已，它可以俯视英特尔设计的所有微处理器，在微处理器上搭建的操作系统自然也不足为虑。当时，英特尔开发的x86微处理器中，使用的操作系统是加里·基尔达尔（Gary Kildal）开发的CP/M。IBM想收购这个操作系统用于PC，但双方没能达成一致，因此IBM选中了由比尔·盖茨（Bill Gates）创办的微软（Microsoft）公司，尽管微软当时还是一个弱小的公司。

比尔·盖茨（如图5.1所示），1955年10月28日出生于美国华盛顿州的西雅图市。从1995年到2007年，他连续13年成为全球福布斯富豪榜的首富。

图5.1　微软（Microsoft）公司创始人比尔·盖茨（Bill Gates）

1968年，年仅13岁的盖茨和他的同学保罗•艾伦（Paul Allen）在湖畔中学利用一本指导手册开始学习Basic编程。他们学校有一台PDP-10计算机，年度预算资金为3000美元，但盖茨和艾伦在短短几周内就用完了这笔预算。后来，这两个小男孩与“计算机中心公司”签订了一份协议，帮助他们找出PDP-10的软件漏洞，并以此为条件换取免费的计算机使用时间。1971年，盖茨为他的学校编写了一款课表安排软件。1972年，盖茨出售了他的第一个电脑编程作品——一个时间表格系统，买家是他的高中，价格为4200美元。

1973年，盖茨考入哈佛大学，他在美国大学入学考试（SAT）中得了1590分，满分是1600分。在哈佛的时候，盖茨为第一台微型计算机MITS Altair开发了Basic编程语言的一个版本。1975年1月，美国《大众电子》（*Popular Electronics*）杂志上，刊出了一篇MITS公司介绍其Altair 8800计算机的文章。艾伦向他展示了这款机器的图片，几天后，盖茨就径直给MITS的总裁埃德•罗伯茨（Ed Roberts）打电话，告诉他自己和艾伦已经为这款机器开发出了Basic程序，尽管当时他们一行代码也没写。1975年2月1日，经过夜以继日的辛勤工作后，盖茨和艾伦编写出了可以在Altair 8800上运行的程序，并以3000美元的价格卖给了MITS。

1976年11月26日，盖茨和艾伦注册了“微软”商标。他们曾考虑将公司名定为“艾伦和盖茨公司”（Allen & Gates Inc.），但最后决定改为“Micro-Soft”（“微型软件”的英文缩写），并把中间的连字符去掉。当时艾伦23岁，盖茨21岁。

1977年1月，为了创业，盖茨从哈佛大学辍学，前往美国新墨西哥州的阿尔伯克基市（Albuquerque）。后来，50岁的哈佛肄业生盖茨获得了哈佛大学的荣誉博士学位。在阿尔伯克基市，盖茨找到了一份为MITS公司罗伯茨编写程序的工作，工资是每小时10美元。他把微软的总部也设在了阿尔伯克基。在那段时间，秘书发现他经常在公司地板上睡觉。盖茨对员工要求严格，经常与他们进行激烈的争论。他当时经常说：“这是我有生以来听说过的最愚蠢的想法。”1979年1月，盖茨把微软总部迁到了华盛顿州的贝莱佛（Bellevue）市。

1980年8月28日，盖茨与IBM签订合同，同意为IBM的PC机开发操作系统。但当时微软的主营业务是Basic语言解释器，并没有操作系统相关经验，但这难不倒精明的盖茨。盖茨以不到8万美元的价格从一个小公司那里购买了一款名为QDOS的操作系统，对其进行了一些改进后，将其更名为MS-DOS，并将其授权给IBM使用。IBM在这个操作系统的基础上又开发出了具有字符界面的PC-DOS。盖茨请求IBM保留MS-DOS操作系统，与IBM PC独立销售。IBM爽快地同意了这个请求。MS-DOS上市销售的第一年，盖茨就向50家硬件制造商授权使用MS-DOS操作系统。紧接着在1983年11月10日，视窗操作系统（Windows）首次亮相，它是MS-DOS的升级版本，提供了图形用户界面。进入20世纪90年代，Windows迅速崛起并风靡全球，进一步推动了PC和微处理器的发展。

IBM显然误判了PC行业的发展趋势，以为掌控住PC的设计标准就能把握行业命脉，岂料它制定的标准过于庞大，有人在它搭建的大房子里又盖了两间小房子：微处理器和操作系统，这两个才是PC时代最后的标准。IBM看重的主机与应用程序不过是微处理器和操作系统的周边生态而已，而这两个小房子的主人就是英特尔和微软。

当然，IBM也做了一些事情，例如IBM强迫英特尔将微处理器授权给AMD，以防英特尔一家独大。IBM还让微软与它联合开发OS2操作系统，想在条件成熟时换掉DOS。IBM对英特尔和微软的掣肘让两者走到一起，促使双方形成了事实上的联盟。

1978年，23岁的盖茨与42岁的格鲁夫第一次见面，此时微软才成立三年，还没有开发出操作系统。Intel已经在半导体存储行业确立了地位，并推出了多款微处理器。尽管公司间很不对等，但两个人相同的骄傲使得他们经常发生争吵。这时，PC产业才刚刚起步，他们也没有立即开展全面合作。

也许是IBM在大型机上的成功蒙蔽了这个蓝色巨人的眼睛，大型机的使用者都是企业，他们更关注系统的稳定性，并不追求系统的性能。而PC的设计理念与此大相径庭，PC用户希望系统有更高的性能。就在英特尔不停推出新款CPU（80286、80386）时，IBM的PC还在使用老款CPU。康柏公司很快推出了基于新款CPU的PC兼容机，在销售份额上很快超越了IBM。最后IBM逐渐沦为PC的普通厂商直至黯然退出。

摆脱IBM束缚后，英特尔和微软一往无前。1989年，英特尔推出了80486微处理器，1990年微软发布了Windows 3.0操作系统。Intel的80486微处理器可以和微软的Windows 3.0完美地结合在一起，从而产业界因此给它们起了个专门的词“Wintel”。Wintel既是微软与英特尔联盟的简称，又泛指使用x86微处理器并运行Windows的生态系统。在这个联盟中，英特尔负责底层硬件平台的搭建，微软负责软件平台的搭建，这一硬一软的完美组合使其他对手望而却步，让英特尔和微软变成了新的巨人。

1993年，英特尔公司推出了具有划时代意义的奔腾（Pentium）处理器，并不断改进奔腾处理器的制造工艺。随着芯片制造技术的迅速发展，英特尔将产品升级周期缩短至两年左右。工艺上的领先使得英特尔的处理器在技术设计上具有更大的灵活性，其他厂商采用相同制程节点的产品通常要比英特尔慢半拍才能投放市场。英特尔凭借工艺和核心设计的优势，展现出称霸市场的气势。英特尔占据了全球PC芯片超过90%的市场份额，成为全球PC领域最有话语权的硬件供应商。从这时候开始，制程节点命名方式不再与晶体管的实际栅极长度相对应。

1994年，奔腾处理器采用了0.6微米工艺制造，电压从5伏降到了3.3伏，降低了功耗。在这期间，英特尔与IBM在工艺研发上进行了多次合作，工艺进展神速。以至于多年后，英特尔公布IDM 2.0战略后还想重温美梦，宣布与IBM之间的研究合作计划，双方想重新携手，专注创建下一代逻辑芯片封装技术。

英特尔从奔腾133开始进一步更新为0.35微米工艺，这属于纯粹的CMOS制程。芯片尺寸的缩小提高了集成度，同时降低了功耗，性能也得到了进一步提升。0.35微米是一个具有重要意义的制程节点，英特尔的奔腾MMX、奔腾Pro处理器都采用了这种制程。

1997年，英特尔推出奔腾Ⅱ处理器，采用0.25微米工艺制造，拥有900万个晶体管，频率从450兆赫起步。1999年，英特尔正式发布奔腾Ⅲ处理器。最初的奔腾Ⅲ处理器沿用0.25微米工艺，第二代奔腾Ⅲ改用0.18微米工艺。奔腾Ⅲ处理器拥有950万个晶体管，频率从500兆赫起步，并最终创历史性地首次突破了1吉赫的大关。

奔腾4（Pentium 4）是英特尔公司于2000年11月发布的第7代x86微处理器。最早的奔腾4处理器仍采用0.18微米工艺，该工艺采用铝互连技术，拥有4200万个晶体管。随着工艺的改进，处理器在设计上取得了显著进步。2001年，英特尔推出0.13微米工艺，制造了首次应用铜互连技术的奔腾Ⅲ处理器以及奔腾4处理器，后者拥有5500万个晶体管。此外，HT超线程技术也首次出现在该时期的奔腾4处理器中，处理器的频率达到了3.2吉赫。在这个制程节点上，桌面处理器全面进入64位时代。

2004年，英特尔在桌面平台上首次使用90纳米工艺制备了奔腾4处理器。2006年，英特尔在奔腾Extreme Edition 955处理器上首次应用了65纳米工艺，处理器内部包含了376000000个晶体管，这个制程的最大亮点是Core（酷睿）微结构，Core微结构的出现引领着英特尔进入了一个新时代，此时双核处理器逐渐成为主流，同时四核处理器也出现了。

2008年，采用新制程工艺的Core 2系列处理器让英特尔的竞争优势逐渐扩大，其双核心版本拥有4.1亿个晶体管，四核心版本拥有8.2亿个晶体管。英特尔在90纳米制程节点上曾吃了苦头，遇到漏电问题，深知这会影响芯片的设计、大小、耗电量，增加开发成本。为了降低漏电情况，提升制程工艺的效能，英特尔引入了名为High-k的新材料来制作晶体管栅极电介质，High-k材料指的是介电常数比二氧化硅介电常数（3.9左右）高的绝缘体材料。另外，晶体管栅极的电极也搭配使用了全新的金属材料组合。同时英特尔提出了著名的“Tick-Tock”模式，每两年更新一次微架构（Tock），中间交替升级生产工艺（Tick）。在随后的数年时间里，英特尔按照自己的计划稳步前进。

2010年，采用双栅极晶体管的32纳米制造工艺出现。接着在2011年，采用3D三栅极晶体管（3D Tri-Gate）的22纳米制造工艺出现。三栅极晶体管也被称为鳍式场效应晶体管（fin field-effect transistor，FinFET），它是一种新型互补式金属氧化物半导体晶体管。该项技术的发明人是加利福尼亚大学伯克利分校的华裔科学家胡正明教授，如图5.2所示。1999年，胡正明教授开发出了FinFET，他被誉为3D晶体管之父。当晶体管的尺寸小于25纳米时，传统的平面晶体管尺寸已经无法缩小，FinFET的出现将晶体管立体化，晶体管密度才能进一步加大，让摩尔定律在今天延续传奇。这项发明被公认是50多年来半导体技术的重大创新。FinFET是现代纳米电子半导体器件制造的基础，现在7纳米芯片使用的就是FinFET设计。2016年5月19日，当时的美国总统奥巴马在白宫为2015年度美国最高科技奖项获得者颁奖，其中包括FinFET的发明者胡正明教授。FinFET是源自传统的晶体管——场效应晶体管（FET）的一项创新设计。在传统晶体管结构中，栅极位于沟道的正上方，只能在栅极的一侧控制沟道的导通与截止，源极、漏极、栅极都在一个平面，属于平面架构。而在FinFET的架构中，栅极则是三面包围着沟道，能通过三面的栅极出色地控制沟道的导通与截止，栅极被设计成类似鱼鳍的叉状3D架构，源极、漏极、栅极不在一个平面。这种设计可以大幅改善电路控制并减少漏电流，也可以大幅缩短晶体管的栅长。

在这个时期，英特尔可以说是在制程工艺发展上的引领者，将其他同行远远甩在了身后，意气风发的英特尔表示自己在工艺制程上领先同行3.5年。2015年，英特尔实现了14纳米工艺节点，之后又经过数年的发展，频率突破了5吉赫。

图5.2　华裔科学家胡正明与他的鳍式场效应晶体管

我们再来看看Wintel帝国里微软的大发展。

1995年8月24日，Windows 95正式发布（如图5.3所示），引起了轰动，在头五周内销售了700万份，打破了历史纪录。值得一提的是，这个操作系统只支持x86微处理器。Windows 95新增了开始菜单、传真/调制解调器、电子邮件、多媒体游戏和教育软件，且具有内置的Internet支持、拨号网络和即插即用功能，可以安装硬件和软件。32位操作系统还提供了增强的多媒体功能、移动计算功能和集成网络。

图5.3　微软的Windows 95操作系统

1998年6月25日，Windows 98正式发布，是Windows系列首个专为消费者设计的版本。2000年2月17日，Windows 2000正式发布。2001年10月25日，Windows XP正式发布，是微软销量最高的产品之一。2003年3月28日，基于Windows XP/NT5.1开发的服务器系统Windows Server 2003正式发布。2006年，Windows Vista正式发布。2009年，Windows 7正式发布。2015年微软发布Windows 10，它是微软公司研发的跨平台操作系统，可应用于计算机和平板电脑等设备，Windows 10在易用性和安全性方面有了极大的提升，除了针对云服务、智能移动设备、自然人机交互等新技术进行融合外，还对固态硬盘、生物识别、高分辨率屏幕等硬件进行了优化完善与支持。2021年微软发布Windows 11，Windows 11提供了许多创新功能，增加了新版开始菜单和输入逻辑等，支持与时代相符的混合工作环境，侧重于在灵活多变的体验中提高用户的工作效率。

然而，再辉煌、再强大的帝国也有衰落的一天，Wintel帝国也不例外。Wintel帝国的衰败既有内部因素，也有外部因素。

内部因素例如，微软曾推出一款操作系统Windows NT，它可以运行在与英特尔竞争的其他微处理器上，给英特尔带来了不小的挑战。微软的一个高管甚至还提出收购AMD以对抗英特尔。英特尔的格鲁夫在卸任CEO时，还说自己犯的最大错误是使英特尔过于依赖微软。

英特尔的外部因素先是来自AMD的竞争，后面又来了个更厉害的角色。到2019年的时候，英特尔遇到了强劲的对手——台积电。当台积电推出7纳米制造工艺时，英特尔还在10纳米工艺挣扎。以至于英特尔决定找台积电代工，放弃自己的先进制造工艺研究，让人唏嘘不已。

2021年3月，英特尔CEO帕特·基辛格（Pat Gelsinger）公布了英特尔的IDM2.0战略。自新任CEO上任以来，英特尔一直致力于IDM2.0战略，试图将公司在晶圆代工市场的地位提升到全球第一或第二的位置，打破台积电的垄断地位。IDM2.0战略通俗地讲包含三点内容：自己的工艺要改进，别人的工艺也要用，自己的工艺也让别人用。为了实现这一目标，英特尔计划投资200亿美元在美国俄亥俄州建设两座晶圆厂，并在未来通过投资1000亿美元在该地区建设八座晶圆厂，将其打造成全球最大的芯片制造基地。此外，英特尔还计划收购高塔半导体（Tower Semiconductor），以迅速进入高速增长的半导体代工市场。英特尔原本计划在12个月内完成对高塔半导体的收购，并表示有信心能够获得监管机构的批准。但2023年8月英特尔宣布终止收购，向高塔支付了3.53亿美元的“分手费”，因为中国未同意这起收购案。根据中国的反垄断法规定，如果两家公司在中国的年收入合计超过1.17亿美元，需要获得中国政府的批准。由于高塔半导体在中国的业务较多，而英特尔在中国的业务占据其营收的20%以上，双方合并不符合中国利益，因此中国选择不同意这起收购。

尽管英特尔未能成功收购高塔半导体，但英特尔表示将会继续推动IDM2.0计划，进军晶圆代工市场，并继续挑战台积电的霸主地位。尽管在短时间内无法实现成为全球第二大晶圆厂的目标，但英特尔仍然保持着对这一计划的决心和信心。

英特尔计划推出Intel 20A作为Intel的下一代产品。因为芯片世界将进入“埃时代”，1埃米 = 0.1纳米。值得一提的是Intel 20A对应的旧式工艺命名仅相当于5纳米制程。Intel 20A的目标是通过引入一些新技术：新设计的Ribbon FET晶体管结构和Power Via、背面供电网络，使芯片性能比Intel 3提高15%。英特尔还计划在2024年采用18A技术。英特尔打算在德国投资300亿欧元新建一个大型芯片制造基地，根据规划，英特尔德国工厂将会采用2纳米及以下的工艺，预计2027年开始运转。另外，英特尔斥资250亿美元在以色列新建芯片工厂，预计采用18A及以下工艺，同样预计在2027年投产。

英特尔挑战台积电的行动对半导体产业产生了重大影响。虽然台积电在全球晶圆代工市场占据主导地位，是大多数芯片制造商的首要选择。然而，英特尔作为一家全球知名的芯片制造商，拥有强大的技术实力和资源优势，其一直在努力提升自己在晶圆代工领域的地位。但最后的结果如何，还有待时间的检验。

如果说英特尔在技术上败给了台积电，那么在综合实力上则输给了三星。在研究机构Gartner发布的2022年全球前十大半导体厂商排名中，三星收入655.85亿美元，保持了榜首的位置，英特尔以 583.73亿美元的收入位居第二，但是销售额同比大幅下滑了19.5%，原因是其核心x86处理器业务的激烈竞争以及消费类PC市场需求下降。英特尔为了集中精力搞钟摆计划，在2006年就卖掉了手机处理器产品，没有跟上时代的发展。

在这个跨界横行的年代，打败你的往往不是你熟悉的对手，而是跨界的陌生人。跨界是一种革新的思考方式，它让我们跳出传统的思维模式，超越行业的限制，将视线投向整个供应链的上下游甚至完全不同的其他行业，然后利用自身的优势发现最大的盈利点。这个转变过程是从先前思考“我还能在这个行业做什么”转变为思考“我的优势还能用来做什么”。

微软的外部因素主要就是时代的变迁，因为在PC桌面系统目前还没有与之匹敌的对手，但在移动时代，却是不一样的情况了。PC市场不断下跌，微软的PC操作系统业务自然也跟着下跌。据Gartner披露的数据显示，2023年第二季度全球个人电脑出货量总计5970万台，较2022年同期下降16.6%。这已经是PC全球市场连续七个季度同比下降。

不过，好在微软跨界了，它抓住了人工智能（artificial intelligence，AI）这个当前热门的领域，取得了不错的业绩。基于AI的超前布局，微软在2019年就开始投资OpenAI，据统计，微软从2019年至2023年，已经向OpenAI投入约130亿美元。随着OpenAI的ChatGPT走红，从2023年年初以来，微软股价已经上涨44.39%，一度达到360美元的历史高点。在微软2023年第二季度的财报中，最亮眼的明星项目就是AI，作为OpenAI的大股东，微软一扫PC市场连续多年下滑的颓势，重新回到世界科技企业的舞台中央。

5.2

美国对DRAM反倾销调查与“广场协议”

日本半导体产业的辉煌历程，有一个最直观的见证者，那就是动态随机存取存储器（DRAM）。

1976年3月，日本政府启动了“DRAM制法革新”项目，成立了国家级的“VLSI技术研究所”，800多名员工参与了这个项目的研究。他们研制出了DRAM生产所需的光刻机等芯片生产设备、光刻胶等半导体工艺所需材料，这也奠定了如今日本在芯片设备和材料领域的领先地位。由于日本汽车产业和全球大型计算机市场的迅速发展，DRAM需求量急剧增加。日本企业利用其大规模生产技术，获得了成本和可靠性的优势，并通过低价促销的竞争策略，迅速渗透美国市场。

在日本政府的大力扶持下，再加上廉价劳动力等优势，日本DRAM实现了后来居上，在全球范围内迅速取代美国成为DRAM的主要供应国。在1980

年的时候，日本公司的半导体内存在全球市场上的份额还不到30%，而美国公司则占据了60%以上的销售量。然而到了1986年，日本却超过了美国，成为世界上最大的半导体生产国。日本厂商在256KB DRAM的市场份额达到了80%，全球前十大DRAM厂商中，日本厂商占据了六个席位。仅NEC公司九州工厂的256KB DRAM的产量每月就高达300万块。后来更夸张的是，仅仅是NEC公司、东芝公司和日立公司这三家DRAM厂商，市场份额就超过了90%。NEC公司成了DRAM的新霸主，这主要是因为其近乎苛刻的产品质量管控体系。

此外，日本的尼康和佳能公司的光刻机设备也击败了曾经的美国光刻机霸主GCA公司，成为新的光刻机霸主，直到2000年以后才被荷兰ASML公司取代。

在这场巨大的冲击下，美国许多半导体公司纷纷倒闭，美国半导体产业遭受了沉重打击。1981年，AMD的净利润下降了三分之二，美国国家半导体公司的净利润也从1980年的5200万美元暴跌至1100万美元。然而与英特尔相比，这些公司的处境还算好的。英特尔可以说是遭受了毁灭性的打击。从1980年到1989年，美国在全球半导体市场的份额从57%暴跌至35%，而日本的份额则从27%飙升至52%。在半导体设备上，日本也给美国带来了沉重的打击。1980年，全球前五大半导体制造商均为美国公司，但到了1991年，前五大制造商中有四家已经变成了日本公司。

日本的半导体产业一路高歌猛进，这让损失了市场份额的美国企业感到不满。为了应对危机，英特尔的创始人罗伯特·诺伊斯联合其他半导体企业成立了SIA（semiconductor industry association，半导体产业协会）。SIA开始游说美国政府打压日本半导体。然而，经过七年的游说，除了降低税收之外，他们只得到了一句话：美国的市场是自由的。于是，他们炮制出了一个莫须有的“国家安全说”，声称如果美国继续放任日本称霸半导体行业，将会威胁到国家安全。1983年2月，美国半导体产业协会出具报告，指责日本半导体产业的成功是由于日本政府的保护和帮助，这违反了“自由贸易”原则。一些美国政客也对“国家安全”感到担忧。美国政府还指责日本在半导体领域存在市场准入障碍。

1985年，美日半导体贸易发生第一轮摩擦。美国半导体产业协会向美国贸易代表办公室提起诉讼，指控日本内存芯片制造商们违规倾销，进行不正当的市场竞争。同时，美国半导体制造公司美光科技向美国商务部一次性起诉了7家日本半导体制造商，指控日本DRAM芯片的倾销行为。9月，英特尔、AMD、国家半导体也提起了类似的诉讼。到了12月，为响应企业的行动，美国商务部根据1974年美国贸易法案第301条款，开始对日本半导体产品发起反倾销诉讼，指控日本公司倾销256KB DRAM和1MB DRAM。

20世纪80年代，日本成了全球化新浪潮中第一个有力的经济竞争对手。日本生产商生产的便宜商品大量进入美国市场，导致美国出现贸易逆差。与此同时，日本则从大量出口贸易中赚取了大笔资金，日本的国际公司和富有的投资者们遂开始在美国购买资产。日本的飞速发展极大地触动了美国的利益。美国失业工人们当街锤爆日本车，甚至还有政客带头，在白宫前砸日本东芝产的收录机。

为了改善美国本土的贸易逆差，经过多番磋商，1985年9月22日，美国和日本联合德国、英国、法国在纽约的广场酒店签署了著名的《广场协议》。《广场协议》使得芯片出口变得无利可图，日本国内资金便涌入了房地产和金融业，日本开始陷入泡沫经济。不得已，日本选择主动戳破这个巨大的泡沫，日本进入了“失落的十年”。

1987年3月，美日半导体贸易发生了第二轮摩擦。尽管日本强调自己并没有违约行为，并用数据证明日本在其他国家的市场占有率也在持续下降，但美国仍然以外资系半导体产品进入日本市场不充分和日本半导体产品在第三国倾销为由，指责日本没有遵守协议。美国宣布对日本3亿美元的货物征收100%的惩罚性关税，并逼迫日本打开封闭的日本芯片市场，采购更多的美国半导体产品。此举一出，日本政府曾试图以违反关贸总协定为由提起诉讼，并同样编制一份美国产品清单予以加征关税。最终，日本还是在贸易战中惨淡收场。

1989年，美国再次与日本签订了《日美半导体保障协定》，要求开放日本半导体产业的知识产权。

截至1990年，日本半导体企业在全球前十名中仍然占据了六个席位，在前二十名中占据了十二个席位，日本半导体产业达到了顶峰时期。

转眼到了1991年，到了《日美半导体协议》要续签的时候。当年3月，时任美国参议院财政委员会主席的马克思·鲍克思（Max Baucus）在一场关于续签1986年《日美半导体协议》的听证会上表示，当年协议中的市场准入勉强算是成功，但20%的份额却远未达到，“新协议要求日本必须达到20%的目标”。

为了达到“20%”的要求，日本政府只能通过行政指导的手段，要求日本高科技企业大量购入美国半导体产品。这导致对日本自产半导体产品的需求减少，对CPU等核心技术的研发动力也减弱了。1992年，这个目标终于被认为“实现”了，根据计算，第二季度外国制造商占据了日本市场22.9%的份额。同一年，美国也与日本并列成为世界最大芯片出口国。

然而，日本半导体产业随即陷入了下滑通道。协议签署后，日本高科技企业的经营受到冲击，短期内不断恶化。东芝、日立等公司的营业收入增速和净利润增速均出现明显下降。20世纪90年代初，日本泡沫经济破裂，高科技企业再次受到重创。

1996年，第二次协议到期。尽管当时美国在日本半导体市场的份额已经占到30%左右，在全球市场份额也在30%以上，而日本已经不足30%，但美国仍然想要签订第三次半导体协议。然而，当时日本联合欧洲抵抗，最终美国没有成功。但这时日本半导体行业已经开始衰落。从1996年至1998年，全球DRAM产业严重衰退，全球DRAM厂商均亏损严重。再加上1997年的亚洲金融危机、日元升值和泡沫经济等因素，日本厂商失去了追加投资DRAM的信心。

1999年，NEC公司和日立公司的DRAM市场份额分别降至11%和7%。由于市场竞争激烈，两家公司被迫剥离DRAM业务，合并成立了尔必达（Elpida）公司。然而，到了2002年，尔必达公司的DRAM市场份额进一步降至5%。尽管处境艰难，但尔必达公司仍然成为了日本DRAM产业最后的希望。但是，2007—2008年全球DRAM产业的大萧条，加上2008年全球金融危机，最终使尔必达公司不堪重负。2012年2月，尔必达公司宣布破产，负债高达56亿美元，成为日本历史上最大的破产案件。同年8月，尔必达公司被美光以7.5亿美元收购。尔必达公司的破产宣告了日本DRAM产业的正式落幕，震撼了当时的全球半导体产业界。

从1990年到2020年，日本半导体产品在全球市场的份额从50%急剧下滑到10%。到2018年，半导体产业全球前十的榜单上已经没有日本公司的身影。美国著名半导体杂志*EE Times*发表文章《永别了，日本半导体产业》，指出：“作为一个整体，日本已经成为全球半导体市场的小角色。”

日本在DRAM领域的失败一方面是由于日美贸易摩擦的影响，另一方面是因为日本DRAM企业过于专注于大型机用的DRAM产品，没有意识到后来兴起的PC需要的DRAM与大型机的DRAM要求不同。日本的衰退给了同样拿到美国技术授权的韩国等其他国家和地区可乘之机。日本企业对PC市场的忽视使得韩国DRAM厂商得以崛起，并敢于逆势大幅扩产。韩国DRAM厂商凭借低成本优势，在PC用DRAM市场上占据了领先地位。在日本半导体产业“失去的30年”中，韩国的三星、海力士和中国台湾的台积电（TSMC）逐渐取代了日本企业的地位。2002年，台积电以超过50亿美元的营收进入全球半导体产业前10名，并成为全球最大的晶圆代工公司。到了2008年，韩国三星和海力士两家公司就占据了全球DRAM市场75%的份额。

如今，日本半导体行业主要把控着产业链上游的设备与材料环节，但在中游制造和下游组装环节却节节败退，DRAM等产品方面则从全球霸主地位不断衰落，产业呈现空心化的格局。

5.3

频繁的并购重组

单打独斗不如抱团取暖。通过并购，公司可以直接减少竞争对手的数量。并购和重组还能帮助企业剥离低利润业务，从而降低成本并提高利润率。另外，企业还能扩展产品线并增强技术实力。在半导体产业发展的不同时期、不同子行业中都发生了轰轰烈烈的并购潮。

在并购重组这方面的杰出代表是博通公司（Broadcom Corporation）的CEO陈福阳。博通在收购其他公司后通常会立即进行重组，果断出售非核心业务和裁员，以专注于提高公司利润率。原博通的物联网业务以及博科的数据中心路由、交换和分析业务等都是曾被博通收购后迅速出售的低利润业务。

陈福阳1953年出生于马来西亚槟城的一个贫穷华人家庭，18岁时获得了麻省理工学院（MIT）的奖学金，并在短短四年内获得了机械工程系的学士和硕士学位。然而，他对工商管理更感兴趣，不久之后他又去哈佛商学院读了MBA，这也为他在后来的商业收购之路埋下了伏笔。尽管他学的是理工科，但陈福阳的行为和做派完全就是一个地地道道的华尔街精英。

他在各家知名半导体公司担任副总裁或总裁的职位，直到2006年，他加入了新加坡的安华高科技（Avago）。他认为只有通过产业整合，才能将半导体公司好好经营下去，他打算从这里开始大展拳脚。显然，产业整合最直接的方式就是收购。2015年，安华高科技以370亿美元的价格收购了当时全球最大的Wi-Fi芯片制造商博通。收购后，陈福阳将两家公司重组合并，改名为博通有限公司。在收购博通后的10个月里，陈福阳又收购了博科通讯（Brocade）。从收购前博通的网络通信芯片到博科通讯的光纤交换机、储存区域网络基础设施，陈福阳把原来安华高科技擅长的半导体高性能设计和集成方面的技术优势提升了一个档次。

接下来，他又把目标对准了如日中天的高通。2017年，博通提出以每股70美元、总计大约1300亿美元的价格收购高通。如果能成功，博通的市值将赶上英特尔和三星，成为世界第三大半导体企业，但这场收购并未成功。

在收购高通失败后，陈福阳迅速调转方向，把目标对准了美国的各大软件公司。陈福阳有充足的理由：博通已经在芯片行业有能力向市场提供数千种产品，然而在目前大热的云计算和数据中心领域，光有硬件没软件显然在市场竞争力上要差一截。毕竟谁也无法保证未来芯片业务还能有现在这么高的增长率。博通在2018年末以190亿美元收购了IT管理软件巨头CA Technologies。时隔一年又以107亿美元的价格收购了诺顿杀毒软件的母公司赛门铁克的企业安全业务。2022年，博通宣布将以约610亿美元的价格收购虚拟机软件公司VMware。VMware在云系统和服务器管理方面具有较强的实力，VMware的虚拟化技术也是可动态扩展性能的云计算基础，如果未来博通想要在服务器领域更进一步，那就不可避免地需要VMware的技术支持。

如今的博通已经是全球领先的有线和无线通信半导体公司，在Gartner发布的2022年全球前十大半导体厂商中排名第六。

德州仪器（TI）是通过并购横向扩展产品线的代表之一。模拟芯片种类繁多，细分领域众多，因此并购重组成为快速扩展产品种类的有效手段。

德州仪器自成立之初，经历了多次主营业务的转变，从石油地质勘探公司到军火供应商，再到模拟芯片巨头。尽管没有赶上PC和移动芯片浪潮，但其收入规模却没有受到影响，这得益于TI的两次重大资产剥离和并购重组。TI的两次集中分拆及并购的时间段分别集中在1996—2001年和2005—2011年。

在1996—2001年期间，互联网从繁荣到泡沫时期，TI首次从多元化公司转型为半导体公司，短短几年时间，围绕DSP与模拟技术这两个重点业务进行了战略调整。在此期间，TI买入了20家公司，又卖出了20家公司，推出了40个企业间的并购动作。其先后剥离了国防事业、化工、打印机、存储芯片等近14个业务部门。随后TI又展开了一系列并购，分别收购了Amati、Unitrode Corporation、模拟芯片厂商Burr-Brown等20多家公司及资产。

在2005—2011年期间，TI先后出售了LCD（liquid crystal display，液晶显示）、传感器、手机基带等业务，将重心从手机市场转移出来而布局汽车和工业领域。随着2011年以总额约65亿美元的价格收购美国国家半导体（National Semiconductor），TI在通用模拟器件的市场份额达到17%，大大超越了其竞争者，至此TI的模拟帝国已基本成型。如今，TI已跻身全球模拟芯片龙头企业之列，这得益于其过去多年的既精简又扩张的策略。在中高端模拟芯片市场中，市场格局已经相当稳定。全球模拟芯片前十大厂商的市场份额总和一直保持在55%～60%。新的进入者很难从地位稳固的大型厂商手中抢占市场份额，只能在利润较低的领域中相互竞争。

DRAM市场的发展也充满了竞争与并购。海力士半导体前身为1983年成立的现代电子产业株式会社，1996年正式在韩国上市，1999年收购LG半导体，2001年将公司名称改为（株）海力士半导体，从现代集团分离出来。2004年10月将系统IC业务出售给花旗集团，成为专业的存储器制造商。2012年2月，韩国第三大财阀SK集团宣布收购海力士21.05%的股份从而入主这家内存大厂。在全球NAND Flash市场中，三星、铠侠、西部数据、美光科技、英特尔和SK海力士这六家企业的市场份额总和超过了98%，市场上的竞争者已经寥寥无几。

摩托罗拉（Motorola）是一家历史悠久的公司，创立于1928年，曾是芯片制造和电子通信领域的全球领导者。1930年，摩托罗拉生产了首款汽车收音机设备，并命名为“Motorola”，意为汽车之声。1963年，摩托罗拉研发出了全球首款电视机彩色显像管。2011年1月4日，摩托罗拉正式拆分为两个独立的公司：摩托罗拉系统公司（Motorola Solutions Inc.），专注于政府和企业业务；摩托罗拉移动控股公司（Motorola Mobility Holdings Inc.），专注于移动设备及家庭业务。仅仅几个月后的2011年8月，谷歌以125亿美元的价格收购了摩托罗拉移动，这被视为谷歌的一项防御性措施，以防止对

Android（安卓）操作系统的诉讼增多。然而2012年8月，摩托罗拉移动宣布全球裁员20%，并关闭三分之一的办事处。同年12月，摩托罗拉将其位于天津的全球最大手机工厂出售给了代工厂商伟创力，这意味着摩托罗拉将不再从事手机生产制造，而是将所有手机生产外包。这一决策的目的是让摩托罗拉能够专注于手机硬件的设计和移动体验的创新。到了2014年，中国联想集团以约29亿美元的价格购买了谷歌的摩托罗拉移动智能手机业务，全面接管了摩托罗拉移动的产品规划。联想希望通过这一举措进入竞争激烈的欧美市场。

在个人电脑领域，惠普和康柏于2001年宣布合并，成立新惠普。此外，联想集团2004年12月8日与IBM公司正式签约，联想以总计12.5亿美元收购IBM全球的台式、笔记本电脑及其研发和采购业务，IBM公司将拥有18.5%左右的联想股份。

英特尔也收购了许多公司。1999年6月，英特尔公司宣布以每股44美元的价格收购Dia-logic公司，交易总额为7.8亿美元，此举旨在拓展英特尔公司在价值数十亿美元的网络和通信市场的份额。此外，英特尔耗资7.48亿美元收购移动计算机设备公司Xircom，耗资76.8亿美元收购McAfee安全防护公司。2015年12月，英特尔宣布花费167亿美元将Altera收归囊中，这是英特尔公司历史上规模最大的一笔收购。它所收购的对象Altera在20年前发明了世界上第一个可编程逻辑器件，尤以FPGA（field programmable gate array，现场可编程逻辑门阵列）芯片著称。FPGA芯片被广泛用于手机、平板等小型嵌入设备和数据中心的服务器中。相较英特尔所生产的传统芯片，这种芯片最大的不同在于可以根据不同场景进行重新编程，且运行速度高于常规微处理器。在很多工程师眼中，FPGA就是一种黑科技，它可以像变形金刚一样变成任何所需的电路。此外，为了完成7纳米及以下工艺的升级，英特尔试图通过收购以色列芯片代工巨头高塔半导体来提升自身的技术实力，不过这笔收购最终没能成功。

AMD也不甘示弱，2006年7月24日，AMD宣布收购ATI，交易金额约为54亿美元，从此ATI成了AMD的显卡部门。通过双A联手，将AMD在微处理器领域的领先技术与ATI公司在图形处理、芯片组和消费电子领域的优势相结合。2020年10月27日，AMD以股票交易的形式，按350亿美元的价值收购Xilinx（赛灵思），Xilinx是全球领先的可编程逻辑完整解决方案的供应商。2022年4月4日AMD发布公告，为了扩展其数据中心解决方案能力，以约19亿美元收购Pensando。

此外，半导体产业史中重要的并购还有很多。例如2015年11月，安森美半导体公司（ON Semiconductor）宣布以24亿美元收购历史上赫赫有名的仙童半导体公司。此前仙童半导体曾拒绝华润微电子以及华创投资提出的收购邀约，意法半导体（ST）和英飞凌（Infineon）也争取过仙童。安森美半导体前身是摩托罗拉的半导体元件部门。1999年，安森美从摩托罗拉分拆出来，主要产品线包括模拟IC、标准及先进逻辑IC、分立小信号及功率器件。多年来，安森美的AC-DC和DC-DC电源半导体产品、分立器件在业界具有领先地位。通过有机增长及一系列收购，安森美逐渐在工业及汽车传感器市场占据领先优势。从2001年开始到今天，安森美连续收购了14家公司，使其产品线变得非常丰富。其中几次具有战略意义的收购包括：2006年收购LSI的8英寸（约20.32厘米）晶圆厂，大大提升了自身的工艺水平；2008年，安森美收购AMI半导体，这项收购让安森美半导体增强了其汽车以及工业产品线；2011年，安森美收购了Cypress半导体的CMOS图像传感器业务部；2014年，安森美收购了Aptina Imaging。后两项收购使得安森美拥有非常强大的图像传感产品线，从此安森美在汽车及工业图像传感器市场取得领导地位。

2015年3月，恩智浦半导体（NXP Semiconductors）宣布以118亿美元收购飞思卡尔半导体（Freescale Semiconductor）。恩智浦是荷兰的一家半导体公司，由飞利浦公司创立，2006年宣布独立，NXP这个名字来自“新的体验”（next experience）。恩智浦半导体主要涉足家庭娱乐芯片领域，其安全芯片被广泛用于安全卡、政府护照和办公楼出入证件中，其主要竞争对手包括日本的瑞萨（Renesas）和德国的英飞凌（Infineon）。飞思卡尔公司原系摩托罗拉半导体部，是全球领先的半导体公司，主要提供嵌入式处理产品和连接产品。收购飞思卡尔后，新的恩智浦成为全球前十大非存储类半导体公司以及全球最大的汽车半导体供应商。此外，2019年，恩智浦宣布以17.6亿美元收购Marvell公司的Wi-Fi和蓝牙连接业务资产。

随着中国半导体产业的发展和经济力量的增长，近年来也出现了中国大陆企业收购国际半导体公司的案例。例如，2019年，闻泰科技上演了一出“蛇吞象”，以近268亿元人民币完成了对安世半导体（Nexperia）的收购，成为当时中国半导体行业金额最大的跨境收购案。闻泰科技是全球最大的智能手机原始设计制造商（original design manufacturer，ODM），华为、小米、魅族等公司的部分中低端手机由闻泰设计、生产。安世半导体前身为荷兰恩智浦的标准产品事业部，拥有60多年的半导体行业经验，于2017年初开始独立运营，是全球最大的IDM标准器件半导体供应商。借助安世半导体，闻泰科技不仅可以在多种半导体芯片零件上获得自主能力，还可以进军5G、汽车电子、物联网等市场，并走向国际化，整体发展前景远比单一的手机ODM制造要好。

5.4

半导体历史上的“大事故”

半导体制造业是一种非常精密且对环境要求极高的工业。由于半导体供应链十分复杂，任何一个环节的问题都可能引发连锁反应。尤其是进入特大规模和巨大规模集成电路时代后，行业龙头企业通常占据较大的市场份额，发生大事故的危害虽然不及唐朝时期“安史之乱”对唐朝的破坏，但任何天灾人祸对龙头企业造成的影响都可能致使整个产业链发生连锁反应，甚至影响到终端消费者。

东亚是全球半导体制造中心，但日本、中国部分地区容易发生自然灾害，这些灾害曾经多次导致行情极端波动。

2008年5月12日，中国四川发生8.0级大地震，对中国西部半导体工业重地成都造成了严重破坏。多家集成电路设计企业、晶圆厂、封装测试企业以及众多配套企业几乎全部停工，部分厂房遭到损坏。其中，英特尔成都工厂的20桶晶圆全部报废，中芯国际等企业的产能也受到影响。

2011年3月11日，日本东北发生9.0级大地震，日本的东北正是硅晶圆生产基地。这场地震导致国际市场内存芯片的价格上涨超过10%，闪存价格涨幅更是接近20%，硅晶圆缺货时间长达近两年。多家晶圆制造公司受损，超过15家晶圆厂生产中断，部分工厂直接关闭。其中，德州仪器关闭了3家工厂，飞思卡尔关闭了位于仙台的6英寸厂。同年7月25日，泰国南部发生大洪水，硬盘大厂西部数据、东芝工厂被洪水侵袭而宣布关闭，日立两座工厂受影响而减产，全球硬盘价格上涨一倍以上。

2016年2月6日，中国台湾高雄发生6.7级地震，近80家半导体和光电器件企业受到波及。其中，台积电两座工厂停产，导致12万片晶圆出货推迟10～50天，全球手机芯片供货紧张，逻辑芯片整体上涨20%。同年4月14日，日本熊本发生7.3级地震，索尼、瑞萨等厂房受到不同程度的损坏，产线因此停摆，全球的显影刻蚀设备、硅晶圆和元器件、各类电子材料等受到影响。

除了天灾，更多的是人祸带来的影响。任何供应链上的风吹草动都会对市场产生影响，通常，当大型半导体制造厂发生事故时，人们就会担心半导体产品会涨价。

2000年11月，台北市的一家半导体制造厂发生了严重的火灾事故。事故发生在生产过程中，一台设备突然发生故障，导致爆炸和火灾，多人受伤，对该厂的生产和经营造成了严重影响。

2013年9月4日，位于无锡的SK海力士工厂发生火灾。首先，晶圆厂2层A号净化间背面区域下方发生爆炸。接着，在距离第一次爆炸点南面约80米处，连续发生两次爆炸并引发大火。事故导致晶圆制造设备及在制品受到严重损坏。该厂的内存芯片产量约占全球的15%，火灾导致3条生产线中1条停产、2条严重减产，从而导致全球手机和计算机的存储芯片价格在火灾后大幅上涨。火灾发生后，DRAM存储芯片的价格一度上涨42%。由于SK海力士是苹果、三星、联想、戴尔和索尼等行业巨头的重要供应商，此次大火导致的停产对这些公司的生产进度产生了严重影响。

2020年3月，三星位于京畿道华城市半月洞的半导体厂区发生火灾。当地消防部门出动了48辆消防车和124名消防员，两个半小时后火灾被扑灭。三星方面透露，发生火灾的是一处废水处理设施，主要用于处理半导体生产过程中产生的废水，对生产线没有影响。

2021年3月，半导体芯片厂商瑞萨电子的一家工厂发生火灾。瑞萨生产各种用于汽车的芯片，包括传感器、管理电力和电池的部件以及为仪表盘显示提供电力的部件。这起事故对汽车制造商来说是一次沉重的打击，因为芯片短缺已经迫使汽车制造商放慢了生产速度。

2022年1月，荷兰光刻机巨头阿斯麦（ASML）位于德国柏林的一家工厂发生火灾。起火的柏林工厂前身是光学模组公司Berliner Glas，主要为阿斯麦光刻机制造光学系统，这是光刻机的三大核心部件之一。受柏林火灾等因素的影响，阿斯麦1月4日在美股跌逾2%。

半导体工艺中会用到各种各样、名目繁多的气体。半导体工厂特殊气体事故指的是在半导体工厂中，由于特殊气体泄漏或者意外情况引发的安全问题。这类事故可能会给工人和环境带来严重的危害，因此必须高度重视和积极预防。2016年，中国的一家半导体工厂发生了三氯氢硅泄漏事故，导致周边居民出现呼吸困难和眼睛刺痛等症状。三氯氢硅是一种在半导体制造过程中常用的特殊气体，对人体呼吸道和眼睛有刺激性，长期接触可能导致慢性呼吸系统疾病。2017年，德国的一家半导体工厂发生了溴化氢泄漏事故，导致多名工人中毒。溴化氢具有高度的腐蚀性和毒性，一旦泄漏，会对工人的呼吸系统和皮肤造成严重伤害。2018年，日本的一家半导体工厂发生了氟化氢泄漏事故，也导致多名工人中毒。氟化氢是一种在半导体制造过程中常用的危险气体，具有高度的腐蚀性和毒性，一旦泄漏，会对工人的呼吸系统和皮肤甚至骨骼造成严重伤害。2020年，韩国的一家半导体工厂发生了氮气泄漏事故，导致多名工人窒息死亡。氮气是一种在半导体制造过程中常用的气体，具有窒息性质，一旦泄漏，会导致空气中氧气浓度过低，使人无法正常呼吸。

除了气体的泄漏，还有液体的泄漏。2012年，韩国的一家半导体厂发生了一起严重的化学物品泄漏事故。事故中，厂内存储的一种高毒性化学物品泄漏，导致数名工人中毒。2015年，德国的一家半导体制造厂发生了一起液氮泄漏事故。由于液氮的特殊性质，泄漏后会快速气化，形成大量的气体。事故发生时，厂房内的气体浓度升高，导致数名工人窒息死亡。

此外，偶尔出现的产品质量问题也会对半导体行业造成影响。例如2019年2月，台积电南科14B厂发生了光刻胶质量瑕疵问题，这直接导致台积电10万片硅晶圆报废重做，第一季度营收因此减少约5.5亿美元。该事件还导致包括苹果、高通、联发科、海思和赛灵思等大客户的芯片交货延期，人祸导致的巨额损失不亚于一次天灾。同年，三星的一座DRAM工厂发生了晶圆污染事件，导致所有8英寸晶圆报废，造成了数百万美元的损失。

另外，虽然半导体晶圆厂通常会建立在水电充足且稳定的地区，但偶尔的供电事故仍然会发生。2021年2月，美国得克萨斯州电网崩溃，导致最大的汽车芯片制造商恩智浦半导体在该州的两家工厂停产，三星电子也暂停了位于该州奥斯汀的工厂生产。消息传出后，三星电子的股票盘中大跌2.2%。另一家大型汽车芯片供应商英飞凌科技也关闭了其在奥斯汀的工厂。2023年6月，位于台湾省台南市的南部科学工业园区发生了供电电压骤降事故。全球第三大半导体代工厂联电表示，其生产在一定程度上受到了影响，部分晶圆被迫报废。台积电在这次事故中也受到了一定程度的波及。

三星手机爆炸事件在半导体产业史上留下了浓重的一笔。2016年8月2日，三星手机Galaxy Note 7正式发布，凭借其出色的硬件配置和外观设计，很快被媒体誉为年度机皇，吸引了全球消费者的关注。然而，8月24日，韩国知名手机论坛发布了疑似Note 7爆炸的图片，这也是全球首次报道的Note 7爆炸事件。到9月初，全球至少有35起Note 7爆炸事件被曝光。2017年1月23日，三星在首尔召开新闻发布会，公布Note7事件调查结果，并向全球消费者、运营商、经销商以及商业伙伴道歉。根据调查报告，爆炸的根源一是电池的设计不充分导致负极板受到了压迫，二是一部分电池因为绝缘胶带稀薄造成了短路，导致手机自燃现象的发生。

5.5 亚洲的超越之路

根据Gartner在2023年1月发布的统计数据，表5.1列出了2022年全球前10大半导体厂商营收排名。从中可以发现，前10中有3家总部在亚洲，即三星电子（Samsung Electronics）、SK海力士（SK Hynix）和联发科（MediaTek），其中三星电子和SK海力士分别获得冠军和季军。如果再加上美国企业里面的亚洲高管（博通总裁兼CEO陈福阳和AMD董事会主席兼CEO苏姿丰），亚洲人领导的半导体企业已经占据半壁江山。

表5.1 2022年全球前10大半导体厂商营收排名
（单位：百万美元，数据来源：Gartner，2023年1月）

2022年排名	2021年排名	厂商	2022年营收	2022年市场份额/%	2021年营收	2021—2022年增长率/%
1	1	Samsung Electronics	65,585	10.9	73,197	−10.4
2	2	Intel	58,373	9.7	72,536	−19.5
3	3	SK Hynix	36,229	6.0	37,192	−2.6
4	5	Qualcomm	34,748	5.8	27,093	28.3
5	4	Micron Technologies	27,566	4.6	28,624	−3.7
6	6	Broadcom	23,811	4.0	18,793	26.7
7	10	AMD	23,285	3.9	16,299	42.9
8	8	Texas Instruments	18,812	3.1	17,272	8.9
9	7	MediaTek	18,233	3.0	17,617	3.5
10	11	Apple	17,551	2.9	14,580	20.4

英特尔过去有很长一段时间都是业界的龙头老大，但如今已经数次（2017年、2018年、2021年、2022年）被三星电子超越。三星电子是全世界最大的消费电子企业，除了消费者熟知的智能手机、电视机之外，三星还拥有半导体、显示面板在内的零部件业务。三星电子拥有庞大的半导体供应链，在闪存芯片、通用芯片和屏幕驱动芯片等领域，三星电子的实力和地位都处于供应链顶端。此外，三星电子的圆晶代工能力也位于世界第一方阵，目前的实力仅次

于台积电。

2012年，当英特尔已经实现22纳米节点时，台积电，当时才刚刚开始探索28纳米工艺，同时其产能也无法与英特尔相媲美。不过，台积电也有自己的应对策略，不完全按照45纳米-32纳米-22纳米-14纳米-10纳米这样的制程节点来提升工艺技术，而是不时地推出半代的升级工艺，比如40纳米工艺、28纳米工艺。当然，28纳米工艺确实非常成功，至今仍然得到广泛应用，不过英特尔一直对这种抢占制程技术制高点的做法不以为然。

智能手机的崛起极大地刺激了晶体管进一步缩小的需求。台积电在2010年后连续迭代推出28纳米、16纳米、10纳米工艺，迎来了快速发展时期。2017年，台积电10纳米与英特尔14纳米达到同一水平，而到2019年台积电的7纳米+工艺水平已经超越了英特尔。

2022年，全球前十的晶圆代工厂分别是台积电、三星、联电、格芯、中芯国际、华虹集团、力积电、高塔半导体、世界先进、东部高科，其中：台积电为全球纯晶圆代工市场的绝对头部厂商，市场份额约为60%；三星为IDM晶圆制造头部厂商，市场份额约为15%；而中芯国际占比约为5%，是中国大陆晶圆代工头部厂商。榜单中中国台湾占据了第一名和第三名，台湾芯片制造产能占了全球将近三分之二，整体芯片产业能力仅次于美国，排全球第二，芯片设计全球第二，制造和封装测试全球第一，芯片产业链全球最全。

台积电一直引领着高端工艺制程的发展，从7纳米到5纳米都是台积电领先。2022年年底，台积电3纳米制程实行量产。台积电的3纳米制程依然采用了FinFET鳍式场效应晶体管架构，而没有像三星一样采用更先进的GAAFET（gate-all-around FET）架构。GAAFET是一种全环绕栅极晶体管，这种结构可以提高晶体管密度和性能，同时降低功耗和泄漏。然而，台积电的3纳米制程仍然拥有较强的性能、较低的功耗和较高的良率。相较于5纳米制程，3纳米制程的逻辑密度增加了约60%，在相同功耗下速度提升了18%，或在相同速度下功耗降低了32%。台积电的3纳米制程技术非常先进和复杂，应用了多达25个EUV光刻层和双重曝光技术，以达到更高的晶体管密度。如今，台积电3纳米制程节点技术越来越成熟，产能和良率也在逐步提升。

台积电已经开始部署2纳米制程节点的量产。目前，台积电的2纳米制程工厂正在三个地方同步建设。在2纳米级别以下，台积电将采用新型的

GAAFET结构。在相同功耗下，2纳米的速度最快可增加15%，在相同速度下，功耗最多可降低30%，同时晶片密度增加逾15%。

三星在2022年6月底宣布了3纳米制程的量产，比台积电宣布3纳米制程量产的时间刚好早了半年。利用这半年的时间，三星不断提高良率，吸引了高通、英伟达、IBM等客户的合作，赢得了不少客户的合作意向。

不过，尽管三星拥有先进的工艺产能，但它的优势在存储芯片领域，想在逻辑芯片制程方面取得突破仍然面临许多挑战。特别是在7纳米以下的制程领域，三星代工的手机芯片性能与台积电的差距日益扩大。以三星4纳米工艺生产的骁龙8G1芯片为例，由于发热问题导致性能不佳，而由台积电代工同样以4纳米工艺生产的骁龙8G1芯片，功耗却明显降低。

长期以来，台积电一直被认为是全球最大的芯片代工厂商，并一直在先进工艺技术方面处于领先地位。尽管三星在存储芯片方面具有较先进的工艺生产能力，然而存储芯片与逻辑芯片等其他类型的芯片在制造工艺上存在着显著差异，逻辑芯片工艺相比存储芯片工艺更加复杂，因此三星尽管拥有如此多的先进工艺能力，但其生产的手机芯片在性能方面始终不如台积电。

尽管如此，三星在先进工艺生产能力方面的进步依然给传统芯片代工巨头台积电带来了巨大压力。尤其是在2022年底全球芯片行业衰退的背景下，台积电因先进工艺产能过剩而不得不关闭部分EUV光刻机。台积电在美国的5纳米工厂也没有选择购买新的EUV光刻机，而是将台湾的EUV光刻机转运过去。而三星却购买了大量的EUV光刻机，这一举动显示了三星在芯片代工市场上的雄心。从历史上看，三星一直习惯于逆周期扩张。在存储芯片市场上，它通过逆周期扩张的模式击败了日本的尔必达等存储芯片企业。如今，它也很可能通过逆周期扩张的方式在芯片代工市场上超过台积电。此外，美国芯片制造商对台积电代工价格过高表示不满，因此，即使三星的先进工艺技术不如台积电，美国芯片制造商也有意将订单分给三星以制衡台积电。这为三星提供了进一步扩张的机会。

总之，随着三星在先进工艺生产能力方面的崛起，台积电在芯片代工市场上的主导地位将面临巨大挑战。三星有望夺取台积电的一部分市场份额，而台积电要依靠先进技术优势继续保持过去的垄断局面将变得十分困难。

先进制程已经是亚洲的天下，全面超越了美国。美国意识到自己在集成电路制造方面的落后，开始支持亚洲半导体企业到其地盘新建工厂。

为了维护在半导体领域的优势地位，美国在2022年8月提出了《2022年芯片与科学法案》，旨在加强自身的半导体研究、开发和生产。该法案预计总金额高达2800多亿美元，其中包括专门为芯片制造行业划拨的527亿美元，以及高达240亿美元的投资税收抵免。此外，美国还邀请包括台积电、三星电子在内的知名半导体公司在美国建立晶圆厂，以增强和巩固美国在半导体领域中的地位。然而，这些半导体公司要想在美国获得高额的政府补贴，就必须面对各种苛刻条款和限制。同时，美国还通过各种方式限制中国在科技领域的发展，以提高自身在全球半导体市场的话语权。这些限制将极大地制约台积电在中国大陆的投资和扩张计划，并给三星和SK海力士带来额外的压力。

即使对于烧钱如流水的芯片制造业来说，这笔钱也不能算是一个小数目。而且，芯片法案的条款看起来也很宽松，因此，台积电投资了近400亿美元在美国亚利桑那州建设工厂（图5.4），致力于研发高精尖的3纳米先进制程芯片。三星也计划投资170亿美元，在得克萨斯州建造一座新的芯片厂。

图5.4　台积电在美国亚利桑那州新建工厂

等台积电、三星美国工厂已经进入实质性建设，甚至台积电工厂的部分设备都安装完毕之后，美国在2023年3月31日又发布了芯片法案的补贴细则，芯片厂商发现条款与之前说好的不太一样，部分条件甚至堪称苛刻。厂商们发现各家芯片厂商获得的补贴，最终很可能是他们自己的钱，即“羊毛出在羊身上”。美国商务部要求各家芯片厂商，在申请补贴时，要提交一份利润预测表及经营信息的关键文件，包括预期现金流等获利指标，以及产能、产能利用率、芯片良率和首年投产售价等商业机密。这些都让芯片厂商们感到不满，甚至不情愿加大对美国半导体市场的投资。

虽然在芯片制程上亚洲暂时超越了美国，但随着美国强调制造业回流，未来亚洲的超越之路是否走得顺畅还有待观望。

芯片那些事儿：
半导体如何改变世界

第六章

“走进新时代”

移动互联时代

集成电路主要有三大应用领域：通信、存储、计算。早期，通信领域的需求促进了集成电路的发展，如今反过来，集成电路的发展又进一步促进了通信技术的进步，人们正处于一个“新时代”，一个移动互联、随时通信的“新时代”。在这个新时代，不光计算机、手机互相联网，其他电器也可以联网，人们的生活、工作更加方便、快捷。

6.1
智能手机的横空出世

手机已经成为我们生活中必不可少的电子设备，从最早的功能型手机到现代的智能手机，它彻底改变了我们的生产、生活方式。

最早的手机可以追溯到1902年，一个不爱种瓜只爱搞发明的美国瓜农内森·斯塔布菲尔德（Nathan Stubblefield）在肯塔基州默里的乡下住宅内制成了第一个无线电话装置——内森·斯塔布菲尔德装置。这部可无线移动通信的电话就是人类对手机技术最早的探索研究。他在自己的果园里建造了一根40多米高的天线杆，通过它实现语音的传输，还设计了用马车或轮船携带的移动式通信电话，但他没有将自己的发明卖出去，而是害怕自己的成果被他人窃取。

1938年，美国贝尔实验室为美国军方制成了世界上第一部“移动电话”手机。二战期间开始使用的“移动电话”十分笨重，甚至需要两个人配合使用，他们需要背着沉重的电池和天线。

1973年4月，美国摩托罗拉公司工程技术员马丁·库帕（Martin Cooper）发明了世界上第一部推向民用的手机，马丁·库帕从此也被称为现代“手机之父”，如图6.1所示。这部手机重约1.13千克，充电要10小时，仅有拨打和接通两种功能。当时，这部手机的第一通电话是由马丁·库帕给他多年的竞争对手尤尔·恩格尔（Joel Engel）打的，恩格尔供职于贝尔实验室。

图6.1　现代“手机之父”马丁·库帕（Martin Cooper）

库帕得意洋洋地告诉对方，自己正用一部“个人的、手持的、能移动的电话”呼叫他。电话那端，恩格尔一直保持沉默。

1983年，摩托罗拉Dyna TAC 8000X面世（如图6.2所示），它是全球第一部获得美国联邦通信委员会认证并正式投入商业使用的蜂窝式移动电话。它的出现首次将贝尔实验室在1947年提出的移动电话概念和20世纪70年代提出的蜂窝组网概念变成了现实。这个移动通信业界的第一奠定了摩托罗拉手机部门在移动通信业界20余年不可动摇的地位。这部手机差不多要充10个小时的电才能使用30分钟，但大家都很想购买，排着队、争先恐后地想要拥有它。它可是1G（G是generation的缩写，表示“代”）网络的鼻祖。第一代移动通信的特征是手机跟基站之间是靠模拟信号传输的，只能用来打电话，这种方式的优势在于通话者与基站的距离对通话影响不明显。不过它也有两个显著的缺点，即安全性和抗干扰能力差，而且没有国际的通用标准，所以国际漫游就成了一个大问题。到了1989年，中国也引入了第一部移动电话——摩托罗拉3200，它的造型和摩托罗拉Dyna TAC 8000X很像。大家还给它起了个更响亮的名字——大哥大。它之所以能有如此霸气的名字，是因为其价格不菲，一台就要几万元，而当时普通工薪阶层的月薪才只有几十到几百元。

图6.2　第一部投入商业使用的蜂窝式移动电话——摩托罗拉Dyna TAC 8000X

1992年，诺基亚（Nokia）以Mobira品牌发布了“1011”手机，该手机重量不到500克，配备了单色LCD屏幕和可扩展天线，被认为是2G手机的开端。与1G的模拟信号相比，数字化的2G移动通信具有更高的安全性、频谱利用率高、功能不仅限于通话、标准相对统一等优势。在中国，第二代移动通信系统采用了欧洲的GSM（global system for mobile communications，全球移动通信系统）和北美的窄带CDMA（code division multiple access，码分多址）系统。由于摩托罗拉不肯放弃已有的模拟网络，2G时代的到来结束了摩托罗拉一家独大的局面，爱立信、诺基亚等品牌成了这个时代的中坚力量。

图6.3 世界上第一台“智能手机”IBM Simon

1992年12月3日，全球第一条手机短信诞生。当时只有22岁的英国工程师尼尔·帕普沃思（Neil Papworth）通过电脑键盘向朋友发出了人类历史上第一条手机短信——圣诞快乐！

1994年，时任中国邮电部部长的吴基传使用诺基亚2110打通了中国历史上第一个GSM电话。

1994年8月16日推出的IBM Simon被广泛认为是世界上第一台“智能手机”，如图6.3所示。这款手机功能很多，除了打电话，它还集传呼、日历、传真机、行程表、世界时钟、计算器、记事本、电子邮件以及游戏等众多功能于一身。它还取消了物理按键，输入完全靠触摸屏操作。这款手机上市仅6个月就取得了销售5万部的佳绩。

2G时代是一个高速发展的时代。1997年，第一款内置天线的手机汉诺佳CH9771横空出世。接下来，1998年更是迎来了第一款双频手机——诺基亚的6150。这款手机让你无论身处何地，都能找到适合的通信网络，进一步增强了手机的便捷性和实用性。同样在1998年，诺基亚还推出了内置游戏的新型手机6110，如图6.4所示。这款手机内置了贪吃蛇、记忆力、逻辑猜图三款游戏，而其中的贪吃蛇游戏风靡一时，成了诺基亚手机中的经典游戏。

1999年，手机行业迈入了飞速发展的阶段，多项创新与突破应运而生。当年，爱立信针对用户对防水、防震和防尘的需求，推出了全球首款户外型三防手机——爱立信R250 PRO。其制作工艺也成了日后三防手机的标杆。R250 PRO机身采用了镁金属制成，缝隙处嵌入了橡胶材质，再加上一些特殊的细节处理，使其具备了三防功能。1999年，第一

图6.4 诺基亚6110

款黑莓手机——黑莓850问世。在这一年，第一款折叠式手机摩托罗拉掌中宝328c也面世了。这款手机设计经典，折叠式设计让用户可以轻松将其放入衬衣口袋。摩托罗拉328c重仅95克，在当年可以称得上相当轻巧了。同样在1999年，摩托罗拉还推出了第一款全中文手机CD928+。在此之前，手机操作界面都是英文的，这款手机的出现改变了这一状况，给我们的日常生活带来了便利。在这一年，西门子还推出了第一款滑盖手机SL1088。而在1999年，最大的突破无疑是智能手机的进一步改进。摩托罗拉的天拓A6188就是其中的代表，如图6.5所示。这款手机采用了摩托罗拉自主研发的龙珠（Dragon ball EZ）16兆赫CPU，支持WAP1.1无线上网，WAP是wireless application protocol的缩写，表示无线应用协议。这款手机采用了PPSM（personal portable systems manager）操作系统。推出后它便成了高端商务人士的首选，同时它也是全球第一部中文手写识别输入的手机，开辟了一个传奇时代。

图6.5　智能手机——摩托罗拉天拓A6188

之后，大家开始全力发展智能手机，仅仅在2000年就取得了许多重大成就：

① 2000年9月，夏普通信联合日本移动运营商J-Phone联合发布了全球首款内置11万像素CCD摄像头的手机，其型号是夏普J-SH04。

② 发明了第一款三频手机摩托罗拉L2000。它创新地内置了Modem（调制解调器），使用外接数据线时，可以与电脑连接进行数据传输与上网、发送

传真与电子邮件。另一款具有创新性的手机是诺基亚7110，它的出现标志着手机上网功能开始普及。只要开通了移动数据业务功能，通过手机WAP功能，就可以使用中国移动的WAP业务。

③ 出现了第一款整合MP3功能并带有移动存储器的手机——西门子6688。自从手机带有MP3功能后，人们发现手机内存变得越来越重要。只有足够的内存才能充分发挥这项常用功能，使其不至于成为一种简单的炫耀功能，而是我们日常生活的常用功能。西门子6688完美地解决了这个问题，它具有非常强大的多媒体功能，不仅支持MP3播放，还具有MMC卡（multi media card，多媒体卡）扩展功能。

④ 第一款Symbian（塞班）系统内核智能手机爱立信R380sc诞生了。Symbian曾是移动市场上使用率最高的操作系统之一，如今已告别历史舞台。爱立信R380sc采用了Symbian平台的EPOC操作系统，内存超过700KB，支持POP3邮件，有触控屏幕、新颖的翻盖和超大的屏幕。每个联系人都可以有多个座机、手机、电子邮件、网址和地址，充分展示了其手机+PDA功能的方便之处。PDA全称为personal digital assistant，意为个人数字助理，也称为掌上电脑。此外，这款手机的联系人名单可以在SIM卡和话机之间互相复制。这些优势使爱立信R380sc在当时傲视群雄。

2001年，三星推出了第一款双显示屏手机——SGH-A288。虽然折叠手机很受欢迎，但每次查看来电或时间都需要打开手机，使用起来不够方便。为了解决这个问题，许多厂商陆续推出了双显示屏折叠手机。2001年，诺基亚推出了8250，这是第一款采用蓝色背景灯的手机。虽然不是彩屏手机，但8250的蓝色背景灯设计在当时是很大的创新，也象征着年轻与活力。同年，爱立信推出了T68，这是第一款彩屏手机。T68定位于高端市场，广告语“精彩画面，手中重现”令人印象深刻。该手机采用256色彩色屏幕，取代了以往的黑白屏幕。

2002年，诺基亚7650上市，这是国内第一款内置摄像头的手机，其内置30万像素摄像头。

2003年，诺基亚1100成为史上最畅销的手机，全球销量超过2.5亿部。2003年，国内第一款支持WCDMA（wideband code division multiple access，宽带码分多址）的3G手机出现——诺基亚6650。第三代移动通信系统是在第二代移动通信技术基础上进一步演进的以宽带CDMA技术为主，并能同时提供话音和数据业务的移动通信系统，是一代有能力彻底解决第一、二代移动通信系统主要弊端的先进移动通信系统。第三代移动通信系统的目标是提供包括语音、数据、视频等丰富内容的移动多媒体业务。

2004年，摩托罗拉RAZR V3以其超薄外观和3G连接性、VGA摄像头、视频录制、蓝牙、WAP互联网浏览以及各种可下载的MP3铃声等功能而广受欢迎。它是摩托罗拉最受欢迎的手机，也是有史以来最畅销的翻盖手机之一。

2005年诺基亚推出了内置硬盘的手机N91，其内部有4GB的硬盘容量。

2006年多普达P800面世，这款手机的特色是支持GPS定位系统，内置地图。它的操作系统为Windows Mobile 5.0，CPU则来自德州仪器。

诺基亚于2007年3月推出了N95型号手机，其具备完整的办公套件、Wi-Fi、蓝牙、语音命令、FM收音机、支持Flash的浏览器，甚至还有第二个用于视频通话的前置摄像头。诺基亚N95非常成功，帮助其在2007年占据了全球智能手机总销量的49.4%。然而，这也是诺基亚终结的开始，因为这一年，iPhone智能手机的诞生彻底改变了手机的历史，也导致诺基亚手机王朝的衰退。

6.2
苹果公司推出iPhone

砸中牛顿的苹果，被图灵咬了一口，传到了乔布斯的手中。

苹果公司虽然曾经将自己的创始人史蒂夫·乔布斯（Steve Jobs）踢出了公司，但他后来兜兜转转又回来了，而且还推出了轰动世界的产品iPhone。微软创始人比尔·盖茨（Bill Gates）说："世界上很少看到有人能产生史蒂夫所产生的深远影响，其影响将在未来几代人身上感受到。对于我们这些有幸与他一起工作的人来说，这是一个巨大的荣誉。我会非常想念史蒂夫的。"

1955年2月24日，史蒂夫·乔布斯生于美国旧金山，刚出生便被父母遗弃。保罗·乔布斯（Paul Jobs）和克拉拉·乔布斯（Clara Jobs）领养了他。通过毅力和才华，史蒂夫·乔布斯创造了属于自己的传奇。

在旧金山著名的硅谷，从乔布斯的家中可以看到数百米外的西屋电气，英特尔、惠普、NASA等高科技公司与机构云集于此。乔布斯回忆道："这太不可思议、太高科技了，生活在这里真让人觉得兴奋。成长于此，我受到了这里独特历史的启发，让我很想成为其中的一分子。”但是保罗·乔布斯想将自己对机械和汽车的热爱传递给儿子。“史蒂夫，从现在开始这就是你的工作台了。”他边说边在车库里的桌子上划出一块。乔布斯还记得父亲对手工技艺的专注。每天下班后，他就换上工作服，窝在车库里，史蒂夫也常常跟着他。“我原本想让他掌握一点儿机械方面的技能，但他不愿意把手弄脏。”保罗后来回忆说，“他从没有真正喜欢过机械方面的东西。”

与修理汽车相比，乔布斯更喜欢和惠普工程师邻居一起玩高科技。有一次惠普工程师把一个炭精话筒、一块蓄电池和一个扬声器放在车道上，让乔布斯对着话筒说话，声音就通过扬声器放大出来了，这让他非常意外，因为他父亲曾经告诉过他，话筒一定要有电子放大器才能工作。他第一次意识到父亲不是万事通，并认识到自己实际上比父母更聪明、更敏捷。他的父母也意识到了这一点，他们愿意改变自己的生活来适应这个非常聪明也非常任性的儿子，愿意竭尽全力给他支持。

在九年级时，乔布斯加入了惠普探索者俱乐部，并在那里第一次见到了台式计算机。当时，惠普正在开发代号为9100A的产品。在探索者俱乐部的鼓励下，乔布斯决定制作一台频率计数器。他需要一些由惠普制造的零件，于是他拿起电话打给了惠普的CEO比尔·休利特（Bill Hewlett）。令人惊讶的是，这位CEO不仅接了电话并与他聊了20分钟，还给他提供了所需的零件，甚至给他提供了一份在惠普频率计数器厂的暑假工作。

1974年，由于经济原因，19岁的乔布斯在美国的一所私立大学里德学院念完一个学期后选择了休学。他边工作边与他的朋友史蒂夫·沃兹尼亚克（Steve Wozniak）在自家的小车库里琢磨电脑，梦想着拥有一台自己的计算机。当时市面上都是商用计算机，体积庞大且价格极其昂贵，因此他们决定自己开发新型电脑。后来，他们成功开发出了Apple系列电脑。1985年，乔布斯获得了由里根总统授予的国家级技术勋章。

1985年初，乔布斯坚持苹果电脑软件与硬件捆绑销售，导致苹果电脑不能走向大众化之路，加上IBM公司个人电脑抢占大片市场，苹果电脑销售惨败。总经理和董事们将失败归咎于董事长乔布斯。乔布斯认为总裁约翰·斯卡利（John Sculley）不懂计算机，而斯卡利则认为乔布斯不善管理，这对公司来说是有危险的。1985年4月，苹果公司董事会撤销了乔布斯的经营权。1985年5月31日，斯卡利解除了乔布斯的一切权力，仅保留了他的苹果电脑公司董事长一职，但乔布斯已无法对任何决策施加影响。1985年夏天，斯卡利成为苹果电脑的新领导人，并裁员1200人。

1985年9月17日，乔布斯愤而辞去苹果电脑公司董事长职位，并计划与苹果公司的五名雇员一起创建一家新公司。9月23日，苹果向乔布斯提起诉讼。1986年1月，苹果停止对乔布斯的控告，乔布斯同意六个月内不雇佣苹果职员，也不建立与苹果电脑竞争的电脑公司。乔布斯卖掉苹果公司股权后创建了NeXTComputer公司。

1995—1996年，苹果公司陷入困境，市场占有率由鼎盛时期的16%跌至4%，股价也一路下滑。苹果董事会委任当时的CEO迈克尔·斯宾德勒（Michael Spindler）寻找买家，如日中天的Sun公司差点以总价38.9亿美元收购苹果公司。

1996年12月17日，苹果以4.04亿美元收购了乔布斯的NeXTComputer公司，乔布斯在10年后重回苹果并担任董事长。1997年，乔布斯大刀阔斧地进行改革：解散了高新技术小组，裁掉了打印机、数码相机等70%不盈利的软硬件产品线，将350款型号缩减至仅剩10款，制定了四项苹果产品矩阵，并裁掉了4100名员工以削减成本。1997年8月6日，史蒂芬·乔布斯成为苹果的实际领导人，并宣布苹果与微软结成联盟。微软购买了1.5亿美元的苹果股票，苹果将微软IE浏览器集成到苹果操作系统中。1998年1月7日，苹果宣布重新开始盈利。

1998年3月11日，苹果现任CEO蒂姆·库克加入了苹果公司。

1999年8月31日，史蒂芬·乔布斯展示了超级计算机Power Macintosh G4，500兆赫的G4处理器每秒可以执行超过10亿次浮点运算，它也因此被美国政府列为禁运武器类技术。

2001年5月，苹果宣布开设苹果零售店。2001年10月23日，苹果推出了iPod数码音乐播放器以及独家iTunes网络付费音乐下载系统，一举击败了索尼Walkman，成为全球占有率第一的便携式音乐播放器。2004年夏天，苹果与摩托罗拉合作推出了预装苹果iTunes播放器的音乐手机iTunes Phone，也叫MOTO ROKR E1。乔布斯亲自主持了发布会，并当场表示iTunes Phone是一款非常酷的手机。它的iTunes与iPod播放器完全相同，还配备有立体声扬声器和一枚iTunes快捷键。

2007年1月9日，苹果电脑（Apple Computer）更名为苹果公司（Apple），将主营业务超脱电脑之外，扩大产品线种类是其更名的主要原因。当日，乔布斯发布了第一代iPhone，并于2007年6月29日正式上市，如图6.6所示。这款手机被很多人视为真正开启智能手机时代的“开山之作”，其外观和功能彻底颠覆了以往的手机形态。初代iPhone采用了电容屏幕、重力感应器、加速器等先进技术，这些技术彻底改变了智能手机市场的格局。手机外壳由银灰色的铝合金（上半部分）和黑色的塑料（下半部分）组成。搭配3.5英寸（8.89厘米）的显示屏，分辨率为320×480。虽然之前已经出现了智能手机的概念，但iPhone的屏幕更大、支持多点触控，并且虚拟键盘运行也非常流畅。初代iPhone的设计和用户体验在当时堪称颠覆性的创新，为整个智能手机行业树立了新的标杆。苹果最初将iPhone看成是手机、iPod和手持设备的结合体。它引入了全触摸屏幕设计，与当时市场上的大多数手机相比，具有革命性的用户界面。此外，初代iPhone还具备互联网浏览、音乐播放和相机等功能，成为一款非常引人注目的产品。初代iPhone的发布正式拉开了智能手机与iPhone王国的序幕。后来，苹果不断迭代更新，推出了多款备受瞩目的iPhone手机。

图6.6　苹果公司推出的第一代iPhone

iPhone 3G于2008年7月11日正式上市。与前一代iPhone相比，它的外观设计没有太大变化，但增加了对3G网络的支持，移动数据传输速度更快，并配备了GPS功能。在发布的前一天，苹果推出了应用商店（App Store），为用户提供了丰富的第三方应用程序选择，推动了苹果手机软件生态的发展。2008年，iPhone的销量达到了1700万部。

2010年6月7日，全新设计的iPhone 4问世。乔布斯对其设计赞不绝口，iPhone 4采用了带集成天线的扁平设计，玻璃和金属外壳更薄、更坚固，通信卡卡槽也采用更小的micro-SIM卡槽。它拥有高分辨率Retina显示屏（640像素×960像素）和出色的500万像素摄像头，并支持视频通话。这是第一款具备多层次、多任务处理能力的iPhone，被认为自第一代iPhone以来最大的飞跃，也是苹果手机历史上极为重要的一个产品。同年，苹果还发布了iPad，这是一款结合了笔记本电脑和智能手机功能的平板电脑。乔布斯将iPad定位为介于手机和笔记本电脑之间的设备，旨在提供更便携、易用和多功能的计算体验。iPad的发布开创了平板电脑市场，并成为顶级平板电脑之一。

2011年8月，乔布斯辞去了苹果公司首席执行官的职务，董事会任命原首席运营官蒂姆·库克接任首席执行官，乔布斯则被选为董事长。

2011年10月4日，苹果公司发布了新一代智能手机iPhone 4S。这款手机采用iOS 5操作系统，并深度整合了Twitter功能。值得一提的是，iOS 5系统中引入了先进的语音助手Siri。然而，就在发布会的第二天，2011年10月5日，乔布斯因病逝世。久病缠身的乔布斯在人生的最后一天，躺在床上观看了他一直放不下的iPhone 4S新品发布会。iPhone 4/4S这两款产品作为乔布斯的遗作，被许多苹果粉丝视为永恒的经典，而iPhone 4S更是被认为是他最精美的作品。苹果公司在声明中赞扬了乔布斯的才华、激情和精力，称这些是苹果能够持续创新的源泉，并表示世界因为乔布斯而变得更美好。

2012年9月，苹果发布了iPhone 5，这款手机的屏幕尺寸变为4英寸（10.16厘米），更轻、更薄、更大是这款产品的最大特点。iPhone5引入了iOS 6系统，其中整合了Facebook。苹果在iOS 6系统中用自家的地图服务替代了谷歌地图。充电接口由之前的30pin接口变成了8pin新接口。搭载了苹果A6双核处理器，首次支持4G通信网络。4G通信技术是第四代移动信息系统，是在3G技术上的一次改良，4G通信将WLAN（wireless local area network，无线局域网）技术和3G通信技术进行了很好的结合，使图像的传输速度更快、传输图像的质量更高。

2014年9月10日，苹果公司打破了他们一年仅发布一款旗舰iPhone的传统，推出了iPhone 6/iPhone 6 Plus。iPhone 6采用4.7英寸（11.938厘米）屏幕，iPhone 6 Plus使用5.5英寸（13.97厘米）屏幕，满足用户对于更大显示区域的需求。该系列手机内置64位架构的苹果A8处理器，性能提升明显；同时还搭配全新的M8协处理器，专为健康应用所设计；并且加入Touch

ID，支持指纹识别；首次新增NFC（near field communication，近场通信）功能，支持苹果支付功能，使得手机成为一种便捷的支付工具。iPhone6系列是iPhone历史上销量最多的手机，累计销量达到两亿部。

2016年9月7日，iPhone 7和iPhone 7 Plus发布的时候，变化最大的要数Home键的全新设计，另外添加了振动反馈功能，能够感知压力，可以提供触感反馈，用户的响应度更高。同时还去掉了传统的3.5mm耳机孔，引入了无线耳机AirPods和Lightning接口的EarPods。iPhone 7 Plus还增加了双摄像头设计，像素均为1200万像素。

2017年4月，苹果启用新总部Apple Park，号称苹果飞船总部大楼，该大楼由乔布斯生前所设计，设计超前，如图6.7所示。

图6.7 苹果新总部Apple Park

2017年6月，苹果发布“苹果税”：凡是在App内购买的项目，苹果都抽30%的佣金，且必须走苹果支付渠道。创作者的收入因此受到影响。

2017年9月13日，苹果发布了iPhone 8/8 Plus和iPhone X。iPhone 8采用了双面全玻璃和金属中框设计，支持无线充电，相机性能进行了提升，并配备了全球第一款仿生芯片（A11 Bionic）处理器。iPhone X在发布会中是以“One more thing”的形式最后登场的一款手机，它是为纪念iPhone

十周年而特制的产品。iPhone X属于高端版机型，它采用全新的全面屏设计，取消了Home键。搭载色彩锐利的OLED（organic light-emitting diode，有机发光二极管）屏幕，配备升级后的相机，使用3D面部识别（Face ID）传感器解锁手机，支持无线充电和增强现实功能。

2019年9月苹果发布iPhone 11/iPhone 11 Pro/iPhone 11 Pro Max。iPhone 11配备了6.1英寸（15.494厘米）LCD视网膜显示屏，并且搭载了苹果最新的A13仿生处理器。同时，iPhone 11增加了一枚全新的超广角摄像头，支持四倍变焦，可以拍摄60fps的4K视频，fps是frames per second的缩写，表示每秒传输帧数。A13仿生处理器的加入，可以让iPhone 11拥有更长的续航时间。iPhone 11 Pro和iPhone 11 Pro Max提供了5.8英寸（14.732厘米）和6.5英寸（16.510厘米）版本，配备的显示屏在OLED显示屏基础上进一步提高了其亮度、对比度和色彩范围。

2020年2月，苹果因涉嫌通过iOS软件更新降低iPhone 6、iPhone SE和iPhone 7的运行速度，在法国被罚款2500万欧元。然而，苹果始终坚称这些功能是为了延长iPhone的使用寿命，且并没有强制升级。

iPhone 12系列于2020年发布。iPhone 12系列采用了全新的平面边框设计、更坚固的陶瓷盖板和MagSafe磁性充电技术。这一代手机还支持5G网络，第五代移动通信技术（5G）是具有高速率、低时延、大连接特点的新一代宽带移动通信技术，5G通信设施是实现人、机、物互联的网络基础设施。然而，这一代手机开始，苹果首次取消了随机附赠的充电器插头，引起了一些争议。

iPhone 13系列于2021年发布。iPhone 13系列在性能、摄像和电池续航等方面有了进一步的改进。除了将之前的竖排摄像头变为对角线排列外，其他外观几乎没什么变动。

2022年9月，苹果发布了iPhone 14系列，采用了4800万像素摄像头。同时进一步细化产品矩阵，在保留Pro、Max的基础上，增加了Plus的版本。普通版和Plus版本采用A15芯片处理器，Pro和Pro Max采用A16芯片处理器。

2023年9月，苹果发布了iPhone 15系列。iPhone 15系列在设计方面最引人注目的变化之一是USB-C端口，这一举措为用户带来更广泛的兼容性和更快的数据传输速度。在处理器方面，基础款（iPhone 15及iPhone 15 Plus）采用苹果A16仿生芯片，该芯片采用的是台积电4纳米工艺。A16片上系统配备六核CPU和五核GPU。高端款（iPhone 15 Pro及iPhone 15 Pro Max）则迈入3纳米时代，搭载的是苹果A17仿生芯片，该芯片拥有190亿个晶体管，由台积电代工。A17芯片拥有六核CPU和六核GPU，这进一步提升了手机的处理速度和能效，让用户能够享受到更流畅的使用体验。

苹果智能手机iPhone的成功离不开它背后的英雄——ARM架构。

6.3

ARM架构的崛起

处理器架构是指其设计和结构，不同的架构有着不同的特点和优势。目前，手机处理器常用的架构包括ARM、x86、MIPS等，其中ARM架构是最常用的。

ARM（advanced RISC machine）架构是一种RISC（reduce instruction set computing，精简指令集计算）架构，它的特点是指令简单、指令集少、指令长度一致。这种设计可以提高处理器的运行速度和功耗效率，同时减少芯片面积和成本。由于其低成本和能效高的特点，ARM架构广泛应用于移动设备，如智能手机和平板电脑。全球有超过95%的移动设备采用ARM设计架构的处理器。

事实上大部分手机处理器采用的都是ARM架构，例如高通、联发科、华为海思、苹果等。它们采用不同的核心设计、主频和制造工艺等，但都遵循ARM指令集的架构。

ARM架构的处理器可以很容易地集成其他硬件模块，例如GPU和AI加速器等，提高了芯片的整体性能和功能。ARM架构的处理器有着完善的生态系统和广泛的应用场景，软件和工具链的支持非常完善，开发者可以很容易地开发出高质量的应用程序。

ARM架构通常在低功耗和长电池寿命方面表现出色，但在计算能力方面可能不如x86架构。然而，随着ARM架构的不断演进，一些高端ARM处理器在性能上也开始逐渐接近x86。

x86架构是一种复杂指令集计算（complex instruction set computing，简称CISC）架构。在简单指令集计算（RISC）中，所有的计算都要求在寄存器中完成，而寄存器和内存之间的通信则由单独的指令来完成。然而在CISC中，CPU可以直接对内存进行操作。x86架构的特点是指令复杂、指令集多、指令长度不一致。这种设计可以提供更丰富的指令集、更复杂的硬件和更高的计算精度，但也会增加处理器的复杂性和功耗。

目前，只有少数几家公司在手机领域使用x86架构的处理器，例如英特尔和AMD。这些基于x86架构的处理器通常被用于个人电脑、服务器和高性能计算。这些处理器在性能方面具有优势，但功耗较高，不太适合用于手机等移动设备。

MIPS架构（microprocessor without interlocked piped stages architecture的缩写，亦为millions of instructions per second的双关语）也是一种采取精简指令集的处理器架构。其主要应用于嵌入式系统和网络硬件，如路由器和电视机顶盒等，在这些方面表现出色。MIPS设计理念强调高吞吐量和高指令并行度。

1981年，斯坦福大学教授约翰·轩尼诗（John Hennessy）领导他的团队，制作出第一个MIPS架构的处理器。他们原始的想法是通过指令管线化来增加CPU运算的速度。1984年，约翰·轩尼诗教授离开斯坦福大学，创立MIPS科技公司。值得一提的是中国“龙芯”采用的就是这种架构。不过这种架构极少用于手机。

接下来，让我们一起回顾下ARM公司的成长历史。

1978年，一家名为CPU（Cambridge Processor Unit）的公司诞生于英国剑桥市，创始人包括一位名叫赫曼·豪瑟（Hermann Hauser）的奥地利籍物理学博士和一位名叫克里斯·库里（Chris Curry）的英国工程师。公司成立后主要从事电子设备设计和制造业务，接收的第一份订单是制造某种机器的微控制器系统。这个微控制器系统被开发出来后，被称为Acorn System 1。1979年，公司更名为Acorn Computer Ltd。在Acorn System 1之后，他们又陆续推出了System 2/3/4，还有面向消费者的盒式计算机——Acorn Atom（如图6.8所示）。

1981年，公司迎来了一次难得的机遇——英国广播公司BBC打算在整个英国播放一套提高电脑普及水平的节目，希望Acorn能生产一款与之配套的电脑。后来，他们开发出了BBC Micro计算机，并主宰了英国教育市场，而在美国的对标产品就是苹果的Apple Ⅱ。当时，很多人将Acorn称为英国的苹果。

图6.8　Acorn公司盒式计算机——Acorn Atom

然而，Acorn面临着缺少合适芯片的苦恼。当时美国国家半导体和摩托罗拉公司的16位芯片售价过高，同时，当时如日中天的英特尔礼貌地拒绝了为他们提供相关处理器（80286）的设计资料和样品。一气之下，Acorn决定自己研发芯片。就这样，Acorn公司的研发人员从美国加州大学伯克利分校找到了一个关于新型处理器的研究——精简指令集计算（RISC），恰好可以满足他们的设计要求。在当时，微处理器的组成结构并不是十分复杂，即使是英特尔设计一代处理器的团队也不过50几人。RISC架构结构较精简，因此成了Acorn的不二选择。

Acorn在决定自己制作微处理器后，便派两个工程师，来自剑桥大学的计算机科学家索菲·威尔逊（Sophie Wilson）和史蒂夫·弗伯（Steve Furber），去美国考察一家名为WDC的处理器公司。当时，苹果的Apple Ⅱ和Acorn的BBC Micro使用的微处理器都是这家公司设计的6502处理器。令Acorn访问人员惊讶的是，这款大名鼎鼎的6502处理器竟然只是公司创始人一个人开发的，然后通过IP（intellectual property，知识产权）授权的方式将产品交由其他公司，这种模式让公司得到了很好的发展。这次美国之行让Acorn非常欣喜，他们不仅收获了信心，毕竟他们公司有两个人可以投入微处理器的开发，而且他们学习到了一种新运营模式，即IP授权。

1983年10月，Acorn决定启动微处理器研制计划。当时公司BBC Micro电脑在英国发展得很好。然而好景不长，由于初期工厂产能跟不上，好多客户取消了订单，后来产能上来了，PC市场风向又发生了变化，导致生产出来的电脑只能堆积在仓库，最终导致Acorn现金流捉襟见肘。1985年，Olivetti公司收购了Acorn 49.3%的股份。在后来一段时间内，Acorn成为Olivetti的一个子公司。

1985年，索菲·威尔逊和史蒂夫·弗伯最终完成了微处理器的设计。对于这块芯片，Acorn给它命名为Acorn RISC Machine。这就是人们常说的“ARM”三个字母的由来。

当时研发出来的第一款处理器芯片的型号被定为ARM1。ARM1与同时期英特尔的80286处理器（即常说的286）的对比如表6.1所示。

表6.1　ARM1与80286芯片性能对比

芯片	ARM1	80286
公司	Acorn	Intel
位数	32位	16位
工艺	3μm	1.5μm
晶体管	25000	134000
功耗	120MW	500MW
工作频率	6MHz	6～12MHz
出品时间	1985年	1982年

可以看出，ARM1和80286各有优势。然而就在同一年，1985年10月英特尔发布了80386，ARM1在80386面前相形见绌。让ARM直接与x86系列在性能上硬碰硬显然是不现实的。ARM有意无意地选择了与英特尔不同的设计路线——英特尔持续追求x86的高效能设计，而ARM则专注于低成本、低功耗的研发方向。

尽管后来ARM2和ARM3陆续发布，但并没有引起市场的广泛关注，很多人都不知道ARM处理器的存在。Olivetti的财务状况也不容乐观，1990年11月，Olivetti旗下的Acorn、芯片厂商VLSI公司和苹果公司联合重组ARM。苹果公司投了150万英镑，VLSI投了25万英镑，Acorn本身则以150万英镑的知识产权和12名工程师入股。其中VLSI公司是ARM处理器的制造公司，苹果入股ARM则是出于战略考虑。苹果公司当时正在开发平板电脑，苹果公司把平板电脑当作能够与Wintel联盟抗衡的武器，而平板电脑则需要低功耗的微处理器。据说，苹果公司不能容忍在新公司中继续存在Acorn这个昔日竞争对手的影子，因此ARM新公司是Advanced RISC Machine的缩写，而不再是Acorn RISC Machine的缩写。在苹果公司的协助下，直到ARM6面世，IP授权模式才逐步成型。

1993年，随着德州仪器加入ARM阵营，ARM迎来重大转机，德州仪器还说服诺基亚一同进入移动通信市场。通过与德州仪器和诺基亚的合作，ARM完全确立了基于IP授权的业务模式，而且ARM也顺势进入了手机行业。

1993年年底，ARM实现了自组建以来的首次盈利。同年，ARM推出了ARM7架构，这个架构非常适合手机这一应用场景。此后，德州仪器、诺基亚和ARM三方联盟一路高歌猛进。诺基亚最终击败了如日中天的摩托罗拉，甚至使得后者放弃自行研发的微处理器，转而投入ARM阵营。此后，ARM的崛起已经势不可挡，几乎所有的手机都开始使用ARM架构的微处理器。

从ARM7架构开始，ARM的命名方式有所改变。新的处理器家族，改以Cortex命名，并分为三个系列，分别是Cortex-A、Cortex-R、Cortex-M。值得一提的是，这三个系列的首字母合起来依然是“ARM”。ARM架构在不断演变的同时，仍保持了各个版本之间的兼容性。

Cortex-A系列架构中的A指的是application processors（应用处理器），是面向性能密集型系统的应用处理器内核，主要应用于人机互动要求较高的场合，包括PDA、手机、平板电脑、GPS等。

Cortex-R系列架构中的R指的是real-time processors（实时处理器），是面向实时应用的高性能内核，主要应用于硬盘控制器（固态驱动控制器）、企业中网络设备和打印机、消费电子设备（例如蓝光播放器和媒体播放器）、汽车应用（例如安全气囊、制动系统和发动机管理）。

Cortex-M系列架构中的M指的是microcontroller processors（微控制器处理器），是面向各类嵌入式应用的微控制器内核。该系列专为低功耗、低成本系统设计，应用在通用低端、工业、消费电子领域微控制器，偏向于控制方面。目前火热的物联网（internet of things，IoT）领域常常见到采用Cortex-M架构的处理器。

其实，除了上述三大系列之外，还有一个主打安全的Cortex-SC系列（SC：securcore）芯片。

ARM采用的是IP授权的商业模式，收取一次性技术授权费用和版税提成。ARM的授权方式分为三种：使用层级授权、内核层级授权和架构层级授权。这三个层级的权限依次递增。

使用层级授权是最低的、最基本的授权等级，用户只能使用别人提供的定义好的IP来嵌入到自己的设计中，不能更改别人的IP，也不能借助别人的IP创造自己的基于该IP的封装产品。拥有使用授权的用户只能购买已经封装好的ARM处理器核心，如果想要实现更多功能和特性，则需要通过增加封装之外的DSP核心的形式来实现或通过对芯片的再封装方法来实现。

内核层级授权是指可以在一个内核的基础上加上自己的外设，不能改变原有设计，但可以根据自己的需要调整产品的频率、功耗等。例如三星、德州仪器、博通等公司拥有内核层级授权，但他们并没有权限去对内核进行改造。

架构层级授权是指ARM会授权合作厂商使用自己的架构，并且可以对ARM架构进行大幅度改造，甚至可以对ARM指令集进行扩展或缩减，以便根据自己的需要来设计处理器。例如高通和苹果分别在取得ARM的授权后根据自己的需求设计完成了Krait架构和Swift架构。某一版本的架构层级授权通常是永久性的。

打个很形象的比方：我给你做了个蛋糕，你只能原封不动地吃，不能改动，不能添配料，那就是使用层级授权；我允许你在蛋糕上加点奶油或者水果，那就是内核层级授权；我给你材料和配方，你可以按自己的喜好重新做一个蛋糕，那就是架构层级授权。

ARM的授权模式还包括了学术授权，是免费面向高校和科研机构的。还有一种授权途径Design Start，是为了方便半导体企业低成本、低风险、快速了解ARM IP的一种授权模式。这两种模式下设计出来的芯片不能销售，只能用于内部研究。

此外，ARM还有多用途授权和终身多用途授权，以时间为授权效力划分，相对来说比较适合大型企业。而单用途授权以用途划分授权效力范围，这种授权模式之下，需要交一笔前期授权费，此后按照每颗芯片收取约2%的版税。这种授权相对来说比较适合创业公司，或者目标明确的特定设计项目。

正是ARM的这种授权模式，极大地降低了自身的研发成本和研发风险。它以风险共担、利益共享的模式，形成了一个以ARM为核心的生态圈，使得低成本创新成为可能。目前ARM在全球拥有大约1000个授权合作。正是靠着如此众多授权伙伴的支持，ARM芯片出货量累计超过2700亿颗，可以绕地球65周。

ARM看到了中国市场蓬勃发展的潜力，于2002年进入中国，与中国的合作伙伴携手共同建设ARM生态。为了更好地适应中国市场，ARM为中国厂商提供定制化的服务，帮助他们更快、更便宜地获得ARM授权。例如ARM在中国实施了一项名为“IP Access”的策略，用户只需支付一定的授权费用，就可以从众多产品中选择自己需要的ARM核。即使在开发过程中发现某个核不再适用，也可以随时更换另一个核。

ARM的公开信息显示，截至目前，ARM在中国已经拥有超过370个合作伙伴。这些合作伙伴基于ARM技术推出了大量国产SoC（系统级芯片）。现在，95%的国产芯片都是基于ARM技术的。许多ARM中国合作伙伴所设计的芯片已经在全球物联网、移动和云服务器等众多应用领域占据领先地位，成为全球化半导体市场中不容忽视的创新推动力。

ARM已经垄断了移动芯片市场，并逐渐进入PC市场。基于该架构建立服务器芯片生态将相对容易，因此也备受关注。目前，国产服务器芯片企业中有华为和飞腾基于ARM架构研发服务器芯片，其中华为拥有较为完整的产业链，自主研发ARM核心架构，同时基于自有ARM架构服务器芯片研发服务器产品，并计划与华为云计算相结合。基于开放的ARM芯片IP授权，众多厂商共同参与了ARM服务器架构规范标准的制定。2016年4月，ARM在工业和信息化部的牵头下，与戴尔、华为、阿里巴巴等成立了绿色计算产业联盟，推动基于ARM架构的服务器。

2016年7月4日，在土耳其马尔马里斯的一家港口餐厅，软银创始人孙正义与当时担任ARM公司董事长斯图尔特·钱伯斯（Stuart Chambers）和ARM首席执行官西蒙·希格斯（Simon Segars）进行了会面。孙正义直截了当地表示：“我此次前来并非为了其他事情，我正在考虑收购ARM。不是进行投资，而是100%的收购。”

孙正义给出了一个令钱伯斯和希格斯无法拒绝的价格：高出ARM当时股价43%的溢价，报价320亿美元。仅仅14天后，ARM便顺利成为软银旗下的一家公司。这次会面不仅改变了ARM的历史，也直接促成了ARM中国合资公司安谋科技的诞生。

自2018年，ARM中国子公司以安谋科技（中国）有限公司（“安谋科技”）的身份开始独立运营，立足本土创新，推出了“周易”NPU（neural processing unit，神经网络处理器）、“星辰”CPU等自研业务产品。安谋科技是中国最大的芯片IP设计与服务供应商。过去二十余年，安谋科技及前身持续赋能国内移动、终端、物联网、汽车、数据中心等芯片设计产业。时至今日，安谋科技在国内的授权客户超过370家，累计芯片出货量突破300亿片，拉动了下游科技产业生态。

6.4

新时代芯片的新应用

伴随着移动互联网的诞生，人们工作和生活不再局限在某个特定的时间和空间，而是可以随时随地连接到互联网，进行各种丰富多彩的网络互动。本节从三个维度来讨论芯片的新应用场景。

（1）智能音箱与语音识别技术

智能音箱是指通过语音控制的音箱设备，它可以通过与用户的对话，实现音乐播放、控制家电、查询天气、消费购物等功能。与传统音箱相比，智能音箱将多项人工智能技术创新融合，是一种具备智能语音交互功能的科技系统。其特色就是在提供互联网服务内容的同时，还具备交互扩展功能。

从智能音箱的发展历程来看，全球第一款智能音箱产品Amazon Echo由亚马逊在2014年推出，如图6.9所示。自此，传统蓝牙音箱中正式加入了语音交互功能，也奠定了智能音箱的功能基础。我国紧随其后，迅速加入智能音箱研发浪潮。2015年，京东联合科大讯飞正式推出我国首款智能音箱“叮咚”，也揭开了国产智能音箱高速发展的序幕。此后，包括互联网巨头阿里巴巴、华为、百度、腾讯、小米以及众多传统音箱企业、语音技术科技企业等纷纷加入产业赛道。

图6.9　全球第一款智能音箱产品Amazon Echo

随着科技的进步和人们对生活品质的追求，智能音箱和语音识别技术已经变得越来越普遍。它们为我们的日常生活提供着智能化、便捷化的服务。在使用场景上，借助物联网技术和人工智能技术，智能音箱也逐渐扩展到家居领域。智能音箱就像是个万能的小助手，与各种家居应用结合，让我们可以轻松掌控家庭环境。现在，只要呼唤一声，你的智能音箱就可以为你打开空调，甚至帮你搜索新闻、查看股票行情。

智能音箱的核心部件是语音助手，它通过语音识别和理解，能够听懂你的话并执行相应的指令。智能音箱和语音助手的核心功能是语音识别，它们能够将用户的语音转化为文本，并通过自然语言处理技术理解用户的意图。在智能家居领域，语音助手担当着重要的角色。首先，它能够为用户提供更加便捷的操作体验。用户只需通过语音发出指令，就能直接实现相应的操作，省去了烦琐的步骤。其次，语音助手还能提供更加个性化的服务。通过学习用户的喜好和习惯，它能为用户提供更加智能、精准的推荐和建议。最后，语音助手还能与其他智能设备进行互联，实现智能家居的整体化管理。当你早晨醒来时，它会自动为你开启窗帘、调节灯光。当你晚上回家时，它也会为你开启夜灯、播放音乐，让你感受到家的温馨。

近年来，越来越多的企业开始加强对智能音箱功能特色的研发力度。随着ChatGPT、文心一言、通义千问等大语言模型新技术的深度应用，智能音箱在语音识别、人机交互、内容服务、互联网服务、智能家居控制等方面的功能得到了不断升级，进一步激活了市场潜力。以智能音箱的核心交互功能为例，过去市场上的主流产品基本只能实现“一问一答”或者简单的人机对话。如今，在生成式AI技术的驱动下，新型智能音箱产品的内容生成和理解能力得到了进一步提升，可以更加精准高效地理解用户意图，甚至可以让回答内容的质量接近真人的表现。此外，智能音箱的应用场景也在不断扩展。除了家居领域之外，智能音箱在汽车、手机、电视等领域的应用也越来越普遍。在万物互联的背景下，智能音箱的串联功能越来越突出，随着智能家居的发展和核心技术的持续升级，智能音箱所构建的交互生态圈已经成为智能家居生活的重要体现。

语音识别芯片是实现语音交互的关键基础。在语音交互设备中，语音识别芯片凭借定制化、低功耗、高能效以及低成本的优势变得越来越重要，成为人与机器之间“沟通”的重要桥梁。语音识别芯片已经广泛应用于多个领域，包括智能音箱、智能家居、智能手机、车载语音交互和医疗保健等。特别是在智能音箱和车载语音交互领域中，语音识别芯片的应用已经成为产业链中最为重要的一环，推动了整个产业的快速发展。作为语音芯片市场的领先企业，联发科占据了大量市场份额。

当前，仅仅依靠语音识别和语音交互已经无法满足人们多样化的需求，因此智能助手的出现显得十分必要。传统的语音识别技术仅仅是把语音转化为文字或指令，而智能助手则提供了更高级别的语音交互体验。智能助手利用机器学习、自然语言处理等技术，通过与人类的交互来提供智能化服务。与传统的语音识别不同，智能助手需要能够理解人类的情感、个性等因素，并且能够根据用户的需求提供更加个性化和智能化的服务。在未来，智能助手将更加注重应用人工智能、大数据、区块链等技术，以及进一步提升语音合成、语义分析等技术。这将确保智能助手能够提供更高效、更可靠的智能服务，更好地实现智能家居场景下的智能化生活。

（2）智能手环和智能手表

当智能穿戴产品刚刚兴起之时，手环只有触摸键而没有屏幕，我们不能查看时间，还必须通过手机APP查看计步数据。而如今的智能手表、智能手环不仅可以显示时间、步数、心率等基础数据，它们还可以担当用户的贴心小助手，提醒用户定时休息、开始运动、接听电话等，为我们的日常生活提供了极大的便利。每天早晨醒来，我们可以在智能手表上查看昨晚的睡眠状态；早晨开始锻炼时，运动手环则持续监测我们的心率；上班途中，用智能手表听首歌轻松一下。如今，智能手表、手环已经成为一些人生活工作中不可或缺的良伴。

智能手表和手环还集成了社交互动的功能，能够实现多种社交聊天和分享互动等功能，为人们的日常生活带来便利。它们通常采用简洁的设计风格，外观比传统手表更简单、精美。此外，许多表盘都可以拆卸，让用户能够自由选择搭配表链和表带。在功能丰富的同时，智能手表和手环还可以进行个性化设计，更符合年轻人的审美观。

随着大众对健康的重视程度日益提高，智能手表、手环中集成的健康管理功能受到了越来越多人的关注。与此同时，智能手表、手环的数据分析和处理能力也在突飞猛进，它们能够为我们提供更为精准的健康数据分析和建议。举例来说，一些智能手表、手环配备了内置传感器和算法，实时监测和分析用户的运动姿态、心率、血压等数据，并针对用户的身体状况和健康目标，提供个性化的运动和健康建议。它们可以帮助我们记录睡眠状态、计算运动量、监测心率等。一些老年人和慢性病患者则可以通过智能手表、手环来监测自己的生命体征和健康状况，及时发现和处理健康问题。专业运动员和健身爱好者可以利用智能手表、手环监测运动数据，以便更好地调整训练计划。

智能手表、手环的普及也得益于智能家居和物联网技术的不断发展。通过与其他智能设备的联动，如智能手机、智能家居、智能车载系统等，智能手表、手环为我们的生活带来更加智能化和便捷的体验。

那么今天我们习以为常的智能手表，又是如何戴上我们的手腕，成为我们日常生活的一部分呢？让我们把时间倒回到2013年，那时候有一款科技产品特别火——Google眼镜。那时，随着3G移动网络的全球覆盖，智能手机就像雨后春笋一样冒了出来。大家都在追求智能化，各种新点子层出不穷。人们想："我们能不能把智能产品穿戴在身上呢？"于是，Google眼镜就应运而生了，与此同时，智能手表也受到了同样的期待。

2012年4月，一个叫Pebble的智能手表在Kickstarter上发起了众筹。才2个小时，就预售了10万美元！一个月下来，竟然筹到了1026万美元！这足以证明那时候人们对智能手表有多么狂热！第一代Pebble有一个电子墨水屏，能通过蓝牙与iPhone或安卓手机连接。它能干什么呢？它可以显示来电信息、电子邮件、天气、日历事件提醒、Facebook短消息和状态，还有闹钟和秒表功能。现在看来，Pebble可能就是个简单的腕上信息通知器，而且实际体验也可能并不是那么好。但那时候，Pebble的火爆吸引了像三星、高通、摩托罗拉、LG等巨头进入智能手表市场。可以说，Pebble智能手表（如图6.10所示）众筹的成功，宣告了现代智能手表时代的到来。

图6.10 Pebble智能手表

在智能手表的发展初期，主板上的所有元器件都没有合适的选择，很多需要用手机上的元件来代替。然而，手机上的元件在性能、功耗、体积上都不能满足手表这类小型化设备的要求。此外，传感器尚未微型化，小型屏幕的显示与触控技术与手机相比完全脱节等问题也令人困扰。智能手表作为一个热点事物的出现具有一定的偶然性，各家对于如何做好智能手表都没有足够的经验积累。当时的智能手表很多都是直接使用诸如高通骁龙400这类为手机开发的处理器。初代Apple Watch所使用的苹果S1处理器只是单核芯片，日常使用时卡顿明显。

操作系统方面，一开始大家都是使用原生安卓，并没有专门为手表做适配。后来三星在Gear 2上转向了Tizen系统，Google也在2014年发布了专属的手表操作系统Android Wear，也就是日后的WearOS，而Apple Watch则搭载了WatchOS系统。然而，这些操作系统在早期的体验上表现平平。最终，智能手表在实际使用中并不怎么智能，功能有限且不好用，耗电又快。况且无论它如何智能，用户终归只能在一块小小的屏幕上使用它，而这样的使用体验实在难言优秀。于是，在初期热潮过去之后，消费者开始对智能手表的必要性产生怀疑，市场迅速冷却。曾经一度风头无两的Pebble也被另一家健身手环公司Fitbit收购。

作为可穿戴设备，智能手表最大的优势在于紧贴我们的身体。它可以应用于不方便使用手机的场景，以及需要便捷地监测我们身体的场景，从而获取有关健康和运动的数据。这也是智能手表从一款热门尝鲜品逐渐演变为正常迭代的成熟产品的主要方向。

在运动方面，虽然早期的智能手表已经具备了部分运动监测功能，但仅限于日常计步。当时也有专门用于运动监测的手环，因此智能手表并未将运动监测作为主要卖点。然而，无论是运动手环还是智能手表，它们都是佩戴在手腕上的产品，因此智能手表同样可以通过各类传感器实现运动监测功能。由于智能手表的表身比机械表轻盈多了，出门跑步可以把手机丢在家里，非常方便，因此用于平时运动监测很实用。

在健康方面，智能手表具有得天独厚的优势，毕竟专业的医疗器械操作不便且不便于携带。而智能手表则依靠其产品形态的优势，自然走在了用户健康监测的前沿。第一批智能手表，包括Apple Watch和华为Watch，已在机身上配备了心率传感器来检测用户的实时心率。随后，随着传感器和相应配置的升级，已经可以实现24小时实时心率监测。而在Apple Watch S4和S6上，又分别新增了ECG心电检测传感器和血氧传感器，并在WatchOS中添加了睡眠监测功能，构成了今天智能手表健康监测的四个基础维度。华为作为安卓阵营在智能手表健康领域走在前列的选手，已经与我国的各大医疗机构进行了长期的联合开发。旗下最新产品华为Watch 4 Pro可一键启动检测心率、血氧、心电图、心血管健康、呼吸健康等10项健康指标，60秒即可完成检测并生成微体检报告，此外还可以对高血糖风险进行评估。虽然智能手表对于健康数据的检测精度没有专业医疗设备高，但胜在随时随地的便捷性，已有大量案例证明了智能手表对于身体异常的提醒，能够帮助用户及时采取措施来规避进一步的风险。

在具备更强的独立使用、运动与健康监测性能后，我们看 到了今天智能手表所展现出来的产品形态。目前配备心率、血氧、体温监测等功能的腕上穿戴产品销售良好。

随着eSIM技术的逐渐成熟，智能手表的独立通话功能得以实现。用户可以将传统SIM卡直接嵌入到设备芯片上，无须将其作为独立的可移除零部件加入设备中。这样，用户无须插入物理SIM卡即可使用。智能手表和手机可以共享一个电话号码，这样都可以实现通话功能。在锻炼的时候即使不带手机，也不影响接听电话等。

智能手表、手环所用到的芯片主要有Cortex-A和Cortex-M两种架构。Cortex-A的代表芯片有华为海思麒麟710L，用于华为Watch 3系列智能手表。基于Cortex-A架构的智能手表的特点是性能强，可运行对GPU高要求的软件，缺点是功耗高、续航短、价格贵，适合于不在意续航或者对性能有高要求的人群。Cortex-M的代表芯片如华为海思A1，代表机型如华为Watch GT1/2/3系列、小米S1系列，以及市面上大部分智能手环。其优点是续航长、功耗低，缺点是性能不足，适合于充电不方便的场景下使用。

（3）电动汽车

随着环保意识的提高和汽车技术的进步，电动汽车作为一种新兴的绿色交通工具，正在逐步改变着人们的出行方式。为了促进电动汽车的发展，许多国家和地区也相继出台了相关政策。例如欧盟于2014年推出了*Clean Power for Transport Package*，以促进清洁能源在交通领域的应用。中国也于2012年发布了《关于加快新能源汽车产业发展的若干意见》。

根据国际能源署发布的报告，全球电动汽车在2022年的销量超过了1000万辆。根据彭博新能源财经（BNEF）发布的研究报告，2026年全球电动汽车保有量将超过1亿辆，2040年将达到7亿辆。在我国，根据统计，截至2023年9月底，全国新能源汽车保有量达1821万辆，占汽车保有量的5.5%。当前，新能源汽车已经进入快速普及阶段。

可是，你知道吗？如今蓬勃发展的电动汽车早在一百多年前就已经出现了。1832年，苏格兰科学家罗伯特·安德森（Robert Anderson）就发明了第一辆电动汽车原型。1859年，法国科学家加斯顿·普兰特（Gaston Plante）发明了第一辆电动汽车。1891年，美国发明家威廉·莫里森（William Morrison）发明了第一辆商用电动汽车。1900年，电动汽车在美国的市场占有率达到了38%。然而，由于当时电池技术的限制，电动汽车无法长时间行驶，且充电时间过长，因此随着内燃机的发展，电动汽车的市场份额逐渐下降。

20世纪60年代，电动汽车重新受到关注，美国政府开始资助电动汽车的研究和开发。20世纪80年代末至90年代初，随着环保意识的不断提高和石油价格的不断攀升，电动汽车再次引起了人们的关注。1996年，通用汽车推出了第一辆现代电动汽车EV1，这是一辆纯电动汽车，可以行驶130英里（约209千米）左右的距离。然而，由于EV1成本高昂且销量不佳，通用汽车于2003年停产。2006年，特斯拉公司成立，2008年，特斯拉公司推出了Roadster电动跑车，如图6.11所示，其拥有超过200英里（约322千米）的续航里程，成了市场上的一匹黑马。2012年，特斯拉推出了Model S，这是一款全电动豪华轿车，成了电动汽车市场的里程碑。

电动汽车相比于传统汽车需要用到更多的电子部件，有人形象地形容电动汽车就是一台移动的大型手机或平板。在过去的几十年里，半导体产品在汽车中的应用得到了迅速扩展，汽车电子成了增速最快的细分市场之一。根据中国汽车工业协会提供的数据，传统燃油车需要600～700颗汽车芯片，而电动车所需的汽车芯片数量将提升至1600颗，更高级的智能电动汽车对芯片的需求量则有望达到3000颗。

图6.11　特斯拉Roadster：电动汽车的革命先锋

汽车芯片就像人类的大脑，按照功能可以分为三大类：控制、感知和执行。进一步细分，它们可以分为九大类：控制芯片、计算芯片、传感芯片、通信芯片、存储芯片、安全芯片、功率芯片、驱动芯片和电源管理芯片。

控制芯片（micro-controller unit，MCU）也称为“微控制单元”，负责算力和处理，用于发动机、底盘和车身控制等，例如用于自动驾驶感知和融合的AI芯片。一辆汽车中所使用的半导体器件数量中，MCU所占比例约为30%。

计算芯片包括中央处理单元（CPU）芯片和图形处理单元（GPU）芯片。在汽车中，CPU芯片主要应用于汽车的信息娱乐系统，如车载导航和音乐播放等。这种芯片能够处理复杂的计算任务，对接多媒体接口，提供强大的处理能力。GPU芯片主要应用在高级辅助驾驶系统和自动驾驶系统中，用于处理大量的视频和图像数据，进行行人识别、物体识别和行驶路线规划等。

传感芯片在汽车中发挥着重要的作用，其中包括速度传感器、压力传感器、温度传感器和雷达传感器等。这些传感器能够实时监测汽车的运行状态，为驾驶员提供关键信息，同时也能为汽车的安全系统提供必要的支持。

无线通信芯片能够让汽车与互联网建立连接，实现数据传输，从而支持车载信息服务、远程控制和实时导航等功能。

汽车的信息娱乐系统、导航系统和安全系统等都需要大量的存储空间，因此存储芯片在汽车中扮演着重要的角色。常见的存储芯片包括闪存芯片和固态硬盘芯片等，它们能够存储大量的数据，并具备快速读写能力，从而保证系统的流畅运行。

汽车的信息安全和驾驶安全是消费者关注的重点，因此汽车中也广泛应用了各种安全芯片，如身份认证芯片和数据加密芯片等，它们能够保护汽车的数据安全，防止非法访问和攻击。

功率芯片是电子装置中电能转换与电路控制的核心，主要用于改变电子装置中的电压和频率以及直流交流转换等。在每台电动汽车中，中高压MOSFET的平均用量已经提升至200个。

对于电动汽车而言，驱动芯片起着至关重要的作用。它能够控制电机的转速和转向，从而确保汽车的稳定驾驶。同时，驱动芯片也能有效地管理电池的电量，提高电池的使用效率，延长电池的使用寿命。

电源管理芯片主要负责车载电子设备的电源供应，包括启动电源、车灯电源和仪表板电源等。它能有效地管理和分配电力，从而保证车载电子设备的正常运行。

未来，随着车用半导体芯片性能的提升，智能化水平必将进一步提高，无人驾驶终将到来，从而吸引更多的人使用智能电动汽车。电动汽车的普及也将推动电池性能的提升及新能源基础设施的建设，如充电站和换电站等，从而提高电动汽车的使用便利性，形成良性循环。

6.5 中国芯片的崛起之路

中国芯片被“卡脖子”，不少人认为是起步晚的结果，但这其实是一个误会。早在台积电创始人张忠谋还在美国打工时，中国就已高度重视半导体产业。1956年，制定了第一个发展科学技术的长远规划，即《1956—1967年科学技术发展远景规划》，其中就包括了半导体在内的57项重大任务。

中国半导体产业的发展大致经历了三个主要的阶段。

第一个阶段是1965—1978年的自主研发阶段。这一阶段是中国芯片产业从无到有、从落后到追赶的起步阶段。1965年，在中国科学院半导体研究所和河北半导体研究所等单位的努力下，中国成功研制出第一块单片集成电路（IC），比韩国早了10年。自1965年起，中国开始重视半导体产业的发展，主要以计算机和军工配套为目的鼓励发展芯片产业，并自主研发了与芯片产业相关的基础材料和设备。在黄昆、谢希德、王守武（微电子科技领域“三大巨头”）等的带领下，中国在集成电路设计、工艺、设备、材料等方面取得了一系列重要突破，并建立了初步的产业体系和基础设施。然而，这一时期中国芯片产业虽然不断发展，但与同时期的世界半导体产业发展相比，中国半导体产业发展速度缓慢，明显落后于世界先进水平。

第二阶段是1978—1999年的引进建设阶段。在这个阶段，中国逐渐开始引进国外较为先进的技术和设备，经过积极的引进和探索，中国半导体产业取得了一定进步，但是在技术上与先进水平相比要落后两三代。

1980年，中国第一条3英寸（7.62厘米）线在878厂投入运行。

1982年，江苏无锡国营724厂从东芝引进电视机集成电路生产线，这是中国第一次从国外引进集成电路技术。

1985年，第一块64KB DRAM在无锡724厂试制成功。

1986年3月，面对世界高技术蓬勃发展、国际竞争日趋激烈的严峻挑战，在充分论证的基础上，党中央、国务院果断决策，于1986年11月启动实施了国家高技术研究发展计划，简称863计划。

1988年，上海无线电十四厂建成了我国第一条4英寸（10.16厘米）线。

1990年8月，国务院决定在“八五”（1990—1995）期间推动半导体产业升级，促成中国半导体产业进入1微米以下工艺制造时代。这就是当时著名的“908工程”。908工程总投资约20亿元人民币，分为两个主要部分：15亿元人民币用于投资建设华晶电子的6英寸（15.24厘米）晶圆厂12000片产能；其余投资用于成立了数家集成电路产品设计中心。

1995年底，诞生了推动半导体产业发展的909工程。

909工程涉及两个主要项目，一是中央和上海共同投资建立了8英寸（20.32厘米）晶圆厂华虹微电子（后更名为华虹集团）。同时，与日本NEC在1997年合资组建了上海华虹NEC电子有限公司，由NEC提供8英寸整厂0.35微米技术转移，且主产品随后调整为当时主流产品（64MB DRAM）。华虹NEC在两年内实现了量产，并于2000年开始盈利。二是积极推动面向市场经济的集成电路企业发展，在追求制造工艺先进的同时，也需兼顾市场需求，加强民用市场的竞争力。909工程的实施为中国进入21世纪后芯片产业的发展奠定了基础。

第三阶段是2000年至今，中国半导体产业进入高速发展阶段。在这一阶段，国家出台了一系列政策，从财税、进出口、知识产权等方面，对芯片产业进行重点扶持和发展。这一阶段是中国芯片产业加快调整结构、提升竞争力、实现跨越式发展的转折阶段。在政策引导和市场需求双重驱动下，中国芯片行业也迎来了转型。

2000年，中芯国际集成电路制造（上海）有限公司（简称中芯国际）在上海成立。中芯国际的英文简称是SMIC，它是semiconductor manufacturing international corporation这四个词的首字母缩写。

2000年6月，国务院发布《鼓励软件产业和集成电路产业发展的若干政策》。这是我国第一次系统全面支持半导体产业发展的信号弹和定心丸，表明国家坚决支持半导体产业的立场。

2001年9月中芯国际正式建成投产，创下了当时最快的建厂速度。

2002年，科技部与上海市联合设立上海微电子装备公司，承担光刻机主要攻关任务。同时，中电科45所也把自己研究分步式光刻机的团队搬至上海，共同开发。

2002年，中国第一款批量投产的通用CPU芯片“龙芯一号”研制成功。

2003年，台积电（上海）有限公司落户上海。2003年年底，中芯国际拿下了全球第四大代工厂的位子。

2004年9月，中芯国际的第一条12英寸（30.48厘米）线在北京投入生产。它的建成是我国IC制造新的里程碑，与国外技术差距进一步缩短。2004年10月，华为海思半导体有限公司成立，其前身是创建于1991年的华为集成电路设计中心。

2006年，国务院发布《国家中长期科学和技术发展规划纲要（2006—2020年）》，设立了“国家科技重大专项”:《核心电子器件、高端通用芯片及基础软件产品》（业内称“01”专项）和《极大规模集成电路制造装备及成套工艺》（业内称“02”专项）。其中“01”专项又被称为“核高基”专项，它被列为16个科技重大专项之首，排在了载人航天、探月工程之前。

2006年10月，由韩国海力士半导体有限公司和意法半导体公司合资建设的大型存储器芯片厂在江苏省无锡市宣布投产，项目总投资20亿美元，拥有8英寸和12英寸两条芯片生产线，主要生产NAND型闪存和动态随机存取存储器（DRAM）芯片。其月产芯片近7万片，成为当时国内最大的芯片制造厂。

2008年，中芯国际宣布其第一批45纳米产品成功通过良率测试，同年中星微电子手机多媒体芯片全球销量突破1亿枚。

2011年，国务院印发了《进一步鼓励软件产业和集成电路产业发展若干政策的通知》（简称“4号文”）。

2012年，我国发布《集成电路产业“十二五”发展规划》。同年，韩国三星一期投资70亿美元的闪存芯片项目落户西安。

2013年，紫光收购展讯通信、锐迪科，集成电路设计产业格局发生变化。

2014年，国务院正式发布实施《国家集成电路产业发展推进纲要》，将集成电路产业发展上升为国家战略。同年，“国家集成电路产业发展投资基金”（大基金）成立。

2015年，上海国资委、国家大基金等部门和机构联合成立硅产业集团，借助资本的力量，加快中国大硅片产业的发展。同年，中芯国际28纳米芯片实现量产。

2016年，紫光集团与大基金投资长江存储。同年，第一台全部采用国产处理器构建的超级计算机“神威太湖之光”获世界超算冠军。

2017年，紫光集团旗下长江存储通过自主研发和国际合作相结合的方式，成功设计制造了中国首款3D NAND闪存。同年，华为旗下海思发布全球第一款人工智能芯片麒麟970。

2018年，长江存储研发成功32层3D NAND闪存芯片，这是长江存储耗资10亿美元，1000人团队历时2年研发成功的国内第一款32层3D NAND闪存芯片。

2019年，国家集成电路产业投资基金二期股份有限公司成立（简称“大基金二期”），注册资本为2041.5亿元，同样将投资重心放在了芯片等产业。但不同于大基金一期投资方向主要聚焦集成电路芯片设计、制造、封装、测试，大基金二期更偏重应用端，同时还对刻蚀机、薄膜设备、测试设备等领域的企业给予支持。同年，海思发布全球首款5G SoC芯片海思麒麟990，采用了全球先进的7纳米工艺。中芯国际14纳米工艺量产。长江存储64层3D NAND闪存芯片实现量产。

2020年，华为海思成功发布了麒麟9000处理器。这款处理器是基于5纳米工艺制程的手机SoC，采用八核心设计，最高主频可达3.13吉赫。首发搭载机型是华为Mate 40系列。在手机处理器等领域海思取得了显著突破，海思半导体的麒麟芯片系列已经成为全球手机市场的重要竞争力量。

2021年7月，首款采用自主指令系统LoongArch设计的处理器芯片，龙芯3A5000正式发布。

2022年，长江存储在年末的闪存峰会上正式发布了新一代NAND闪存芯片，首次提出了200+层3D NAND闪存解决方案，领先于三星、美光、SK海力士等国际知名厂商。此外，这一年全国有28座晶圆厂、存储厂在各地开工建设。

2023年半导体产业界最振奋人心的事莫过于华为沉寂多年突然推出了新一代手机HUAWEI Mate 60，它搭载华为自研麒麟9000S八核处理器，预装华为Harmony OS 4.0操作系统。华为Mate60系列手机的国产化率高达90%以上，该手机至少有46家供应链来自国内，这种高度的国产化率在手机行业中堪称前所未有。

在中国半导体产业发展的第三阶段，张汝京和他创立的中芯国际起着举足轻重的作用。因此张汝京被称为“中国芯片的钱学森”“中国半导体之父”。

张汝京生于南京，长于台湾，成名于美国。29岁时，张汝京进入了德州仪器，在这家全球领先的半导体公司任职。此时，另一位华人芯片之父张忠谋，也在德州仪器工作，担任副总裁。但此时两人并无交集，谁也想不到多年后两人会有一场长达二十年的纠缠。张汝京在德州仪器任职20年间，为自己打下了坚实的造芯基础，他帮助德州仪器在美国建了4座芯片生产厂。随后，他先是来到意大利，后来又到日本、新加坡、中国台湾等地，先后建了10座芯片生产厂。当时的张汝京就是世界芯片的风向标，他到哪里建厂，哪里就是下一个芯片市场的孵化地。

看着儿子在全世界各地纷纷建立工厂，张汝京的父亲一直追问:“什么时候，你能回到大陆建一座工厂呢？”于是，回国制造芯片的想法就这样在张汝京心中生根发芽。

直到1997年张汝京的父亲去世，他才意识到时间的紧迫性。于是他决定回国，尽管遭到了许多人的反对。然而，当时大陆的芯片制造技术十分落后，没有合适的土壤。于是，张汝京选择在台湾建立自己的第一个工厂——世大半导体公司，并计划逐渐向大陆转移。仅过了三年，世大半导体公司就一举成为台湾第三大芯片代工厂，产能达到了当时台湾第一芯片代工厂台积电的30%。

2000年，张汝京来到上海创立中芯国际。2000年8月，中芯国际在浦东正式打下第一根桩。2001年9月，仅仅用了13个月时间，中芯国际便拥有了第一座0.25微米以下制程技术的8英寸晶圆代工厂。2003年，中芯国际突破了90纳米制程，紧跟国际先进制程水平。在生产过程中，张汝京还尽量使用国产产品，力求推动全产业链的国产化。

但“木秀于林风必摧之”。2003年8月，中芯国际即将在香港上市的前几天，台积电在美国加利福尼亚州对中芯国际提起了诉讼。原因是在中芯国际工作的工程师中，有些曾经在台积电工作过，他们在工作中构成了专利侵权。2005年2月，中芯国际同意了庭外和解协议，并支付了1.75亿美元的赔偿金，分6年分期支付给台积电。在和解后的一年零七个月，对方再次指控张汝京违反和解协议。要求中芯国际支付2亿元现金以及10%的公司股权。此外，和解协议要求张汝京离开中芯国际，并签署竞业协议，三年内不得再从事芯片相关工作。2009年11月10日，张汝京宣布辞去中芯国际总裁和CEO职位。这对于国产芯片行业简直是当头一棒。

深知自己责任重大的张汝京，在竞业协议期满后，再次在上海创立了新昇半导体公司。这次，张汝京将目光投向了半导体材料领域——大尺寸硅片。硅片尺寸越大，可以切割的芯片数量就越多，成本也就越低。三年后，张汝京领导的新昇半导体实现了国内半导体上游材料300毫米大硅片的突破，从零开始实现了量产。

2018年4月，张汝京再次开启创业之旅。这次，他带着150亿元来到了青岛，创办了首家CIDM模式的半导体企业青岛芯恩半导体公司。CIDM模式即Commune IDM，是张汝京提出并认为是“最适合中国的”新模式，是一种共享式的“旧有翻新”的模式。在CIDM模式中，由10～15个企业联合出资进行半导体器件的设计、研发、生产、封装、测试、组装、营销等，这些出资者无疑就像共同体一样合作，形成一个半导体的生产平台，在这个平台上所有参加者共同构筑双赢或多赢关系。他认为，这样汇集众多企业的CIDM模式，不仅可以实现资源共享，还可以减少投资的风险。

2022年，张汝京入职积塔半导体，担任执行董事。积塔半导体主攻汽车芯片制造，于2017年脱胎于华大半导体。未来国产汽车芯片仍然是半导体行业的一大热点赛道。张汝京的前半生是世界半导体战神，而他的后半生则是中国半导体教父。

如果说中芯国际是中国集成电路制造业的翘楚，华为则在集成电路设计业遥遥领先。

6.6
中华有为：遥遥领先的华为

华为的名字取自“中华有为”，寓意着公司致力于为世界带来更好的通信技术。华为的创始人任正非先生在1987年创建了华为，华为仅用几十年的时间，就凭借着不懈的努力和创新精神，从一家电信设备制造商蜕变成全球科技巨头，成功进军了智能手机、云计算等多个领域，如今已成为全球科技领域的传奇与领导者。华为的发展可以说是中国改革开放以来科技发展的一个缩影。

1944年10月25日，任正非出生于贵州省镇宁县一个贫困的乡村家庭。他的父母是乡村中学教师，家中还有六个兄妹。尽管家庭经济困难，他的父母却很重视教育，即使在困难时期，仍然坚持让孩子读书。

1963年，任正非考上了重庆建筑工程学院（现并入重庆大学）。任正非学习很刻苦，他在大学里自学自动控制学、逻辑学、哲学和几门外语。苦难是人生一笔最宝贵的财富，任正非说：“如果没有经历童年的贫苦饥饿以及人生的挫折，就不可能取得今天的成就。如果不艰苦奋斗，就不可能有今天的华为。”

大学毕业后，任正非入伍成为一名建筑工程兵。1983年，任正非从部队转业来到改革开放试验田的深圳。

1987年9月15日，43岁的任正非由于生活所迫，找朋友凑了2.1万元在深圳注册成立了华为技术有限公司，成为香港康力公司的HAX模拟交换机的代理商。

华为技术有限公司成立后，任正非利用深圳特区的信息优势，从香港进口产品到内地以赚取差价。这种商业模式在当时对于背靠香港的深圳公司来说很常见。

华为当初的办公楼只是在一栋住宅楼里，没有电梯，那时的办公环境时常令应聘者们感到困惑。华为公司在8 ~ 9层。有一位应聘者，费尽周折才找到了这栋住宅楼，但当他爬到8楼时，发现通往楼顶的门居然没有锁。他打开门，只见楼顶上搭着一个塑料棚，门口挂着一个牌子，上面写着“华为技术有限公司”。那些坚持寻找并走进这栋住宅楼的人，最终能够亲眼见证华为的奋斗和成功。

在销售设备的过程中，任正非意识到了中国电信行业对程控交换机的强烈需求，同时也发现这个市场几乎完全被跨国公司所控制。43岁的任正非在这个时候展现出了他的商业天赋，决定进行自主研发。他认识到“技术是企业的根本”，从此告别了代理商的身份，踏上了企业家的道路。

1991年9月，华为租下了深圳宝安县蚝业村工业大厦三楼，开始研发程控交换机。最初公司只有50多名员工。当时的华为公司一房多用，既是生产车间、库房，又是厨房和卧室。无论是领导还是员工，累了睡一会儿，醒来再继续工作。这也是创业公司所常见的景象。这种景象后来在华为成了传统，被称为“床垫文化”。当华为的员工在欧洲工作时也会打起地铺，这种奋斗精神让外国伙伴都感到十分惊讶。

1991年12月，首批3台BH-03交换机包装发货。当时公司现金流已经枯竭，如果再不出货，将面临破产。幸运的是，这三台交换机很快回款，公司得以正常运营。1992年，华为的交换机批量进入市场，当年产值达到了惊人的1.2亿元，利润超过千万元，而当时华为的员工，还只有100人而已。

华为抓住了机遇，继续加大研发和生产投入，并开始进军国际市场。1997年，华为在海外市场首次获得了重要订单，成为一个拥有国际业务的公司。1998年，华为开始在海外建立研发中心和销售分部，以加强国际业务的开拓和创新。

进入21世纪，随着3G时代的到来，华为开始加强在无线通信领域的研发。华为在3G标准制定过程中发挥了重要作用，并且获得了一些重要的合作伙伴，如T-Mobile等。同时，华为也在亚洲、欧洲和非洲等地建立了多个研发中心和生产基地。华为手机当时是属于华为消费者业务下的一个品牌，它在2003年开始进入市场。2004年2月，作为中国第一款WCDMA手机参加法国戛纳3GSM大会并现场演示。2007年底，华为无线产品线开始研发4G网络设备需要配套的4G测试终端。

2010年以来，华为开始积极拓展自己的业务范围。除了在智能手机领域的市场份额不断增加外，华为也加强了在云计算、人工智能、5G等领域的研发和投资，并成为这些领域的领先企业之一。

随着全球对于5G网络的需求增加，华为成了全球领先的5G设备制造商。2018年，华为在5G市场份额方面占据全球第一。十年间，华为投入超过9700亿元进行5G技术的研发，申报的5G专利数量位居世界第一。华为已累计签署近200项双边许可协议。此外，超过350家公司已通过专利池获得华为专利许可。2022年，华为专利许可收入为5.6亿美元。

华为不仅在国内外获得了众多的5G商用合同，还在推动全球5G发展方面发挥了重要作用。不过，由于美国政府的限制，华为在海外市场面临一些政治和经济压力，导致其在一些国家的业务受到限制。然而，华为仍然继续加强自己的研发和创新能力，致力于成为一个更加全球化和多元化的科技公司。

如今，凭借在通信技术领域的强大实力和丰富的经验，华为率先提出了5G-A（5G-Advanced）技术，它是5G向6G演进的关键阶段，也被称为5.5G技术。5.5G作为5G的进阶版，将对未来通信技术的发展起到重要的推动作用。由于6G技术的发展需要较长时间，5.5G技术成为一个过渡的解决方案。它通过技术创新和改进，为用户提供更高的速度、更低的延迟和更大的网络容量。5.5G相对于5G可以为网络提供十倍的能力提升，这进一步巩固了华为在通信领域的领导地位。5.5G技术对于推动数字经济发展、智能城市建设和工业互联网等领域的创新和进步具有重要意义。

为了更好地科技创新和把握市场，华为推出了振奋人心的军团作战模式。采取军团化的改革，就是要缩短客户需求和解决方案、产品开发维护之间的联结，打通快速简洁的传递过程，减少传递中的损耗。”华为“军团作战”模式第一次高调亮相是在2021年10月29日华为松山湖园区举行的誓师大会上。实际上在此之前，华为内部就已发文，此次正式成立了海关和港口军团、智慧公路军团、数据中心能源军团和智能光伏军团四大业务军团，加上2021年4月成立的煤矿军团，华为在2021年先后成立了五大业务军团。2022年3月30日，华为公司在深圳华为坂田基地举行第二批“军团”组建成立大会，再次成立十大军团：电力数字化军团、政务一网通军团、机场与轨道军团、互动媒体军团、运动健康军团、显示新核军团、园区军团、广域网络军团、数据中心底座军团与数字站点军团。2022年5月26日，华为公司再次在深圳坂田基地举行第三批军团/系统部组建成立大会，第三批成立的有数字金融军团、站点能源军团、机器视觉军团、制造行业数字化系统部和公共事业系统部。这些军团在内部拥有高度的自主权，不受地区部门的约束。这种自主权的赋予使得军团能够更加灵活地响应市场需求，迅速推出创新产品和解决方案。军团的成立为华为的组织变革注入了活力，同时也展现了华为对多领域发展的雄心壮志。

2019年5月，美国将华为列入“实体清单”，禁止美国企业向华为出售相关技术和产品，从5G芯片到ERP（enterprise resource planning，企业资源计划）系统等软件平台的供应链直接被切断。在此后三年间，华为手机业务遭受重挫，智能手机出货量从2019年的超过2.4亿部骤降至2022年的约3000万部。

然而，在这种艰难困局下，华为手机不仅坚持住了，而且和背后的国内供应链一道取得了关键突破。2022年，华为的研发费用支出约为1615亿元，占全年收入的比重达25.1%。2020—2022年，处于困境中的华为研发投入累计达4460亿元，超过了高通、爱立信、诺基亚三个国际通信巨头的总和。

2023年8月29日，华为突然宣布推出“先锋计划”，以此纪念Mate系列手机累计发货量达到一亿台。就这样在几乎毫无宣传的情况下，历经数年蛰伏、备受外界关注的Mate 60 Pro直接出现在了华为商城的线上货架中（如图6.12所示），未开新机发布会便直接开售。在预售当天，上架即售空，成为近年全球手机市场热度最高、关注度最多的现象级爆品。

图6.12　华为新一代手机Mate 60 Pro

回顾华为Mate系列发展史，每一代都凭借引领行业的技术创新给消费者留下了深刻印象：2013年，首款华为Mate系列亮相，带来当时全球最大的手机屏幕；2014年，华为Mate 2搭载麒麟处理器，华为

Mate 7实现全球首款一体式按压指纹解锁等技术；华为Mate 9系列首推保时捷设计版本，高端化形象深入人心；华为Mate 10系列搭载全球首个人工智能麒麟970处理器；华为Mate 40系列搭载5nm麒麟9000旗舰芯片，领跑5G时代；后来，华为Mate 50系列回归，带来北斗卫星消息及业界首发十挡可调物理光圈；如今，华为Mate 60系列携卫星通话、最新版鸿蒙系统等创新科技如约而至。

Mate 60系列手机一共有四款机型，分别是Mate 60、Mate 60 Pro、Mate 60 Pro+以及Mate 60 RS非凡大师。基础款Mate 60的配置为12GB内存+256GB存储，顶配版Mate 60 RS非凡大师配置为16GB内存+1TB存储。它们均采用了麒麟9000S处理器。自从华为发布了Mate 60系列手机以来，华为已成为中国手机市场销量增长最快的厂商。

华为Mate 60 Pro手机“遥遥领先”并成为手机行业中的王者的原因除了它提供独特的卫星通话功能这一“外在美”外，它的“内在美”也很亮眼。它是国产自研的鸿蒙操作系统和中国“芯”海思麒麟芯片的完美结合。

华为鸿蒙系统（HUAWEI Harmony OS）是华为公司在2019年8月9日于东莞举行的华为开发者大会上正式发布的操作系统。这是一款基于微内核、耗时10年、4000多名研发人员投入开发、面向5G物联网、面向全场景的分布式操作系统。鸿蒙的英文名Harmony OS意为和谐。这个操作系统将手机、电脑、平板、电视、无人驾驶、车机设备、智能穿戴、工业自动控制等不同终端统一成一个操作系统，它创造了一个超级虚拟终端互联的世界，将人、设备、场景有机地联系在一起，将消费者在全场景生活中接触的多种智能终端实现极速发现、极速连接、硬件互助、资源共享，用合适的设备提供场景体验。

2020年9月，开放原子开源基金会接受了华为捐赠的智能终端操作系统基础能力相关代码，随后进行开源，并根据命名规则，为该开源项目命名为OpenAtom OpenHarmony，简称OpenHarmony（开源鸿蒙）。华为此举为我国的操作系统生态建设做出了巨大贡献。开源鸿蒙的价值在于赋能千行百业，电力、交通、金融、医疗、航天等各行各业都可以基于开源鸿蒙定制开发出自己的专属操作系统，避免受制于人。例如：国家能源集团携手华为开发了“矿鸿操作系统”；美的开发出专属于电器的操作系统，即基于OpenHarmony 2.0的分布式操作系统——美的物联网操作系统1.0。

2020年9月10日，华为鸿蒙系统升级至Harmony OS 2.0版本，这是华为基于开源项目OpenHarmony 2.0 开发的面向多种全场景智能设备的商用版本。2021年6月2日晚，华为正式发布Harmony OS 2及多款搭载Harmony OS 2的新产品。2021年10月，华为宣布搭载鸿蒙设备破1.5亿台。2021年12月23日，华为冬季旗舰新品发布会上，搭载Harmony OS的智能座舱正式亮相，AITO品牌旗下的首款全新科技豪华智能电驱SUV——AITO问界M5成为首款搭载Harmony OS智能座舱的车型。2022年7月27日，华为发布鸿蒙 Harmony OS 3系统，华为宣布搭载鸿蒙的华为终端设备已经突破了3亿。2023年8月4日，华为鸿蒙4（Harmony OS 4）操作系统正式发布。Harmony OS是史上发展最快的智能终端操作系统。目前，鸿蒙生态的设备数量已超过7亿，已有220万鸿蒙开发者投入鸿蒙世界的开发中来。

之前中国软件行业虽然枝繁叶茂，但没有根，自从有了鸿蒙，构建中国基础软件的根就有了。当务之急就是让鸿蒙的生态系统尽快建立起来，华为需要从两方面入手建立鸿蒙生态：一方面是力争更多的行业企业甚至竞争对手产品使用鸿蒙系统；另一方面是鼓励和引导更多的开发者依托鸿蒙开发出现象级的应用。

海思是全球领先的Fabless半导体与器件设计公司。前身为华为集成电路设计中心，于1991年启动集成电路设计及研发业务。为汇聚行业人才、发挥产业集成优势，2004年海思注册成立实体公司，提供海思芯片对外销售及服务。当华为决定成立自家的芯片公司时，外界对这个决策持怀疑态度。当时，这一举措被视为备胎项目，以对抗可能出现的技术封锁。在初期的几年里，海思并没有达到预期的成果，然而，华为的创始人任正非一直坚定地支持着这个项目，将其视为华为的战略旗帜，他坚信中国需要自主的芯片技术，不容许在这一领域落后于世界。

海思半导体成立后，先后做了SIM卡芯片、视频监控芯片和机顶盒芯片。在数字安防市场，其研发的视频解码芯片在2007年被安防巨头大华所采用。后来华为决定研究手机芯片，由何庭波和另一位同事负责。任正非曾找到何庭波说："我一年给你24亿元，再给你2万人，研制出我们自己的手机芯片。"当时华为整个公司也就3万人，一年的研发费用60亿元，投入几乎一半的研发费用，可见对海思的重视程度。华为对海思没有盈利要求，主要是出于对科技自主创新的考虑。这一无人撼动的决心表明他们对科技发展的重视和信心。

2009年，海思研制出第一款手机芯片K3V1，采用的是110纳米制程，这在华为是划时代的，华为终于有了自己研制的手机芯片。2010年，海思又研发出一款基带芯片，取名为巴龙700。2012年，海思开发出了第二颗手机芯片K3V2，采用的是台积电的40纳米制程。2013年12月，首款麒麟芯片——910处理器发布，它采用了28纳米制程工艺，首次集成了自研的巴龙710基带，这让麒麟910可以支持LTE 4G网络。这是全球首款四核SoC芯片——将基带芯片和CPU以及GPU等核心芯片集成在了一起。这款芯片被搭载在华为手机Mate 7上。麒麟910的成功不仅获得了市场的认可，也为海思带来了声誉和信心。从此以后，海思开始了麒麟系列芯片的辉煌之路，不断突破技术极限，扩大市场份额，将产品覆盖到手机、电视、PC、服务器、人工智能等多个领域，为华为构建的全场景智慧生态提供了技术支持。2013年，华为自主研发的芯片销售量突破千万，也是这一年开始，海思从每年的营收亏损状态转为盈利。2014年6月，海思发布麒麟920，同年9月发布麒麟925。2015年3月，麒麟930/935发布。2015年11月，海思推出的麒麟950是业界首款采用16纳米FinFET制程的旗舰SoC。2016年10月，海思发布麒麟960，其所集成的巴龙750基带支持CDMA网络，成为当时第一款集成了全网通基带的手机SoC芯片。2017年9月，海思发布麒麟970，在这款芯片中，海思业界首创在SoC中集成了人工智能计算平台NPU。由于制程工艺升级为台积电10纳米，在CPU核心架构不变的情况下，这代芯片的功耗降低了20%。2018年9月初，海思推出的麒麟980是业界首款采用7纳米工艺的芯片，性能较前代提高20%，功耗降低40%。

2019年，华为遭到美国制裁，海思没有被制裁压垮，而是挺起了脊梁。2019年9月，海思又推出了麒麟990和麒麟990 5G两款芯片。其中麒麟990 5G采用了7纳米+EUV工艺，整体性能较前代提升10%，并首次将5G芯片巴龙5000集成到SoC上。2020年10月，麒麟9000发布，该芯片采用了台积电当时最新的5纳米工艺，是全球首款5纳米5G SoC处理器，集成了153亿个晶体管。何庭波率领海思团队，在面对技术封锁和打压的情况下，成功实现了从14纳米到7纳米再到5纳米的工艺跨越，打造了一系列高性能、低功耗、多功能的麒麟系列处理器，为华为手机、平板和笔记本电脑等终端设备提供了强大的动力和支持。

2023年8月，华为新一代手机Mate 60 Pro成功发售，搭载了麒麟9000S处理器，“麒麟归来”被认为是中国芯片行业发展历程中的重要事件。如今的海思致力于为智慧城市、智慧家庭、智慧出行等多场景智能终端打造性能领先、安全可靠的半导体基石，服务于千行百业客户及开发者。

芯片那些事儿：
半导体如何改变世界

第七章

“拥抱未来”

半导体科技的展望

近来，随着半导体技术的发展，涌现出了许多新材料、新器件及新工艺，随之诞生的芯片可以广泛支撑各种新兴技术或运用于新领域：人工智能、可穿戴设备、物联网、新能源、元宇宙、微纳电子机械系统、光子芯片等。未来，随着半导体产业的发展和技术的进步，人类文明必将和半导体技术革命更加深刻地绑定在一起。

7.1

半导体领域的新材料、新器件、新工艺

（1）新材料

半导体材料的发展，可以分为三代：第一代是元素半导体，主要是硅（Si），已在集成电路、航空航天、新能源和硅光伏产业中得到了广泛应用并取得了卓越成效，目前仍是半导体产业的主流；第二代是高迁移率化合物半导体，典型代表有砷化镓（GaAs）和磷化铟（InP），因在高频、高效率和低噪声指数等方面远超硅材料，被广泛应用制备高频、高速、大功率和发光电子器件；第三代是宽禁带半导体，指带隙宽度明显大于Si（1.1eV）和GaAs（1.4eV）的宽禁带半导体材料，主要包括Ⅲ族氮化物（如GaN、AlN等）、碳化硅（SiC）、氧化物半导体（如ZnO、Ga_2O_3等）和金刚石等宽禁带半导体。当前具备产业化条件的以SiC和氮化镓（GaN）为主，满足电子器件在更高频率、更高功率和更高集成度等方面的要求。

第三代半导体材料具有许多优越的性能，例如高击穿电场强度、高热导率、高电子饱和率、高漂移速率以及高抗辐射能力。这些优势有望大幅降低装置的损耗和体积/重量。因此，第三代半导体材料在高功率、高频率、高电压、高温度、高光效等领域具有难以比拟的优势和广阔的应用前景，是5G移动通信、新能源汽车、智慧电网等前沿创新领域的首选核心材料，是支撑制造业产业升级的重要保证。第三代半导体材料适用于中高压电力电子转换、毫米波射频和高效半导体光电子应用，可以造福光伏、风能、4G/5G移动通信、高速铁路、电动汽车、智能电网、大数据/云计算中心、半导体照明等各个领域。例如4G/5G通信基站和终端使用的GaN微波射频器件和模块，高速铁路使用的SiC基牵引传动系统，光伏电站、风能电场和电动汽车使用的GaN或SiC电能逆变器或转换器，智能电网使用的SiC大功率开关器件，工业控制使用的GaN或SiC基电机变频驱动器，大数据/云计算中心使用的GaN或SiC基高效供电电源，半导体照明中使用的GaN基高亮度LED，等等。

宽禁带半导体材料是一种适合应用于大功率电力电子器件的半导体材料。在快充装置、输变电系统、轨道交通、电动汽车和充电桩等领域都需要大功率、

高效率的电力电子器件。与砷化镓和硅等半导体材料相比，在微波毫米波段的宽禁带半导体器件工作效率和输出功率明显要高，适合作射频功率器件。民用射频器件主要应用在移动通信方面，包括现在的4G、5G和未来的6G通信，例如国内新装的4G和5G移动通信的基站几乎全用GaN器件。

碳化硅是一种化合物材料，由碳和硅元素组成，其硬度和强度均相对较高，同时具有较好的高温稳定性和抗氧化性。由于其优异的物理和化学特性，碳化硅材料具有广泛的应用前景。在功率器件领域中，碳化硅可以作为晶体管的关键器件材料，可大大提高功率器件的性能和效率。而在半导体材料制备中，碳化硅可以作为基板材料，制备出更高质量和更高性能的半导体器件。碳化硅芯片在特斯拉Model3上的初次亮相，让全球汽车厂商将目光放在了碳化硅这种全新的半导体材料上。

氧化镓（Ga_2O_3）是超宽禁带半导体材料的代表，展现出一系列卓越的优势。其临界击穿场强高，导电性能良好，因此在半导体领域具有广泛的应用前景。与碳化硅和氮化镓相比，氧化镓的生产过程采用了常压下的液态熔体法，从而降低了生产成本，同时保证了高质量和高产量。在性能参数方面，氧化镓在几乎所有方面都超越了碳化硅，尤其在禁带宽度和击穿场强方面表现出色，使其在大功率和高频率应用中具有明显优势。氧化镓在通信、雷达、航空航天、高铁动车、新能源汽车等领域有着巨大的应用潜力，是支撑未来轨道交通、新能源汽车、能源互联网等产业创新发展和转型升级的重点核心材料。科技部已将氧化镓列入“十四五”重点研发计划，这将对氧化镓产业的发展起到积极的推动作用。

适合未来科技发展的新型半导体材料有二维材料和有机半导体材料，譬如用于脑机结合、柔性穿戴等领域。未来的半导体材料有可能采用和硅同属于Ⅳ族的碳元素取代当今的硅元素。由于人也是基于碳元素的，因此未来的碳基芯片或许可以植入人体，这一点是硅基芯片所不能比拟的。

二维材料是指厚度仅为几个原子或几个分子层的材料，主要有石墨烯、石墨烯衍生物和二维过渡金属硫族化合物等。它们具有特殊的结构，因此展现出一系列独特的物理和化学特性，如电子结构、力学性能和光电响应等。二维材料被认为是未来半导体行业非常有前途的领域，当前大量的研究集中在它们的性质和制备方法上，以便开发更多的应用。二维材料的典型代表是石墨烯。石墨烯是由碳原子组成的一个单层蜂窝状晶格结构（如图7.1所示），它具有高导电性、高热导率和高度透明等特性。由于其独特的物理和化学特性，石墨烯在半导体、电池、生物医学等领域都有广泛的应用。实际上石墨烯本身就存在于自然界，只是难以剥离出单层结构。石墨烯一层层叠起来就是石墨，厚1毫米的石墨大约包含300万层石墨烯。铅笔在纸上轻轻划过，留下的痕迹就可能是几层甚至仅仅一层石墨烯。2004年，英国曼彻斯特大学的两位科学家安德烈·盖姆（Andre Geim）和康斯坦丁·诺沃肖洛夫（Konstantin Novoselov）发现他们能用一种非常简单的方法得到越来越薄的石墨薄片。他们从高定向热解石墨中剥离出石墨片，然后将薄片的两面粘在一种特殊的胶带上，撕开胶带，就能把石墨片一分为二。不断地这样操作，于是薄片越来越薄，最后他们得到了仅由一层碳原子构成的薄片，这就是石墨烯。他们因此共同获得2010年诺贝尔物理学奖。这以后，制备石墨烯的新方法层出不穷，如氧化还原法、SiC外延生长法，化学气相沉积法等。由于石墨烯众多优异的性能，其应用领域不断被拓展。例如在半导体领域中，石墨烯可以用作纳米晶体管的电极材料，其具有较高的电子迁移率，用石墨烯制造的芯片时间延迟只有普通芯片的千分之一，性能可以得到大幅提升。在能源存储方面，石墨烯也具有广泛的应用前景。它可以被用作锂离子电池的负极材料、超级电容器的材料等，这样可以大大提高电池的循环稳定性和储能密度。

图7.1　石墨烯结构示意图

有机半导体材料是由碳、氢、氮、氧等元素构成且具有半导体性质的有机化合物。这种材料具有良好的可溶性、成膜性能和低成本等特点，因此在光电领域的应用具有很高的研究价值，例如有机场效应晶体管、有机太阳能电池、有机发光二极管等，目前光电领域研究的热点之一就是有机半导体材料。

此外，新型半导体材料还包括纳米线材料、量子点等。纳米线材料是指直径在几十到几百纳米之间的超细线性材料，其长度可达数微米，甚至更长。这种材料因其具有独特的物理特性和生物应用价值而受到广泛关注。例如在纳米电子学领域，通过改变纳米线材料的大小和形状，可以调节其电子结构和电学性质，因此纳米线材料在探索新型半导体材料和实现纳米电子学等领域具有重要的应用价值。量子点是由几十个至几百个原子组成的纳米晶体，大小在1～10纳米之间，具有独特的光电特性，如量子点的能级结构、峰值发射波长等都具有可控性。由于其独特的光电特性，量子点可以用于LED、太阳能电池、生物检测、生物成像等领域。例如：在LED领域，量子点可以用作发光材料，通过调节量子点的大小和一系列能级峰值的位置来实现不同颜色的发光，进一步提高LED的光效；在生物成像领域，利用量子点的荧光特性可以实现高分辨率、高对比度的生物成像。

除了半导体基础材料外，制造芯片时还需要很多其他辅助材料。随着芯片的制造工艺越来越复杂，人们几乎翻遍了元素周期表来寻求各种满足不同场合要求的新型材料，例如高k材料和低k材料，k指的是介质的介电常数。

伴随着摩尔定律，器件尺寸不断缩小，MOS管中对应的栅介质厚度也不断减薄，但是栅极漏电流也随之增大。事实上，栅氧厚度到5纳米以下时，纯二氧化硅作为栅氧产生的漏电流已经令人无法接受，这是由于电子的量子隧穿效应造成的，这时人们必须寻求诸如二氧化铪（HfO_2）之类的高k栅极介质。

减少绝缘介质的k值，可以减少相邻导线间的电耦合损失，这是因为绝缘介质存储更少的电荷并因此花更短的时间来充电，从而提高金属导线的传导速率。尤其是对于现代晶体管，金属线间隔很近的纳米器件，低k材料作为金属层间介质层至关重要。传统的二氧化硅绝缘体具有3.9～4.3的介电常数。新型绝缘体的介电常数则较低，通过减少互连中的电容并在高性能逻辑中防止金属线之间的串扰，将大大提高芯片速度。

毫无疑问，随着半导体产业的发展，以后用到的新材料将会层出不穷。

（2）新器件

在消费电子设备轻薄短小的趋势下，消费者希望产品在功能丰富的同时，体积更小、重量更轻。7纳米节点制备的芯片中，单个晶体管包含的硅原子数量约为5000万个。随着集成电路工艺尺寸的持续缩小，单个晶体管中包含的硅原子数量肯定会越来越少，但这种缩小会有一个尽头，不可能无限缩小。除了通过各种先进光刻技术寻求特征尺寸的不断缩小来增加集成度外，芯片设计人员也正在研究其他改进芯片的策略，这些策略不那么依赖于进一步的小型化，而是向上扩展架构并通过堆叠芯片层构建成三维结构。当技术节点来到1.5纳米以后，芯片特征尺寸的缩小由于物理限制将很难继续进行，此时将主要通过三维结构的方式来增加器件的数量，以此来提高器件密度，或者改变半导体器件结构来提升器件的集成度。例如英特尔推出了一种新型晶体管架构，通过将NMOS和PMOS堆叠在一起，在制程不变的情况下，晶体管密度提升了30%～50%。通过这项技术，芯片制程可以缩小到10纳米以下，最多能达到5纳米。

当先进制程微缩至3纳米时，鳍式晶体管（FinFET）会产生电流控制漏电的物理极限问题。因此3纳米制程以下，需要研究新的晶体管结构。目前已有几家半导体巨头着手开发基于下一代更小制程的新器件结构。

全环绕栅极（gate-all-around，GAA）晶体管被广泛认为是FinFET的下一代接任者。2022年6月，三星在官方声明中表示，已经开始在其位于韩国的华城工厂大规模生产采用GAA晶体管架构的3纳米芯片，三星声称其新型3纳米GAA晶体管的性能提高了23%。台积电的3纳米工艺还是基于成熟的FinFET晶体管技术，GAA晶体管要到2纳米工艺上才会使用。另一家芯片制造巨头英特尔将在其5纳米工艺引入GAA架构。可以看出，高层数通道的GAA晶体管结构可能成为未来主流。GAA晶体管克服了FinFET晶体管的尺寸和性能限制，在通道的各个侧面都有栅极，以提供全面覆盖。相比之下，FinFET有效地覆盖了鳍状通道的三个侧面。实际上，GAAFET将三维晶体管的想法提升到了一个新的水平。

对于2纳米技术节点的晶体管结构，台积电在2021 ISSCC国际会议上展示了三层堆叠的纳米片（stacked nanosheets）结构可以提供更优的性能。英特尔宣布在2024年以Ribbon FET（纳米带场效应晶体管）作为20A技术节点的结构。Ribbon FET技术是英特尔官方宣布的一种新型GAA晶体管技术。FinFET的想法是尽量用栅极围绕通道，但因为通道材料是底层半导体衬底的一部分，所以无法让通道完全分离。但是，Ribbon FET器件将通道从基底材料上抬高，形成一块栅极材料的通道线。由于通道线的形状像带状，因此被称为带状晶体管，栅极完全围绕通道，形成四层堆叠结构。这种独特的设计显著提高了晶体管的静电特性，并减小了相同节点技术的晶体管尺寸。

三星和IBM公布了垂直传输场效应晶体管（vertical-transport field effect transistor，VTFET）的研究方案。新的VTFET设计旨在取代FinFET技术，其能够让芯片上的晶体管分布更加密集。这将使芯片能够在指甲大小的空间中容纳多达500亿个晶体管。这样的布局将让电流在晶体管堆叠中上下流动。相较传统将晶体管以水平放置，VTFET将能增加晶体管堆叠密度，使运算速度提升2倍，同时借助电流垂直流通，有望使电力损耗在相同性能下降低85%。

英特尔和台积电都在积极探索下一代晶体管——垂直堆叠互补场效应晶体管（complementary FET，CFET）。CFET的概念最初是由IMEC（比利时微电子研究中心）于2018年提出的，它涉及将N型和P型晶体管层叠在一起。虽然早期的研究大多源自学术界，但英特尔和台积电等商业公司现已涉足这一领域。目前台积电和英特尔的CFET工艺基本已经成熟，已可用于商业化，双方都在做最后的冲刺，竞争相当激烈。

CFET给晶体管设计带来了显著转变，其垂直堆叠允许两个晶体管安装在一个晶体管的占地面积内，从而增加芯片上的晶体管密度。这种设计不仅为提高空间效率铺平了道路，且还促进了更精简的CMOS逻辑电路布局，有利于提高设计效率。CFET被公认为是继GAA之后的下一代晶体管设计架构，将在未来十年内接替后者成为主流，并将在未来的3纳米和2纳米工艺节点上被广泛应用。

（3）新工艺

集成电路制作时核心工艺是光刻工艺，光刻工艺不断革新，以满足人们制造小型、轻便设备的愿望。光刻工艺的改进也会带动其他工艺乃至整个工艺节点的改变。目前主流光刻工艺有两种：深紫外光刻（DUV）及极紫外光刻（EUV）。

在中国半导体制造领域，中芯国际一直在开拓新工艺以追赶国际步伐。自从梁孟松加入中芯国际后，中芯国际迎来工艺制程“跳代”式发展，比如越过22纳米，从28纳米直接进入14纳米。2019年，中芯国际取得重大进展，实现14纳米FinFET量产，迈入了FinFET时代。彼时，中芯国际进一步“跳代”，从10纳米直接进入7纳米。在格罗方德、联电放弃攻坚7纳米后，中芯国际几乎成为晶圆代工领域先进制程的唯一追赶者。

当前，中芯国际在芯片代工方面之所以落后，主要是因为没有先进的EUV光刻机等因素，导致其在7纳米、5纳米等工艺方面落后竞争对手。不过中芯国际没有放弃对新工艺的追求。中芯国际在梁孟松博士的带领下研发了N+1、N+2新工艺。

N+1代工艺在功耗及稳定性上跟7纳米工艺非常相似，性能稍微不足，主要面向低功耗设备，但优点是成本低。N+1是中芯国际为其第二代先进工艺设计的代号，但并没有明确的数字节点。具体原理就是用光刻机多次曝光技术，分不同批次投影后进行蚀刻、离子注入等工序，从而得到类似于更高制程的芯片。中芯国际N+1制造工艺，性能方面可媲美台积电的7纳米工艺。中芯国际对N+1的目标是低成本应用，与7纳米相比，它可以将成本降低约10%。因此，这是一个非常特殊的应用。与现有的14纳米工艺相比，N+1工艺性能提升了20%，功耗降低了57%，逻辑面积缩小了63%，SoC面积减少了55%，也被称为“国产版”的7纳米芯片技术。

而N+2工艺则面向高性能，成本也会增加。今后还会有N+3、N+4等工艺。通过极限压榨DUV机能，打磨工艺，亦可以实现5纳米节点。

先进光刻机的研发难度与制造原子弹以及航天航空技术相比不遑多让，每一代光刻机都在不断挑战人类工业制造能力的极限，因此光刻机也被称为“工业皇冠上的明珠”。EUV是一种全新形式的光刻工艺。EUV光刻机堪称人类建造的最复杂的机器之一，它是芯片制造不可或缺的设备，并促进摩尔定律发展。DUV光刻机中使用传统的玻璃透镜将光聚焦到晶圆上。但是EUV光会被玻璃吸收，更糟糕的是，EUV光甚至会被空气吸收，因此需要开发基于反射系统的新设备，且运行在真空环境中。

EUV光刻机是一个由来自全球近800家供货商的多个模块和数十万个零件组成的“庞然巨物”，它是人类迄今为止最精密、最昂贵的设备。EUV光刻机由光源和光刻机主体构成。光刻机主体包括反射镜组、主真空腔体、磁悬浮硅片平台、掩模版平台、平台驱动装置和硅片输送装置等。EUV光刻机有三大核心部件，即EUV光源、光学镜头和双工件台。

EUV光刻机成本高昂，而下一代高数值孔径（High NA）EUV光刻机将更加昂贵，其成本超过一架飞机。由于EUV光刻系统过于昂贵，大多数公司都买不起。这会把很多厂商排除在市场之外，包括芯片制造商格罗方德。由于成本太高，格罗方德于2018年宣布停止7纳米及以下先进制程的研发。目前使用EUV光刻系统的公司只有五家：台积电、三星、英特尔、SK海力士和美光。

阿斯麦（ASML）是目前唯一能够制备EUV光刻机的公司，它位于荷兰南部靠近比利时边境的小镇费尔德霍芬（Veldhoven）。ASML的竞争对手佳能和尼康在几年前已经放弃开发EUV光刻机。ASML花费了90亿美元和17年的时间来开发EUV光刻机。这种机器重达200吨，并装有100000个微小的协调机构，向客户运送一台这样的设备需要三至四架波音747货机，40余个专用箱保持恒温恒湿，并使用专业防振的气垫车运输。

阿斯麦开始进军EUV研发离不开英特尔、三星和台积电的重大投资与参与，这三家公司也是阿斯麦的大客户。2021年，台积电、三星和英特尔占阿斯麦业务量的84%。把时间拉回到1984年，阿斯麦刚成立时是荷兰电子巨头飞利浦的子公司。在荷兰艾恩德霍芬飞利浦办公大楼旁边一间漏水的小屋子里，阿斯麦推出第一台用于半导体光刻的设备。这家公司的成长经历颇为传奇，成立初期便遇上半导体产业低谷期，一台设备都卖不出去，亏损近十年，一度徘徊在生死边缘，成为老东家飞利浦眼里食之无味、弃之可惜的鸡肋。但顽强的ASML最终挺了过来，成功逆袭，成为当下光刻机领域的绝对王者，目前在高端光刻机市场占据90%以上的份额，并成为现在最先进EUV光刻机唯一的供应商。

近年来，芯片制造商对阿斯麦EUV光刻机的需求大幅提升。自2018年底以来，阿斯麦的股价已经飙升超过340%，这使得该公司的市值超过英特尔等一些大客户。EUV光刻机已经成为芯片制造的支柱，台积电和三星等晶圆厂这几年不断追逐5纳米和3纳米等先进工艺，本身就是EUV光刻机采购大户，再加上现在这几大晶圆厂纷纷扩产建厂，无疑又加大了对EUV光刻机的需求。而现在除了晶圆厂等逻辑厂商之外，存储厂商也逐渐来到EUV光刻机采用阶段，甚至与ASML签下多年的大单。

ASML在成立之初就定下公司的定位——一家只进行研发和组装的公司。正是由于ASML这种开放的理念，反而让ASML变得更加高效，把光刻机拆分成各个模块，专业团队并行开发每个模块，每个模块都有自动通信接口，最终模块组装成整个光刻机。这种模块化研发安排，大大提高了效率。ASML的理念就是开放创新，同时管理好供应商的物料，高效、低成本地解决所有问题。ASML的光源来自美国Cymer，光学模组来自德国蔡司，计量设备来自美国，但属于德国科技，它的传送带则来自荷兰VDL集团。一台光刻机90%零件都是通过全球采购，当中涉及四个国家十多家公司，而下游客户的利益也与ASML牢牢捆绑。这也是ASML成功的原因之一。ASML取得成功的另一个原因是保持双线作战，当它看不清未来的走势时，它会两边下注，例如它曾同时进行157纳米深紫外光刻和13.5纳米极紫外光刻技术的研发。

ASML的成功离不开双工件台，这也是EUV光刻机的核心部件之一。因为有了在线量测技术，ASML做出了TWINSCAN系统，即双工件台，这个系统可以一边做量测准备工作，一边做曝光，从而使得系统效率大幅提高。与之竞争的日本尼康公司因受制于专利和技术，一直是单件台方案，即量测和曝光在一个工件台上依次进行，结果在竞争中一落千丈。光刻机的对准精度已经达到纳米级，令人惊奇的是这样的精度是在双工件台瞬间急加速、然后瞬间急停下达到的。如果按照瞬间的加速度计算，已经超过火箭发射升空的速度，而且还需要在下一刻精准地停在特定位置上，不能出现丝毫差错。双工件台就这样不断地加速-急停-加速-急停，同时保持长期稳定的工作状态。有人曾形象地比喻，这好比两架高速飞行的飞机，其中一架飞机上的一人拿出刀在另外一架飞机米粒大小的面积上刻字。

ASML现在开发的EUV光刻机镜头的数值孔径（NA）为0.33，该公司研发人员正在开发NA为0.55的下一代EUV光刻机，计划在2025年用于芯片量产。届时，NA将实现从0.33到0.55的转变。

有专家表示即使将多种图案化技术应用于EUV，套刻也将非常困难，同时从经济角度来看，双重模式也面临高成本的考验，因此在3纳米及以下节点中应尽可能地避免双重或多重EUV曝光工艺。目前来看，为了让摩尔定律继续延续下去，最优解就是高NA EUV技术，高NA EUV甚至有望实现到埃米级的水平。ASML和大多数观察家认为EUV将帮助芯片发展至少到2030年。行业专家认为未来ASML将继续探索更高数值孔径的设备，使它们能够将EUV聚焦在越来越小的点上。光刻机向High NA迈进似乎已经成为“续命”摩尔定律的必经之路，在SPIE（国际光学工程师协会）举办的*Advanced Lithography and Patterning*（高级光刻和图案化）会议上，英特尔光刻硬件和解决方案总监马克·菲利普斯（Mark Phillips）甚至开始讨论如何转向0.7 NA EUV。

除了在镜头上努力外，还需开发配套的新型EUV光刻胶，使其具有高灵敏度、较低的线条边缘粗糙度、无图案缺陷和低水平的随机性缺陷，同时保持较高的分辨率。在光源方面，需要有足够高输出功率的光源，以提高生产效率。ASML的EUV光刻机使用激光产生的等离子体光源，实现了400～500瓦的输出，工程师们还在进一步努力实现更高的光输出，EUV光源的功率要求将不断提升，预计未来需要达到千瓦级。

根据国际器件与系统路线图组织（International Roadmap for Devices and Systems，IRDS）预测，未来3纳米、2.1纳米、1.5纳米技术节点的光刻手段可以采用双重曝光的EUV技术、高数值孔径的EUV技术、高数值孔径双重曝光的EUV技术、三重或四重EUV技术，也可能采用纳米压印技术（nanoimprint lithography，NIL）。

纳米压印技术由美国工程院院士、普林斯顿大学华裔教授周郁（Stephen Y. Chou）于1995年首次提出。压印其实并不神秘，它是一门古老的图形转移技术，中国古代的活字印刷术就是最初的压印技术的原型。纳米压印类似于日常生活中的敲章，就像是把一个刻有凹凸结构的章压在印泥上。只不过在纳米压印时，印章上的图案尺寸非常小，可以小至5纳米以下。这个印章也称为模板、模具，而纳米压印中用来转移图案的高分子聚合物，称为纳米压印胶，也就是对应我们盖章时的印泥。

周郁院士提出的纳米压印技术需要加热压印胶，因此也称为热纳米压印（thermal nanoimprint lithography，T-NIL）技术。热纳米压印技术利用高温、高压将具有微纳米结构的模板压在涂有压印胶的基底上，将模板的图案传递至流动的压印胶上，对具有微纳米图案的压印胶通过冷却进行固化，在模板与压印胶分离后对基底进行刻蚀，去除残余压印胶，便得到了一份与模板图案结构相反的微纳米结构。1999年，紫外纳米压印技术（ultra violet nanoimprint lithography，UV-NIL）作为一种可以在室温进行、不需要高温高压处理的纳米压印技术被首次提出。这种压印工艺使用低黏度聚合物作为压印胶，该聚合物需对紫外光敏感，在紫外光照射下能完成固化。

在集成电路领域，纳米压印可以用来制作场效应晶体管，也能够制作纳米级尺度的特定功能电子元器件和先进集成电路，同时也为存储领域提供了低成本的新型解决方案，用于CD存储器和磁存储器。光刻的成本因素正驱动着闪存厂商开拓纳米压印技术的应用。用纳米压印技术可以用来制备3D闪存芯片，但纳米压印工艺要想得到大规模应用，工艺还需改进，需要解决的问题主要有缺陷及缺陷修复、母板的制备和检查等。

未来，可能用于芯片制造的工艺还有定向自组装技术。所谓自组装（self-assembly）是指基本结构单元（分子、纳米材料、微米或更大尺度的物质）自发形成有序结构的一种技术。在自组装过程中，基本结构单元在基于非共价键的相互作用下自发地组织或聚集为一个稳定、具有一定规则几何外观的结构。

自组装过程并不是大量原子、离子、分子之间弱作用力的简单叠加，而是若干个体之间同时自发地发生关联并集合在一起形成一个紧密而又有序的整体，是一种整体的、复杂的协同作用。

自组装原理在大自然中随处可见，比如我们的脂质膜到细胞结构，再到DNA能够复制，并且一代代地遗传下去，就是一种自然组装技术。自组装技术也可以应用到芯片制造当中。实现自组装的方式有多种，如定向自组装（directed self-assembly，DSA）、分子自组装（molecular self-assembly，MSA）等。目前，被列为下一代光刻技术候选者的正是定向自组装DSA技术。

定向自组装DSA技术往往借助于嵌段共聚物（block copolymer）自组装材料来实现。该技术采用的是化学性质不同的两种单体聚合而成的嵌段共聚物作为原材料，在热退火下分相形成纳米尺度的图形，再通过一定的方法将图形诱导成为规则化的纳米线或纳米孔阵列，从而形成刻蚀模板进行纳米结构的制造。

7.2
新兴技术给半导体带来的挑战和机遇

（1）人工智能

我们正身处于人工智能（AI）的时代。人工智能已经开始渗透到我们生活的方方面面，它能够帮助我们解决复杂的问题，提升效率，创造更多的可能性。人工智能的应用场景非常广阔，如：

① 自然语言处理：包括语音识别、自然语言理解和机器翻译等。

② 医疗保健：包括诊断辅助、病历记录和药品管理等。

③ 智能交互：包括虚拟助手、聊天机器人和智能客服等。

④ 金融服务：包括信用评估、投资理财、风险管理等。

⑤ 教育服务：包括个性化教育、学生管理和在线教育等。

⑥ 计算机视觉：包括图像识别、人脸识别、目标跟踪和图像生成等。

⑦ 智能制造：包括智能工厂、生产过程优化等。

⑧ 智慧城市：包括交通管理、环境监测和智能公共服务等。

AI作为数字经济的基础设施、新时代的生产力，将会推动第二次信息技术革命，也是人类历史上的第四次工业革命，如图7.2所示。

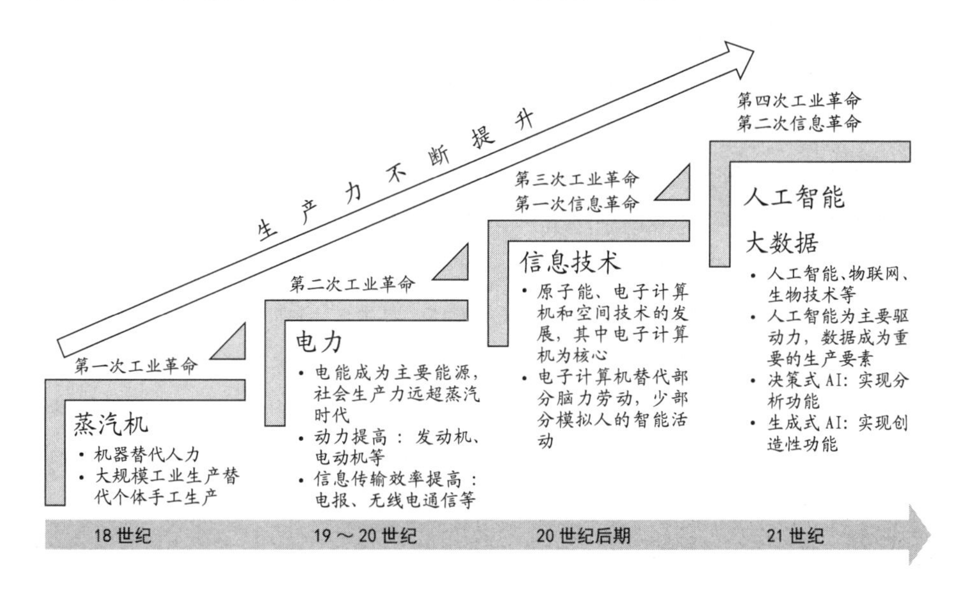

图7.2　人工智能推动第四次工业革命（第二次信息革命）

要实现强大的人工智能，就需要更快、更强大的处理器，这就需要半导体技术的支持。半导体技术通过制造更小、更快的芯片，为人工智能提供强大的计算能力和高效的能源利用能力。这就好比给人工智能装上了一对翅膀，让它们能够在世界各地翱翔。正是有了半导体技术的支持，我们才能拥有如此强大的人工智能系统。

AIGC（artificial intelligence generated content，人工智能生成内容）是人工智能理解技术或文本技术的一个发展方向，作为Open AI公司推出的第3.5代模型，ChatGPT是一款基于互联网可用数据进行训练的文本生成深度学习模型。与传统语音助手相比，ChatGPT实现了能够理解复杂语句内容、联系上下文理解语境以及自动拒绝执行不合法指令的重要突破，这意味着ChatGPT已经实现围绕某一话题与自然人展开讨论的可能，超越了语音助手所能实现的范围。ChatGPT于2022年11月30日正式上线，上线后仅5天突破百万用户，上线2个月后，用户规模已突破1亿，成为史上用户增长速度最快的消费级应用程序。全球早期资金调研机构CB Insights最新报告显示，2022年AIGC领域初创公司实现110笔创投交易，投资总额超26亿美元。截至2022年，AIGC领域共有6家市值破10亿美元的独角兽公司，其中Open AI以200亿美元市值稳居第一。仅隔3个多月，Open AI于2023年3月14日发布了备受期待的大模型GPT-4。GPT-4在关键方面对其前代GPT-3进行了改进，例如提供更符合事实的陈述，并允许开发人员更轻松地规定其风格和行为。它是多模态的模型，可以理解图像内容。

AIGC领域目前呈现AIGC的内容类型不断丰富、内容质量不断提升、技术的通用性和工业化水平越来越强等趋势，这使得AIGC在消费互联网领域日趋主流化，涌现了写作助手、AI绘画、对话机器人、数字人等爆款级应用，支撑着传媒、电商、娱乐、影视等领域的内容需求。目前AIGC也正在向产业互联网、社会价值领域扩张应用。GPT在文本生成、代码生成与修改、多轮对话等领域，已经展现了大幅超越过去AI问答系统的能力。GPT的升级将推动AIGC的发展，AIGC渗透率有望在2025年提升至10%，市场规模或将于2030年逾万亿。Gartner将生成性AI列为2022年五大影响力技术之一，MIT科技评论也将AI合成数据列为2022年十大突破性技术之一。AIGC与GPT类大模型是AI技术作为生产力与生产工具的具体呈现。

以ChatGPT的诞生为标志，AI无疑将掀起新一轮产业浪潮，冲击原有竞争格局与商业模式。ChatGPT的背后模型是GPT（generative pre-training，生成式预训练）模型，基于大模型的AI可能成为可以替代脑力工作劳动者的新一代生产力工具。大模型技术涉及AI开发、推理、训练的方方面面。所谓模型的“大”，主要是参数量大、计算量大，需要更大体量的数据和更高的算力支撑。大模型将是未来世界竞争的核心领域之一。ChatGPT是有着大量复杂计算需求的AI模型，算力消耗非常大，需要强大的AI芯片提供算力基础。因此人工智能的竞争，归根结底还是芯片领域的对决。

AI芯片是专门用于处理人工智能应用中的大量计算任务的模块，包括GPU（graphics processing unit，图形处理器）、FPGA（field programmable gate array，现场可编程逻辑门阵列）、ASIC（application specific integrated circuit，专用集成电路）和DPU（data processing unit，数据处理器）等。同时CPU（central processing unit，中央处理器）也可用以执行通用AI计算。

在21世纪初，CPU难以继续维持每年50%的性能提升，而内部包含数千个核心的GPU能够利用内在的并行性继续提升性能，且GPU的众核结构更加适合高并发的深度学习任务，这一特性逐渐被深度学习领域的开发者注意。GPU的性能是大模型强大算力的来源。1999年，英伟达推出显卡GeForce 256，并第一次将图形处理器定义为“GPU”，由此奠定了其在GPU领域的优势位置。GPU可以支撑强大算力的需求，由于具备并行计算能力，可兼容训练和推理的能力，目前GPU被广泛应用于加速芯片。IDC亚太区研究总监郭俊丽认为从算力来看，ChatGPT至少导入了1万颗英伟达高端GPU，总算力消耗达到了3640PF-days，即假如每秒计算一千万亿次，需要计算3640天。

当前用于AI模型训练与推理的主流高算力芯片主要为英伟达的V100/A100/H100等。英伟达的A100非常适合于支持ChatGPT等工具的机器学习模型，这款芯片能够同时执行许多简单的计算，而这对于训练和使用神经网络模型很重要。自2022年11月30日OpenAI公司推出ChatGPT两个多月以来，已经推动GPU巨头英伟达股价上涨超过50%，由ChatGPT带动的人工智能芯片需求十分旺盛。2022年第四季度财报显示，英伟达包括AI芯片在内的数据中心收入同比增长11%至36.2亿美元。根据New Street Research的数据，英伟达占据了可用于机器学习的图形处理器95%的市场份额。

AMD和英特尔也在图形处理器市场互相竞争，谷歌和亚马逊等大型云计算公司也正在开发和部署专门为人工智能工作负载设计的芯片。GPU方面，国内主要公司景嘉微、燧原、壁仞、天数智芯等正在快速缩小和世界领先企业的差距。

不过GPU芯片也存在管理控制能力弱、功耗高等问题。除了GPU，涉及计算能力的芯片类型还包括CPU、FPGA、ASIC等。不同类型的计算芯片进行组合，可以满足不同模型的计算需要。此外，与计算相匹配必然还需存储、接口等类型芯片。FPGA具备灵活性高、开发周期短、低延时、灵活性高等优势。相比于CPU/GPU/ASIC，FPGA具有更高的速度和极低的计算能耗，是大算力芯片的加速器。虽然赛灵思和英特尔目前在FPGA生产中占比较高，但国内以紫光国微、复旦微电、安路科技等为代表的厂商也具有广阔的提升和发展空间。ASIC芯片也具有不错的性能和功耗表现，其国内供应商有寒武纪和澜起科技等。

第一代GPT-1诞生于2018年6月，训练参数量为1.2亿个，数据库规模为5GB。第二代GPT-2诞生于2019年2月，训练参数量为15亿个，数据库规模为40GB。第三代GPT-3诞生于2020年5月，训练参数量飞跃至1750亿个，数据库规模达到45TB。可以看到，第三代模型较第二代的训练参数增长超过100倍，数据库规模增长则超过1000倍。由于需要海量数据，所以研发高端存储芯片也非常重要。这里提到的高端存储芯片是指以DRAM为主要存储类型的芯片，这类芯片读写速度快、延迟低。ChatGPT已经从下游AI应用火到了上游芯片领域，在将GPU等AI芯片推向高峰的同时，也极大带动了市场对新一代内存芯片HBM（high bandwidth memory，高带宽内存）的需求。据悉，2023年开年以来，三星、SK海力士的HBM订单就快速增加，价格也水涨船高，近期HBM3规格DRAM价格上涨了5倍。拥有高速数据传输速度的HBM内存芯片几乎成为ChatGPT的必备配置。英伟达已经将SK海力士的HBM3安装到其高性能GPU H100上，而H100已开始供应ChatGPT服务器所需。三星内存副总裁Kim Jae-joon指出，ChatGPT等基于自然语言技术的交互式AI应用的发展有利于提升内存需求。高效且大量的运算能力、高容量的内存，是AI学习与推论模型的根基。

人工智能的需求也推动着半导体技术的发展。人工智能对处理速度、能效等方面提出了更高的要求，这促使科学家们不断研发新的材料和工艺，推动半导体产业在芯片制造、半导体设备和材料等环节的创新和进步。同时，终端应用的创新和AI的赋能也会给半导体产业链带来新的发展需求，AI所带来的工业革命将会使半导体产业链继续受益。可以说，人工智能对半导体技术起到了催化剂的作用。

人工智能反过来也会反哺芯片行业的各个环节。半导体设计是一个复杂且耗时的过程，依赖于工程师的专业知识和经验。然而，AI的引入可以通过机器学习算法，自动优化设计过程，从而提高设计效率和质量。例如AI可以用于设计自动化（EDA）工具，通过学习大量的设计数据和结果，自动找出最佳的设计方案。通过使用AI技术，我们可以设计出更高性能、更低功耗的芯片，这对于AI、5G、物联网等新兴应用领域的发展具有重要意义。由于半导体芯片生产成本高昂，传统的人工开发方法已经变得越来越昂贵和低效。因此，研究人员开始探索如何利用人工智能技术来改进半导体芯片制造过程。例如贝叶斯优化算法可以帮助优化和改进半导体芯片制造过程。该算法通过系统性地评估不同参数组合的效果来确定最佳参数设置。这种方法可以大大减少实验成本，并提高生产效率。同时，AI也可以用于芯片的测试和验证过程。通过使用AI，可以自动发现和定位芯片上的错误，从而降低测试成本和时间。英特尔工厂生产中已部署AI进行生产线上的缺陷检测、工具/设备群/晶圆厂匹配、多变量流程控制、自动化晶圆图模式检测和分类、快速的根本原因分析、在筛选测试中检测异常值，以减少测试时间并提高下游出货产品的质量。这项研究为半导体芯片制造过程的改进提供了新思路。AI与半导体互相成就！ AI技术有助于推动半导体行业的发展，并为未来的技术革新奠定基础。

（2）可穿戴设备

可穿戴设备是一种集成了各种电子元件和传感器的智能设备，可以佩戴在身体上，与我们的日常生活密切相连，包括手表、手环、眼镜，甚至是服饰等类别。它们可以通过蓝牙或无线网络与智能手机或其他设备进行通信，实现数据传输和功能控制。通过将电子设备穿戴在身上，我们可以方便地进行健康监测、运动追踪、心率监测、睡眠监测、GPS定位等。无论是想要追踪自己的运动数据，还是关注自己的健康状况，可穿戴设备都能够提供有价值的信息和指导。例如在糖尿病患者治疗方面，一些可穿戴设备可以监测患者的血糖水平并提供提示，帮助他们更好地管理糖尿病。此外，一些可穿戴设备还具备智能助手的功能，可以接收和发送消息、控制音乐播放等，为我们的生活增添了便利性。

随着可穿戴设备向功能集成化、交互多样化、形态轻便化方向发展，对相应芯片的需求也越来越多。对于智能可穿戴设备的市场发展而言，芯片的重要性不言而喻。半导体技术在可穿戴电子设备中扮演着重要的角色。半导体技术的发展使得可穿戴设备变得更加智能、更加个性化。

可穿戴设备在对神经网络计算、蓝牙通信等功能提出更高要求的同时，也对功耗、重量有着极为苛刻的限制。集成度更高、功能更强大的SoC芯片成为当前可穿戴设备芯片领域的关注重点。半导体芯片的小型化和功耗的降低使得可穿戴设备可以在小巧的体积中拥有更多的功能和更长的续航时间。因此，在设备性能不断提升的前提下维持低功耗越来越受到厂商和消费者的关注。集成电路工艺的发展必然朝着这个方向努力。如果以单原子晶体管构建的芯片能够成功量产，那就意味着现在每天一充的手机，可能需要几个月甚至几年才充一次电。在进行低功耗设计过程中，为了实现功耗的有效降低，会利用工艺技术进行改善。在设计过程中，使用较为先进的工艺技术，如缩小晶体管沟道的长度或改进封装技术，能够让器件的功耗有效缩减。此外，半导体技术还可以提供更高的计算能力和数据处理能力，使得可穿戴设备可以更加准确地监测和分析我们的健康和运动数据。

2023年11月10日，美国初创科技公司Humane发布了一款非常科幻的可穿戴智能设备——Ai Pin（如图7.3所示）。它以全新的人机交互理念，以及搭载GPT大模型等特点，快速在国外网络上获得广泛关注。Ai Pin是一款无屏幕智能设备，它完全依靠语音和手势来完成交互，并搭载了OpenAI GPT大型模型。其以磁吸的形式佩戴在用户的衣服上，支持常规手机上的通话、音乐播放、拍照录像等功能。Ai Pin本体重量约34克，磁吸电池重量为20克，售价699美元。Ai Pin主要以基于GPT-4大模型的语音和手势的方式实现人机交互，用户可以将原本应在手机屏幕上显示的内容投射到用户手掌上，通过手势或是语音做出选择。算力配置上Ai Pin的处理器为高通骁龙8核处理器，RAM为4GB，ROM为32GB。

图7.3　可穿戴智能设备——Ai Pin

可听戴设备是新型的可穿戴设备。当向传统的助听器中添加蓝牙无线技术时，可以让助听器直接连接至智能手机。这看起来像是一个简单的扩展，但实际上是一个巨大的进步。在助听器实现无线连接之前，佩戴者必须把手伸到耳朵后面才能访问设备上的微型控制按钮。这对老年人来说尤其具有挑战性，因为他们的敏捷性通常较低。无线连接为用户提供的不仅仅是一种调高或调低音量的新方法，还提供了一种控制和修改助听器设置的方法。一旦连接至智能手机的应用，助听器就成了一个用途极为广泛的外设。通过引入AI、“舒适度算法”等，还会对改善听力体验产生巨大影响。例如环境分类可以让助听器适应当时的环境条件，降噪可以过滤掉背景声音。数字信号处理技术的进步，使无线连接以及AI与机器学习技术集成到可听戴与可穿戴设备成为可能。

随着人们对穿戴式设备的需求日益增长，柔性可穿戴技术成为近年来热门的研究领域。柔性可穿戴技术是一种结合柔性电子技术和可穿戴设备的创新技术，它将电子元件集成到柔性的、可弯曲的材料中，使其能够贴合人体曲线并与身体接触，从而实现舒适、自然的穿戴体验。总而言之，柔性可穿戴技术是一种将非常薄、轻巧、柔性的电子设备集成到穿戴式设备上的新型技术，旨在提高穿戴式设备的舒适性和自然性。与传统的硅基电子器件相比，柔性可穿戴技术具有以下显著特点。

① 舒适自然：柔性可穿戴技术可以更好地贴合人体，具有更高的舒适性和自然性，不会对人体造成不适甚至损伤。这也使得柔性可穿戴技术成为未来穿戴式电子产品的重要发展方向之一。

② 轻薄柔软：柔性可穿戴技术将电子器件制作成超薄、柔性和可弯曲的形式，不仅可以适应人体的曲面，而且可以实现无缝集成到不同类型的材料中，例如服装、鞋子、手环等。

③ 能耗低：由于柔性可穿戴技术使用少量电源，故其功耗也相应地降低了许多。在电力消耗以及使用寿命上，全面优于传统的电子产品。

可穿戴设备芯片性能与功耗的平衡需要计算芯片、通信芯片、电源管理芯片以及系统和软件算法的综合优化解决方案，同时还涉及人体感知、医疗健康等跨行业领域。此外，可穿戴电子设备还将与其他智能设备实现更加紧密的互联互通。可以想象，未来我们的可穿戴设备将与智能汽车等进行无缝连接，我们可以通过手腕上的设备在驾驶时接收导航和交通信息。未来智能家居的发展将进一步推动智能穿戴设备的整合。智能家居设备和智能穿戴设备将会联动，实现更加智能化的生活体验。智能家居设备会根据智能穿戴设备的数据分析生成更加精准和科学的环境设置，例如及时调整房间的温度、亮度等。

（3）物联网

物联网被认为是继计算机、互联网之后，世界信息产业的第三次浪潮。咨询公司麦肯锡估计，到2025年，物联网对全球经济的影响可以高达6.2万亿美元。物联网的快速发展正在以惊人的速度改变我们的生活、我们的工作，甚至我们的城市。在任何设备中集成无线功能可将设备带入物联网时代，设备不再是孤立的应用，而是互联事物，是生态系统的组成部分，一个更大的实体。物联网技术通过将物理世界的设备连接到互联网，使它们能够收集和共享数据，极大地提高了效率和准确性。在智能家居、工业自动化、医疗保健、交通物流等领域，物联网都正在发挥着越来越重要的作用。

物联网的迅速发展成为半导体行业的新动力。作为连接各种设备和传感器的网络，物联网正在迅速增长并具有广泛的应用前景。而物联网的发展离不开半导体芯片的支持，例如打开空调、打开灯、打开窗户等一连串需要具体执行的动作，都需要通过电机控制来达成任务，而这一过程有赖于功率半导体。半导体行业可以通过提供更小、更高效的芯片设计和制造技术，满足物联网设备对低功耗、高性能的要求。物联网的核心是物物相连，由此对芯片产生了巨大的需求，用于计算、传输、连接等，例如微传感器、微控制器、物联网连接芯片组、物联网AI芯片组、物联网安全芯片组和模块等都会有较大的需求。未来，随着物联网设备的普及和需求的增加，半导体行业将得到更大的发展机遇。不断扩张的物联网生态系统无疑会导致人们日常生活中使用的半导体组件数量明显增加。

随着物联网设备数量的急剧增加，数据的生成和处理需求也正在飞速增长。从简单的传感器到复杂的机器人，每个物联网设备都需要存储器来保存其运行所需的程序和处理的数据。这为半导体存储器市场带来了巨大的机遇，并将推动半导体存储器市场的持续增长。物联网设备每天都在生成大量的数据，这些数据需要被存储起来，以便于进行分析和处理。物联网对半导体存储器的需求主要表现在两个方面：一方面，物联网设备需要内存来存储运行所需的代码和临时数据；另一方面，随着越来越多的数据被生成和处理，需要更大容量的存储器来储存这些数据。同时，物联网的快速发展也对半导体存储器的性能和技术提出了新的要求，例如物联网设备通常需要在极低的功耗下运行，这就要求存储器具有低功耗的特性。此外，由于物联网设备经常需要在复杂的环境中运行，因此存储器也需要具有更高的可靠性和稳定性。

物联网的应用分支之一——工业互联网是国家经济竞争力的关键所在，因此工业经济数字化、网络化、智能化成为各国发展的重点，是非常重要的应用方向。工业物联网时代，各种终端传感器、即时通信技术、互联网技术不断融入工业生产的各个环节，可以大幅提高制造效率、改善产品质量、降低产品成本和资源消耗，将传统工业生产提升到智能制造的阶段。

GSMA智库预计，到2025年全球工业物联网设备连接数将增长至100.75亿。工业物联网是“工业4.0”实现的具体形式，要想实现智能制造，达到工业生产的个性化与定制化，需借助于万物互联的工业物联网。根据维基百科的定义，“第四次工业革命（或者叫工业4.0）是采用现代智能技术对传统制造和工业实践进行持续的自动化。大规模机器对机器通信和物联网集成在一起，从而实现更高的自动化程度、更好的通信和自我监控，以及生产能够在无需人工干预的情况下分析和诊断问题的智能机器”。随着5G的出现及其将响应时间降低到1毫秒以下的目标，工业市场中的新应用成为探索的目标。随着半导体IP的发展，实时工厂控制和其他应用成为可能，DDR5等存储器接口则增加了系统的内存带宽和容量。工业半导体约占全球半导体市场总量的12%。

反过来，半导体公司也可以从物联网技术的发展中获益。通过将基于物联网的设备监测技术集成到半导体制造环境中，这些公司可以从减少设备停机时间，提高质量、效率和安全性中获益。此外，通过使用物联网自动化和简化供应链操作，半导体公司可以提高生产率和利润，减少资产损失、库存规模、库存浪费，并减少客户流通量。物联网还可以通过基于传感器技术的数据和半导体制造车间以前的使用模式来控制设备的使用，从而节约能源。

（4）新能源

新能源是指传统能源之外的各种能源形式，它以新技术和新材料为基础，使传统的可再生能源得到现代化的开发和利用，用取之不尽、周而复始的可再生能源取代资源有限、对环境有污染的化石能源，重点开发太阳能、风能、生物质能、潮汐能、地热能、氢能和核能（原子能）。当前研究比较多的新能源形式有光伏和风电等，它们正在掀起一场能源革命。而能源革命催生了功率半导体的长期需求。全球功率半导体龙头企业有英飞凌（Infineon Technologies）、安森美（ON Semiconductor）、意法半导体（STMicroelectronics）等。功率半导体的三大主角分别是IGBT、SiC和GaN，目前在光伏和风电两大新能源行业中，IGBT的需求量最大。

绝缘栅双极晶体管（insulate-gate bipolar transistor，IGBT）综合了电力晶体管（giant transistor，GTR）和电力场效应晶体管（power MOSFET）的优点，IGBT也是三端器件：栅极，集电极和发射极。IGBT可以看作是由BJT和MOSFET组成的复合功率半导体器件，它既有BJT导通电压低、通态电流大、损耗小的优点，又有MOSFET开关速度快、输入阻抗高、控制功率小、驱动电路简单、开关损耗小的优点。IGBT在高压、大电流、高速等方面是其他传统功率器件所不能比拟的，因而是电力电子领域较为理想的开关器件。

由于IGBT具有良好的特性，应用领域很广泛，它的应用范围一般在耐压600V以上、电流10A以上、频率为1kHz以上的区域。

光伏行业中，集中式光伏逆变器的设备功率在50～630千瓦之间，需要采用大电流IGBT，组串式光伏逆变器功率小于100千瓦，IGBT被用于其功率开关零部件。同样的功率下，组串式光伏逆变器数量多于集中式光伏逆变器。随着组串式逆变器应用占比的提升，光伏用IGBT数量有望有所增长。

风电行业中，风电变流器是风力发电机组的关键部件之一，可以使风机处于最佳发电状态。据中商产业研究院预测，2025年我国风力发电量将达99707.9亿千瓦时。风电的普及也将带动风电变流器需求的增长。更多的风电变流器需求量也意味着风电市场对IGBT的需求量将大幅增长。

IGBT还广泛应用于智能电网的发电端、输电端、变电端及用电端。从发电端来看，风力发电、光伏发电中的整流器和逆变器都需要使用IGBT模块。从输电端来看，特高压直流输电中柔性输电技术需要大量使用IGBT等功率器件。从变电端来看，IGBT是电力电子变压器的关键器件。从用电端来看，微波炉、LED照明驱动等都对IGBT有大量的需求。

除了光伏、风电之外，功率半导体的最大增长预期来自新能源汽车。

随着汽车智能水平的不断提升，半导体在汽车上的应用越来越广泛，目前汽车半导体已经从单纯的影音娱乐设施发展到动力系统、行驶系统、辅助驾驶、智能驾驶、车联网等领域，单车半导体使用量也不断提升。据Yole数据：2022年每车半导体芯片价值约为540美元，到2028年将增至约912美元；整体汽车半导体市场规模预计从2022年的430亿美元增长至2028年的843亿美元，年均增长率达11.9%。

汽车已成为仅次于通信、计算机、消费电子的半导体第四大应用领域。新能源汽车电气化程度更高，相比传统燃油汽车拥有更多的电子控制系统、信息传输系统以及电子操作系统，需要更多的汽车半导体产品来实现相关功能，未来的汽车就像装了四个轮子的智能手机。近几年，随着新能源汽车技术的发展以及全球环保意识的提升，全球新能源汽车产业呈现爆发式增长。一些国家陆续在2030年、2040年执行禁售燃油车的政策，彭博社预估到2040年60%的新车将是纯电动车。新能源汽车产量的增长加速了汽车半导体产业的发展。

IGBT被行业称为新能源汽车的CPU，是新能源汽车的核心，直接控制了驱动系统直流、交流电的转换，决定了新能源汽车最大输出功率和扭矩等核心数据。在整个新能源汽车制造过程中，电机驱动系统占全车制造成本15% ~ 20%，而其中IGBT占电机成本约50%，从而可以算出IGBT占整车成本7% ~ 10%。在特斯拉的双电机全驱动版车型Model X中，使用了132个IGBT单管。

第三代半导体器件在新能源汽车中拥有十分广阔的应用前景。现阶段新能源汽车的主流是以电为能源提供动力，需要考虑电能的传输效率和转换效率。基于SiC、GaN材料高频高效、耐高压、耐高温等优异的特性，第三代半导体功率器件应用在新能源汽车上，不仅可以提升整车的能源传输和转换效率，还可以促进新能源汽车的产品升级换代，提升车企在汽车市场的竞争力和产品布局，为新能源汽车开拓更多市场。

在电动车功率半导体高压领域，SiC MOSFET是IGBT的竞争者。仅我国，在新能源汽车中6英寸SiC片用量预计2025年将超过120万片。宽禁带材料的SiC具有饱和电子漂移速度快、击穿电场强度高、热导率大、介电常数小、抗辐射能力强等特点，在高温和高压应用领域更具优势，适用于600V甚至1200V以上的高温大电力领域，如新能源汽车、汽车快充充电桩、光伏和电网。将新能源车系统电压提升至800V后，车身重量、电控损耗均有望降低，整车续航里程得以提升，此外高压能提高充电功率，加快充电速度并解决补能时间痛点。因此，高压化趋势是未来新能源车发展的主线之一，有望带来明显的半导体及电子元器件单车增量需求。SiC器件由于其在高压环境下独特的性能优势，有望随着800V系统渗透率的提升而加速替代硅基功率器件。此外，新能源汽车还需配备降压模块，它安装在800V电池与低压电器之间，将车内800V下降至400V、48V、12V等，供车上不同负载使用。

GaN器件相比于SiC器件拥有更高的工作频率，加之其阈值电压低于SiC器件，因此GaN电力电子器件更适合对高频率、小体积、功率要求低的电源领域，如消费电子电源适配器、无线充电设备等。在新能源汽车中，可以用于DC-DC转换器，也可以用于激光雷达。DC-DC转换器可以将直流（DC）电源转换为不同电压的直流（或近似直流）电源，如用于信息娱乐应用的12 ~ 24V输入/3.3V输出。激光雷达需要利用纳秒级窄脉冲工作的器件来驱动激光器，从而实现雷达所需的数纳秒或更短的时间内识别物体的能力，GaN高频的特点使得这一需求可以得到很好的满足。

除了电能，新能源汽车也有采用氢能提供能量。氢燃料电池的空压机，其转速高达10万转/分，且要求非常高的动态性能。传统的IGBT模组无法满足要求，此时也必须使用SiC或者GaN FET。

中国新能源汽车产业崛起对国产汽车半导体需求迫在眉睫。新能源汽车成为国产半导体突破、升级的关键之一，国产汽车半导体的成长有助于新能源汽车摆脱供应链限制、提升核心竞争力，两者是相辅相成的。本土新能源车特别是纯电动汽车的突飞猛进为国内功率半导体及材料厂商带来了良好的发展机遇。2022年，国内纯电动汽车销售达536万辆，比亚迪一枝独秀，在国内实现纯电动汽车186万辆的销售业绩，市场占有率近三分之一。比亚迪之所以一枝独秀，除了拥有电池技术这一看家本领外，比亚迪还是国内唯一拥有IGBT全产业链的车企，拥有从芯片设计、晶圆制造、模块设计和整车应用的完整产业链。国内新能源车销量到2026年会增长到1700万辆左右，年平均复合增长率达到30%。中国正在领导全球新能源车的发展已成为全球业界的共识。

（5）元宇宙

元宇宙是人们的想象与现实技术条件之间的耦合。与元宇宙相关的技术可谓错综复杂，似乎所有酷炫、充满科技感的词汇都能和元宇宙找到交集。元宇宙确实关联甚广，涉及很多新技术，概括起来讲可以分为八大技术：区块链技术（blockchain）、交互技术（interactivity）、5G、6G通信技术（5G、6G communication technology）、云计算和边缘计算（cloud computing and edge computing）、高性能计算和量子计算（high-performance computing and quantum computing）、物联网和机器人技术（IoT and robotics）、网络技术（network）、人工智能技术（artificial intelligence）。

从技术层面来看，元宇宙是由计算机生成的，因此人们要进入元宇宙，计算机是必要的途径，而一个人在元宇宙内的所有行为，也都是通过计算机实现的。因此，在考虑元宇宙问题时，人机交互成为首要问题。

虽然计算机是人们发明的工具，但自它被发明以来，却一直在某种意义上扮演着“主体”的角色。换言之，“人要围着机器转”，人们要根据机器的特征去调整与它的交互方式。这种状况下，我们的创意和能动性就像被枷锁束缚了一样。因此，实现人机交互的根本变革，实现从“机器是主体”到“人是主体”的转变十分重要。元宇宙的一个重要意义，就是要把人们从过去通过文字、代码等方式进行人机交流的情境中解脱出来，转而在一个虚拟环境下，用更为自然的方式来达成人机交互。要实现这个目标，需要很多技术的支持。与元宇宙相关的人机交互技术主要有三类：虚拟现实（virtual reality，简称VR）、增强现实（augmented reality，简称AR），以及混合现实（mixed reality，简称MR）。这三兄弟就像是元宇宙的得力助手，帮助我们更好地在虚拟世界中遨游。

所谓VR就是通过机器模拟出一个虚拟的场景，让人们能够感受到身临其境的体验。如果说VR的目标是通过计算机创造出虚拟的世界，那么AR的目标则是将图形、声音、触觉等元素融入现实世界中，而MR则是将AR和VR相结合，彻底实现了虚实结合、虚实交互的境界。

元宇宙的使用会产生巨大的数据吞吐量，同时人们对VR/AR/MR的普遍使用会要求更低的延迟。为了满足高吞吐量和低延时的要求，必须使用更高性能的通信技术。人们希望能在元宇宙中自由活动，而不是被束缚在计算机或某个固定设备旁边。因此，元宇宙的通信将更多地依赖于无线通信。在无线通信中，光波是最主要的载体。光波的传播速度主要由其带宽决定，而带宽的大小则取决于其波动频率。因此，无线通信技术从1G发展到5G，都是在不断增加光波的波动频率以提升其带宽。仅依靠现在的5G技术可能还难以有效满足元宇宙提出的通信要求，因此需要引入6G及更新的无线通信方案。

面向未来的可穿戴设备，VR/AR/MR设备会非常流行。传感器是虚拟世界和现实世界之间的桥梁，例如用于AR和VR头戴式设备的运动传感器。在VR设备中，运动传感器被用于跟踪头部和手部的运动。传感器结合加速度计和陀螺仪，可以提供关于耳机运动极其详细和准确的信息，以确保投影保持稳定和系统保持响应，此类产品旨在提供逼真的体验并减轻因图像响应缓慢或不正确给VR带来的挑战。未来智能穿戴设备会与虚拟现实和增强现实技术进行融合。智能穿戴设备可以作为人们进入虚拟世界和增强现实世界的入口。例如在生产现场，智能穿戴设备可以为工人提供增强现实显示，并且为他们提供更加智能化的指导。

在元宇宙中，区块链是一种非常重要的技术。区块链的思想可以追溯到"中本聪"（Satoshi Nakamoto）于2008年发表的奠基性论文。最初，"区块链"只是用来描述比特币支撑技术的一种比喻说法，后来随着比特币架构体系的逐渐流行，这个名称才约定俗成，逐渐流传开来。现在，区块链通常被用来指一种去中心化的基础架构和计算范式。它利用加密链式区块结构来验证与存储数据、利用分布式节点共识算法来生成和更新数据、利用自动化脚本代码来对数据进行编程和操作。从性质上看，区块链的运作并不依赖于一个中心化的协调者，可以实现人与人之间的点对点交互，在互不相熟的条件下保证交互的安全，还可以尽可能保证用户的隐私和数据安全。所有这些性质都使其非常适合元宇宙中“人与人的自由联合”这种组织方式。

英特尔高级副总裁拉贾·科杜里（Raja Koduri）表示元宇宙可能是继互联网和移动互联网之后的下一个主要计算平台。但是，我们今天的计算、存储和网络基础设施还根本不足以实现这一愿景，实现元宇宙所需要的算力将会是现在全部算力的一千倍。算力的限制将成为进入元宇宙的最大障碍，要想真正拥抱元宇宙，必须努力突破这一瓶颈。突破算力瓶颈有多种可能的技术路径，包括高性能计算、量子计算、神经形态计算、概率计算等。

高性能计算指的是利用聚集起来的计算能力来处理标准工作站无法完成的数据密集型计算任务，其最为重要的核心技术是并行计算。在串行计算中，计算任务不会被拆分，一个任务的执行会固定占有一块计算资源。而在并行计算中，任务会被分解并交给多个计算资源进行处理。

如果说高性能计算是在运算资源的分配上下功夫，那么量子计算则是试图通过改变经典计算的整个逻辑来提升运算效率。我们知道，经典计算的基本单位是比特（bit），比特的状态要么是0，要么是1，因此经典计算机中的所有问题都可以分解为对0和1的操作。而量子计算的基本单位则是量子比特（qubit），由于量子力学的原理，它们能够同时存在于多个状态。量子计算中，可以通过一种特殊的技术将多个量子比特纠缠在一起，从而实现同时计算多个任务。这种技术被称为量子并行处理，是量子计算的核心特性之一。量子计算的另一个重要特性是量子态的干涉效应。在量子计算中，不同的量子态之间可以相互干涉，形成一种全局的干涉效应，这种效应可以用来加速某些特定的计算任务。量子计算象征着计算基本原理的范式转变，量子计算需要基于量子力学原理运行的专用硬件，如量子处理器和量子门，这使得开发和部署更加复杂，且成本更高。

量子计算机使用量子比特计算，计算单元可以是打开、关闭或之间的任何值，而不是传统计算机中的开关，要么打开，要么关闭，要么是1，要么是0。量子比特居于中间态的能力使得量子计算机的计算能力远超经典计算机。量子计算机除了用于元宇宙外，还可以解决诸如密码学、药物发现与优化和气候建模等领域的复杂问题。

云计算将计算资源集中在中央服务器上，用户通过互联网访问和使用这些资源。数据和应用程序通常存储在数据中心，无须用户直接主动管理。云计算是对计算机硬件、系统、网络、应用软件等资源的集中部署和再分配，以求达到计算资源的利用效率最大化。云计算可以用一个有趣的比喻来理解。想象一下，以前每个家庭都要自己挖个坑来烧柴火，这样做既麻烦又不环保。现在有了电力，我们不再需要每个人都去烧柴火，而是可以通过电网从发电站获取电力。云计算就像是互联网上的大型发电站，它提供的IT资源就像是电力，让用户可以随时随地获取所需的资源，不再需要自己维护和管理大量的设备。在元宇宙中，如果需要更多的计算能力或存储空间，而本地的设备无法满足需求，那么就可以通过云计算来获取更多的资源。就像在现实生活中，如果家里电不够用，我们可以选择从电网获取更多的电力。云计算不仅可以提供更多的资源，还可以让用户根据自己的需求灵活选择所需的资源，既方便又不会造成浪费。

数据中心和云计算的持续扩张将对半导体行业产生积极影响。随着互联网的不断发展和大数据时代的来临，数据中心和云计算等领域对半导体芯片的需求还将持续增长。数据中心需要更高性能、更高存储容量的处理器和内存芯片，而云计算则需要支持海量数据传输和分析的高速芯片。因此，半导体行业可以通过不断创新和技术突破，提供更适应数据中心和云计算需求的芯片产品。

执行云计算的时候，大量数据需要在本地和云端之间跑来跑去，这会造成一定的延迟。这就像网购的时候，下单后等待快递的心情，总是有些小焦虑。特别是当订单量巨大的时候，这种焦虑就更加严重了。对于元宇宙的用户来说，这种延迟可能会让他们的体验像慢热的电视剧一样，让人失去耐心。那怎么解决这个问题呢？一个可能的解决方案就像是在你家小区门口放一个能够快速处理、存储和传输的机器人。这个机器人一方面可以在你和云端之间做一个快速的中转站，另一方面可以实时回应你各种需求。这个解决方案就是所谓的边缘计算。边缘计算使计算和数据存储更接近需要的位置，融合网络、计算、存储、应用核心能力的开放平台，就近提供边缘智能服务，以提高响应时间和节省带宽，满足行业数字在敏捷连接、实时业务、数据优化、应用智能、安全与隐私保护等方面的关键需求。由于边缘计算平台靠近用户，所以它可以更快速地与用户进行数据交换，延迟问题就可以得到有效的缓解。研究显示，借助边缘计算，延迟可以降低60%以上，这就像瞬间打开了快速通道一样。

边缘计算的好处不止于此。比如，边缘计算的应用还可以更好地保护用户的隐私。现在的云服务大多是被一些互联网巨头所掌握，用户在畅游元宇宙的同时，自己的所有数据、行动轨迹，甚至生物信息都时刻面临着被窥视的风险。想象一下，你在元宇宙中和朋友们一起在森林里玩耍，然后突然发现有人在用望远镜看着你，这种感觉肯定很不舒服。如果大量用户信息高度集中在云计算平台中，一旦受到攻击将导致严重的隐私泄露。相比之下，边缘计算允许在边缘设备上处理和存储数据，就可以给用户隐私提供更好的保护。一方面是因为分布式部署的规模较小，有价值信息的集中度较低，边缘服务器不太可能成为安全攻击的目标。另一方面，由于许多边缘服务器是私有云，外界访问困难，可以从某种程度上缓解信息泄露问题。边缘服务可以在授权过程中从应用程序中删除高度私密的数据，以保护用户隐私。这就像在你家门口设置了一道屏障，防止别人偷窥你的私人生活。

边缘计算是一种分布式计算——在网络边缘侧的智能网关上就近处理采集到的数据。作为无脊椎动物，章鱼拥有巨量的神经元，但60%的神经元分布在章鱼的八个腕足上，脑部仅有40%。章鱼在捕猎时异常灵巧迅速，腕足之间配合极好，从不会缠绕打结，这得益于他们类似于分布式计算的“一个大脑+多个小脑”结构。边缘计算就类似于章鱼的那些腕足，一个腕足就是一个小型的“机房”，靠近具体的实物。

边缘计算与云计算两者相比较，云计算能够把握全局，处理大数据并进行深入分析，在商业决策等非实时数据处理场景中发挥着重要作用，边缘计算则侧重于局部，能够更好地在小规模、实时的智能分析中发挥作用，如满足局部企业的实时需求。边缘计算更靠近设备端和用户，注重实时、短周期数据的分析，以更好地支持本地业务的及时处理和执行。而云计算作为统筹者，负责长周期数据的大数据分析，可以在周期性维护、业务决策等领域运行。在许多应用场景中，无法接受将数据上传到云端后再进行决策和交互的情况，例如无人驾驶或精密机床的场景。在这些情况下，由于数据传输回去后场景可能已经过时且不适用了，云计算无法满足需求。而边缘计算则可以通过在更靠近数据源的位置执行计算来改善服务。

云计算和边缘计算的问题不是二选一，云和边缘都有各自的优势，问题是应该在何时使用云计算和边缘计算。一条有用的经验法则是：云计算运行在大数据上，而边缘计算运行于“即时数据”，即传感器或用户生成的实时数据。

当前，数据的处理和计算正在发生迁移，大数据处理正在从云计算为中心的集中式处理时代，跨越到以万物互联为核心的边缘计算时代。

（6）微纳电子机械系统

微机电系统（micro-electro-mechanical system，MEMS），也称微电子机械系统，它是用微加工技术制造的小型化机械电子器件，初始概念是微机械与微电子的集合，即将机械部分同步缩小，这样可以与微电子部分一起组成微系统。微电子相当于人的大脑，微机械则相当于人的感官和手脚，只有一起缩小，系统才能协调。微机电系统是集微传感器、微执行器、微机械结构、微电源微能源、信号处理和控制电路、高性能电子集成器件、接口、通信等于一体的微型器件或系统。随着微电子进入到纳米尺度，微电子机械系统也演变为纳电子机械系统（nano-electro-mechanical system，NEMS）或纳机电系统。微纳电子机械系统是典型的交叉学科，涉及微电子、纳电子、机械、材料、力学、化学等诸多学科领域。它的学科面涵盖微纳米尺度下的力、电、光、磁、声、表面等物理、化学、机械学的各分支。

常见的MEMS产品包括MEMS加速度计、MEMS麦克风、MEMS压力传感器、MEMS湿度传感器、MEMS陀螺仪、微马达、微泵、微振子、MEMS光学传感器、MEMS气体传感器等。MEMS器件不仅性能优异，而且其生产方法利用了集成电路工艺中的批量制造技术，这使得可以在相对较低的成本上实现出色的器件性能。

MEMS产品应用范围广泛。日常生活中汽车安全气囊系统配备的微加速度传感器一般采用MEMS技术制备，MEMS麦克风在手机中也随处可见。MEMS传感器可广泛应用于穿戴设备，如加速度计、惯性运动单元、压力传感器、温度传感器等。

未来，如能把微型化的传感器、执行器和微纳米结构与IC更好地集成到同一硅基或其他新型材料基底上，MEMS的真正潜力就会得到充分发挥。MEMS的电子器件部分采用集成电路工艺（如CMOS工艺等）制造，微机械部件采用MEMS特色工艺制造，两种工艺协同发展。

MEMS特色工艺有很多，如体硅刻蚀工艺、表面牺牲层工艺、LIGA工艺、键合工艺等。体硅刻蚀工艺就是对硅片本身用化学溶液进行腐蚀的微机械加工，其目的往往是选择性将一定量的硅材料从衬底中移走，从而形成下凹的结构或在衬底某一侧形成薄膜、沟槽等。在微机械结构加工中，为了获得有空腔和可活动的微结构，常采用“牺牲层”（sacrificial layer）技术，即在形成空腔结构过程中，将两层薄膜中的下层薄膜设法腐蚀掉，便可得到上层薄膜，并形成一个空腔。被腐蚀掉的下层薄膜在形成空腔过程中，只起分离层作用，故称其为牺牲层，相应的工艺则称为牺牲层工艺。LIGA技术由德国人发明，有深层同步辐射X射线光刻、电铸成型及塑铸成型三个重要的工艺步骤，LIGA技术可加工多种材料，如硅、金属、陶瓷、塑料、橡胶等，LIGA工艺的特色是加工三维结构及高深宽比结构，其深宽比可大于100。键合是微机械加工中非常重要的一种工艺，指的是将两片或更多的硅片或其他基片相互固定连接在一起的一种工艺，有了这种工艺，可以先进行不同晶圆的加工，然后通过键合工艺，将它们组合在一起。通过这些特色工艺可选择性地刻蚀硅片的某些部分或添加新的结构层以形成机械和机电装置。

总之，MEMS工艺和集成电路工艺如果能够更好地兼容在一起，MEMS产品的应用前景和使用领域将会非常广阔，也许以后的MEMS产业将会和现在的微电子产业一样大放光芒。

（7）光子芯片

随着集成电路的不断发展，传统的电子集成电路在带宽与能耗等方面逐渐接近极限。随着电子电路集成度的不断提高，金属导线变得越来越细，导线之间的间距不断缩小，这一方面使得导线的电阻及其欧姆损耗不断增大，使得系统能耗不断增加。另一方面会造成金属导线间的电容增大，引起导线之间的串扰加大，进而影响芯片的高频性能。光子芯片与传统的电子芯片相比，利用光的传导特性，采用光来作载体，光子芯片具有更高的传输速度，能够达到更高的通信速率，有助于实现快速数据传输，满足现代社会对于高速信息处理的需求。光子芯片的计算速度是普通硅基芯片计算速度的50倍左右，并且功耗只有硅基芯片的百分之一。传统的电子芯片在高速传输时会产生大量的热能耗散，而光子芯片在数据传输过程中能量损耗相对较低。光子芯片的低能耗特点，有助于提高设备的能效和续航时间，减少能源消耗。光子芯片不仅可以在微米尺度上实现高度集成，还可以在二维和三维空间中实现更高的密度集成。光子芯片的高度集成性能，为微型化和轻量化设备的发展提供了更多可能性。光子芯片还具有更宽的传输带宽及更强的抗电磁干扰能力。

光子芯片的原理是将光子器件集成在芯片上，实现光电子集成。光子器件包括光发射器、光接收器、光放大器、光调制器等。这些器件可以把电信号转换为光信号并进行调制、放大、接收等处理，从而实现高速的光通信。电子集成芯片采用电流信号来作为信息的载体，而光子芯片则采用频率更高的光波来作为信息载体。在光子芯片中，光信号是通过光波导进行传输的。光波导是一种类似于导线的结构，可以将光信号导向特定的芯片区域。光波导可以采用不同的材料和结构，如硅、氮化硅等材料，波导宽度和厚度也可以根据需要进行调整。通过优化波导结构和材料，可以实现高效的光信号传输和处理。

早在1969年，美国的贝尔实验室就已经提出了集成光学的概念。近年来随着技术的发展，包括硅、氮化硅、磷化铟、Ⅲ－Ⅴ族化合物、铌酸锂等多种材料体系已被用于研发单片集成或混合集成的光子芯片。光子芯片具有的物理性能优势，可为信息获取、传输、计算、存储、显示等技术需求大幅降低信息连接所需的成本、复杂性和功率损耗。

以光子芯片为核心的光模块器件，已经在数据中心等应用场景中发挥巨大作用。随着云计算和大数据应用的兴起，对数据中心的处理能力的要求不断提升，而光子芯片的高速传输和高能效特性，使其成为数据中心的理想选择。光子芯片在数据传输、存储和处理方面的优势，有望提升数据中心的性能和效率。在人工智能领域，鉴于光子芯片具备高速传输和低能耗的特点，能够为人工智能的计算和训练提供更高效的解决方案。光子芯片的高速传输和高密度集成特性赋予其在通信领域同样拥有广阔的应用前景，光子芯片可以实现光纤通信的高速、高稳定性和高带宽，将为物联网、5G网络等通信技术的发展提供可靠的基础设施。

光子产业将是全球发展最快的未来产业之一。目前，我国光子产业发展水平与世界处于并跑阶段，在光子基础理论研究和技术发展方面具有一定的优势。2023年，中国科学院上海微系统与信息技术研究所和中国电子科技集团公司等单位联合研发的光子芯片生产线正式量产，这标志着中国在光子芯片领域迈出了关键的一步。

7.3 半导体革命与人类文明的未来

在历史学家阿诺德·约瑟夫·汤因比（Arnold Joseph Toynbee）眼中，人类社会发展的规律即“挑战和应战”，文明是在“挑战和应战”中诞生和延续的。应战成功，文明可以继续向前发展，反之则会导致文明的流产。人类文明的发展反映人与自然的关系，是人类思想、文化和生产力的集中体现。如果以生产力为衡量标准，人类文明演化进程大多数时间是渐进和继承，颠覆性转换只发生了三次，即农业文明、工业文明和信息文明。20世纪后半期，人类通过掌控计算方法、计算工具、计算能力并标准化、规模化使用知识和数据，开启了信息文明时代。

20世纪大规模集成电路、半导体激光器以及各种半导体器件的发明，对现代信息技术革命起了至关重要的作用，引发了一场新的全球性产业革命。信息化是当今世界经济和社会发展的大趋势，信息化水平已成为衡量一个国家和地区现代化的重要标志。进入21世纪，全世界都在加快信息化建设步伐。源于信息技术革命的需要，半导体物理、材料、器件都将有新的、更快的发展。

信息文明最重要的三要素包括计算、存储和传输。数据的采集、传输、存储和处理，都离不开半导体芯片。随着半导体技术的快速发展，在过去30年里，不论是芯片的运算能力、存储能力还是传输速度，都获得了百万倍的提升。早在2015年，“阿尔法围棋”（AlphaGo）下围棋已经超越人类，“高斯”算法的人脸识别能力也超越了人类。八年后的2023年，机器所具备的综合性能又有了百万倍的提升。

半导体技术和半导体芯片是现代信息社会的基石，是引领新一轮科技革命和产业变革的关键，对人类社会的发展起到了至关重要的作用。

半导体技术的发展经历了从晶体管到集成电路的演变，再到微电子时代的到来。自硅谷成立以来，半导体芯片的时代大幕已经拉开，而仙童半导体的兴衰是半导体行业不得不说的标志性事件。在仙童半导体奠定半导体行业基础的同时，其发展也从顶峰走向衰落。从仙童半导体出走的大佬们，先后成立了英特尔、AMD等后来的芯片巨头，而这些公司对芯片行业的贡献与影响力有目共睹。伴随着无数传奇的湮灭与诞生，半导体行业走过了快速发展的几十年。

站在当下，我们已经走过PC时代，处于移动时代，随着新能源、5G的快速兴起，逐渐来到了“万物互联”的物联网时代。受益于互联网、大数据、云计算等新一代信息技术的发展，传统产业的数字化转型，全球数字经济规模持续上涨。人工智能需要大量数据和处理能力来创建新内容，例如GPT4.0、文心一言等大语言模型需要足够的内存容量和带宽。内存、计算和存储半导体占半导体销售额的大部分。内存（如DRAM）和存储（如NAND闪存）芯片主要用于存储数据和指令，而处理芯片（如GPU）则用于实时执行计算和处理数据。值得注意的是，当前全球正处在人工智能（AI）的浪潮中，以OpenAI旗下的GPT大模型为代表，已有越来越多的个人用户和商业厂商接入这一生态系统。AI的赋能使得产品和应用端都出现了较为明显的积极变化。微软已经率先将GPT-4接入其Office等全系列办公场景，预计后续会有更多的现象级应用出现。在国内市场，百度文心一言等大模型的发布也推动AI在应用端的发展，未来有望迎来百花齐放的局面。5G的加速发展让网速不再是制约，而大数据、云计算的发展也如火如荼。元宇宙概念的提出，自动驾驶的前景，都让21世纪的人们看到了科技造就的美好未来。

半导体和芯片产业的蓬勃发展对全球经济产生了深远的影响。首先，它为全球创造了大量的就业机会。从设计、生产到销售和服务，整个产业链上涉及了众多的专业人才，为各个国家和地区提供了稳定的经济增长动力。其次，半导体和芯片产业也推动了其他相关产业的发展，如通信、能源、医疗、交通等。它们借助半导体技术提高了效率，降低了成本，并且创造了更多的商机。半导体产业同样促进了材料产业的发展。整个人类文明的发展史，可以看作是新材料的利用史。石器文明、青铜器文明、铁器文明直到如今的硅器文明，无一不见证着人类发现、掌握、使用材料的漫漫历程。可以说，半导体产业的繁荣不仅促进了科技创新，还为全球经济提供了持续增长的动力。

半导体革命不仅在经济上产生了深远影响，也给社会带来了巨大的变革。首先，智能设备的普及和半导体技术的进步，使得信息技术的应用得以广泛推广。网络通信、智能家居、云计算等都是半导体技术的应用领域，它们深刻改变了人们的生活方式和工作方式。其次，人工智能的兴起也离不开半导体和芯片产业的推动。半导体技术的进步为人工智能提供了强大的计算能力和数据处理能力，从而催生了智能机器人、无人驾驶等领域的创新。这些技术不仅提高了工作效率，还改善了人类生活的质量。人类文明的进步始终与产业技术的变革紧密相连，而每次产业技术的变革又都以能源革命为基石。自21世纪以来，全球已步入新能源革命的浪潮之中，人类正积极拥抱光伏、风电、氢能、储能、新能源智能汽车等绿色低碳的新兴产业形态，不断提升能源利用效率，推动能源结构的转型。随着新能源行业的迅猛发展，电力系统核心枢纽——功率半导体，已成为突破新能源大电流、高电压、高频率等技术的关键所在。功率半导体的下游应用领域极为广泛，几乎所有涉及电力系统的地方都会使用功率器件，包括消费电子、新能源汽车、可再生能源发电及电网、轨道交通、白色家电、工业控制等领域。

随着人工智能、物联网、5G等新兴技术的快速发展，传统硅基芯片将不能满足日益复杂的应用需求。因此，我们需要不断研究和探索新的芯片材料、结构和工艺，以满足市场的多样化需求。同时，我们也需要提高研发能力，持续推进半导体技术的创新和突破，例如柔性半导体器件是未来的一个重要创新方向。柔性可穿戴技术作为一种新型电子技术，已经开始展现出广泛的应用前景。同时，由于其发展技术不断更新迭代，其未来也将发生许多变化。随着柔性可穿戴技术的广泛应用，人们对其需求也将更加多样化，未来柔性可穿戴技术将会囊括各种新的穿戴场景，以满足不同人群的不同需求。随着芯片技术的不断提升以及元器件的完善，柔性可穿戴技术的元器件集成度将会越来越高，设备尺寸也会越来越小，穿戴者将感受到更加舒适自如的体验。随着人工智能技术的不断提升，可穿戴设备的信息量和计算量也会逐步增加，可以逐渐实现智能化，以满足人们对更加智能可穿戴设备的需求。

半导体和芯片产业对环境保护也产生了积极的影响。随着半导体技术的不断进步，各种电子设备的功耗不断降低，从而减少了能源消耗和碳排放。此外，半导体产业也在积极探索环保材料和工艺，以减少对环境的污染和资源的浪费。随着全球对环境保护和可持续发展的关注度增加，新能源车辆正在成为一种趋势。而新能源车辆的核心技术之一就是电池和电子控制系统，这就涉及了半导体器件的应用。半导体行业可以通过研发更高效、更可靠的电池管理芯片和功率电子器件，推动新能源车发展的同时为环保事业贡献一份力量。同时，半导体技术的发展也需要人类社会的积极参与和引导，以确保其在推动人类文明进步的同时注重可持续发展和社会责任。

未来，半导体产业将继续朝着高性能、低功耗、新材料应用、三维集成、光电子技术和新一代存储技术等方向发展。这些发展方向将推动半导体技术的创新和进步，为人类社会的发展带来更多的机遇和挑战。

由于半导体技术是高科技的代表，是一个国家综合实力的体现，在这一领域的竞争异常激烈，我们正处于一个充满竞争的芯片时代。中国芯片的未来将充满挑战，但也充满着希望和机遇，让我们共同期待中国芯片产业的蓬勃发展！

半导体“硅”铺就的文明阶梯将继续延续下去，信息文明发展的下一个节点将会与人工智能高度相关，数字生命也许是“人机融合”的未来。数字生命是用计算机媒介来创造的新的生命形式，是具有自然生命特征或行为的人工系统。它已经不再是由碳水化合物有机形成的自然生命，而是一种构建在半导体芯片上的数字信息系统，也可以认为是一种所谓的“硅基”生命。

半导体革命是人类文明进步的重要推动力量，它对全球经济、社会变革和环境保护产生了深远影响。半导体和芯片产业的不断创新和发展将继续改善人们的生活质量，并为人类未来文明的发展带来新的希望。

参考文献

[1] 王齐，范淑琴. 半导体简史[M]. 北京：机械工业出版社，2022.

[2] 徐祖哲. 溯源中国计算机[M]. 北京：生活·读书·新知三联书店，2015.

[3] 钱敏. 3位获诺贝尔奖提名的微电子器件华裔科学家[J]. 科技导报，2019，37（19）：80-86.

[4] 孙洪文. 图说集成电路制造工艺[M]. 北京：化学工业出版社，2023.

[5] 杨莹，张志娟，芦娜. 中国芯片产业发展路径选择研究[J]. 现代雷达，2021，43（11）：96-97.

[6] 曹永胜. 中国的“芯”路历程（二）——全球视野下的我国芯片产业发展[J]. 新材料产业，2019，313（12）：24-30.

[7] 冯锦锋，盖添怡. 芯镜——探寻中国半导体产业的破局之路[M]. 北京：机械工业出版社，2023.

[8] Kanarik K J，Osowiecki W T，Lu Y J，et al. Human-machine collaboration for improving semiconductor process development [J]. Nature，2023，616：707-711.

[9] 余盛. 芯片浪潮：纳米工艺背后的全球竞争[M]. 北京：电子工业出版社，2023.

[10] 张汝京，等. 纳米集成电路制造工艺[M]. 2版. 北京：清华大学出版社，2017.

[11] 彼得·范·赞特. 芯片制造——半导体工艺制程实用教程[M]. 韩郑生，译. 6版. 北京：电子工业出版社，2020.

[12] Wu M Y，Marneffe J. F，Opsomer K，et al. Characterization of $Ru_{4-x}Ta_x$（x = 1，2，3）alloy as material candidate for EUV low-n mask [J]，Micro and Nano Engineering，2021，12，100089.

[13] Cunha J，Garcia I S，Santos J D，et al. Assessing tolerances in direct write laser grayscale lithography and reactive ion etching pattern transfer for fabrication of 2. 5D Si master molds [J]. Micro and Nano Engineering，2023，19，100182.

[14] Sarwar T，Cheekati S，Chung K，et al. On-chip optical spectrometer based on GaN wavelength-selective nanostructural absorbers [J]. Applied Physics Letters，2020，116（8），081103.

[15] 冯锦锋，马进. 一砂一世界 一书读懂MEMS产业的现状与未来[M]. 北京：机械工业出版社，2019.